谷物干燥节能供热
技术与装备

车刚 万霖 著

化学工业出版社

·北京·

内 容 简 介

　　本书结合国内外干燥机供热设备的发展概况、多元化燃料的种类和特性，系统地分析了谷物干燥用供热、换热、清洁除尘和余热回收等新技术，重点探讨了寒区换热器和燃烧炉等典型设备的热能特性与运行规律；以典型常用粮食干燥换热器为例，结合所研制干燥机配套供热设备的实际应用，给出了列管式和旋板式供热设备的设计过程，着重研究了列管换热器与气相旋转换热器的传热理论与换热效率。针对近年来农作物秸秆综合利用的迫切需求，介绍了多种秸秆成型燃烧热风炉，配合智能控制系统实现"原汤化原食"的新型供热模式，实现了谷物节能干燥生产的规模化。同时对太阳能和热泵供热系统的特性及装备机型进行了介绍，系统地阐述了谷物干燥节能供热技术与装备的应用情况。

　　本书可供采暖供热工程、农业机械化及其自动化、机械设计与制造、农产品加工工程等专业的高校师生以及现代化农场、粮食加工企业等相关技术人员阅读参考。

图书在版编目（CIP）数据

　　谷物干燥节能供热技术与装备/车刚，万霖著. —北京：
化学工业出版社，2021.1
　　ISBN 978-7-122-37621-3

　　Ⅰ.①谷… 　Ⅱ.①车…②万… 　Ⅲ.①谷物-干燥-
节能　Ⅳ.①S510.9

　　中国版本图书馆 CIP 数据核字（2020）第 161349 号

责任编辑：戴燕红　　　　　　　　　文字编辑：陈立璞
责任校对：王素芹　　　　　　　　　装帧设计：史利平

出版发行：化学工业出版社（北京市东城区青年湖南街 13 号　邮政编码 100011）
印　　装：北京盛通商印快线网络科技有限公司
710mm×1000mm　1/16　印张 20¼　字数 409 千字
2021 年 2 月北京第 1 版第 1 次印刷

购书咨询：010-64518888　　　　　　售后服务：010-64518899
网　　址：http://www.cip.com.cn
凡购买本书，如有缺损质量问题，本社销售中心负责调换。

定　价：138.00 元

前言
FOREWORD

　　国家粮食安全问题是关乎国计民生的重大问题，节能减排是贯彻落实科学发展观、构建社会主义和谐社会的重大举措。"十三五"期间单位国内生产总值能耗较比上个五年计划降低 15% 左右，我国干燥能耗占整个工业能耗的比例较大，提高能源的利用效率，降低一次能源的消耗和提高单位能耗的产值是干燥节能的关键。由于我国的能源结构是以煤炭为主，因此由经济发展带来的能源安全和环境问题日益突出。从能源安全、减少污染、改善生态环境和立足于本国资源利用诸方面来考虑，开发利用安全、可靠的清洁能源，并提高其在能源结构中的比重，是实现可持续发展的重要保证。粮食干燥问题深度影响着国家粮食安全，而干燥成本更取决于节能供热技术的应用。市场上用于粮食干燥的供热系统换热效率为 70% 左右，如若供热设备换热效率提高5%，那么全国可节省成本数十亿元以上。我国秸秆资源丰富，秸秆处理难、利用率不高已成为农业绿色、可持续发展的难点问题。把秸秆综合利用作为减少大气污染、保护环境的必要手段，是实施黑土地保护、促进农业可持续发展的务实举措，因此，秸秆燃料化的高效利用是替代燃煤型粮食干燥供热的重要方向。粮食干燥供热技术是一个重大问题，随着现代化大农业的快速发展和粮食产量的提升，对干燥系统的生产能力和节能技术等方面提出了更高的要求。

　　本书涉及工程热物理、燃烧动力学、高等传热传质学、机械设计、图形学、自动控制理论等多个领域，结合科技部的"十四五"科技创新规划以及工信部颁布的《农机装备发展行动方案（2016—2025）》重点内容，提出研发粮食智能干燥与供热设备，重点突破在线水分检测、太阳能干燥、PLC控制、多燃料系统开发、成型生物质燃料热风炉热效率提升等关键技术，优化谷物农产品干燥过程工艺模型，开发高效能、多燃料干燥组合、智能型干燥机，提高粮食、特色农产品干燥的生产率和质量。黑龙江省是地处高寒地区的农业大省，也是国家重点商品粮生产基地，因此系统提升寒区谷物节能、保质干燥和高效供热技术，显得尤为重要。

　　《谷物干燥节能供热技术与装备》是实现节能减排型智能型农机装备和保障粮食安全不可或缺的应用性技术书籍，谷物干燥供热环节不仅关系到降低一次能源的消耗问题，而且是提高粮食干燥品质和产能的关键。本书结合国内外干燥机供热设备的发展概况、多元化燃料的种类和特性，系统地分析了谷物干燥用供热、换热、清洁除尘和余热回收等新技术，重点探讨了寒区换热器和燃烧炉等典型设备的热能特性与运行规律；以典型、常用粮食干燥换热器为例，结合研究团队研制干燥机配套供热设备的实际应用，给出列管式和旋板式供热设备的设计过程，着重研究分析了列管换热器与气相旋转换热器的传热理论与换热效率。针对近年来农作物秸秆综合利用的迫切要求，开发应用了多种秸秆成型燃烧热风炉，配合智能控制系统，实现"原汤化原食"的新型供热模式，实现了谷物节能干燥的规模化生产。同时对太阳能和热泵供热系统的特性及装备机型进行研究，系统地阐述了谷物干燥清洁节能供热技术与装备的应用情况。

近年来，随着生态环境保护和新能源利用意识的增强，实现谷物干燥生产过程中供热环节的智能化节能控制、多元性燃料利用、清洁除尘成为发展的主流。在供热工作流程中实现全程自动化和智能化操作是 2025 年的发展目标之一，智能化技术和新能源的应用前景广阔。

为了推进清洁能源节能供热技术的发展，著者结合近年来的相关科学研究项目撰写了本书。著者与国内同行有着广泛的学术联系，掌握供热领域的理论发展前沿，并且研制了多种节能型换热器和热风炉；采用理论分析与实验研究相结合的方法，系统研究了强化传热规律，构建了多尺度的热量传递模型，应用于粮食干燥实际供热生产中。

本书适用于采暖供热工程、农业机械化及自动化、机械设计与制造、农产品加工工程等专业的学生以及现代化农场、粮食加工企业的相关人员阅读参考。

本书得到了黑龙江省农机智能装备重点实验室、省重大科技开发项目（GA15B204）、全国基层农技推广项目和黑龙江省自然科学基金联合项目的资助。

本书由黑龙江八一农垦大学工程学院车刚教授与万霖教授合著。车刚教授完成第一～第四章内容，万霖教授完成第五～第七章内容。

由于著者水平所限，在结构、文字、图例等方面难免有不足之处，恳请广大读者提出宝贵意见。

著　者
2020 年 11 月

目录
CONTENTS

第一章

概　述

第一节　谷物干燥供热技术

燃烧炉是谷物干燥机的心脏，它能够持续提供热能，保证粮食质热传递平衡，达到快速干燥的目的。国外基本采用柴油或天然气作燃料供热，我国根据国情要求改用无烟煤或褐煤作燃料提供热量。在谷物干燥系统（设备）中，主要有间接供热和直接供热两种形式，前者用于间接干燥，后者用于直接干燥。间接供热设备是利用换热器把烟气的热量转换给对应预加热空气，再向干燥机主机提供清洁的热空气，其热效率较低，一般为 $60\%\sim70\%$；直接供热设备，即直接把供热烟道气（简称炉气）用于干燥供热，由于把烟气的热量直接用于干燥中，其热效率较高（$80\%\sim90\%$），但如果燃烧不完全将对谷物有一定的污染。为了深入地研究供热设备的结构参数及合理利用热源，有必要了解谷物干燥供热设备类型、炉型结构及热平衡等问题。

一、固体燃烧炉参数

我国谷物干燥机的燃烧炉主要是应用固体燃料燃烧产生的热提供谷物干燥所需的有效热量。不同谷物干燥机所需热量大小直接关系到燃烧炉尺寸，因此将固体燃料燃烧炉设计尺寸的计算方法进行详细介绍。

固体燃料燃烧炉的主要尺寸包括炉膛容积、炉栅（炉排）面积、炉条缝隙及炉栅活截面等，现分别讨论如下。

1. 炉膛容积的计算

针对不同类型的固态燃料，经过大量试验，得出了燃煤炉的炉膛热强度（即单位炉膛容积的供热量）和炉排热强度（单位炉排面积的供热量），如表 1-1 所示。根据供热量要求，并参考这些数据可决定炉灶尺寸。

若干燥机要求炉灶的供热量为 $H_h(\mathrm{kJ/h})$，则：

$$H_h = \frac{G_m H_{gw}^y}{\eta} = q_V \times 10^3 \times V_L \tag{1-1}$$

式中　　G_m——小时燃料量，kg/h；

　　　　H_{gw}^y——燃料的高位发热量，kJ/kg；

　　　　q_V——炉膛热强度，即单位体积的炉膛能提供的热量，kJ/(m³·h)；

　　　　V_L——炉膛容积，m³；

　　　　η——炉灶的综合热效率，$\eta = 80\% \sim 85\%$。

因此
$$V_L = \frac{G_m H_{gw}^y}{q_V \times 10^3 \times \eta} \tag{1-2}$$

表 1-1　炉排和炉膛的热强度

炉排形式	燃料种类	炉排热强度 $q_F/[10^3 \text{kJ}/(\text{m}^2 \cdot \text{h})]$	炉膛热强度 $q_V/[10^3 \text{kJ}/(\text{m}^3 \cdot \text{h})]$
水平炉排	木材和块状泥煤	2511~3348	837~1046
	优质煤(油质烟煤)	2092~2720	837~1046
	次煤(挥发分较低的烟煤)	2092~2511	1046~1255
	块状无烟煤	2092~2511	1046~1255
	统块无烟煤(小于100mm)	2092~2511	837~1046
	无烟煤屑(小于6mm)	1647~2092	837~1046
	褐煤	2092~2511	837~1046
倾斜炉排	木材废料	1255~2092	627~837
	蔗糠、稻壳等	837~1465	627~837

2. 炉栅面积的计算

用上述类似的方法，可导出炉栅应有的面积 $F_L(\text{m}^2)$ 为：

$$F_L = \frac{G_m H_{gw}^y}{q_F \times 10^3 \times \eta} \tag{1-3}$$

式中　　q_F——炉栅热强度，kJ/(m²·h)；

　　　　F_L——炉栅面积，m²。

3. 炉栅缝隙的选择及活截面的计算

为了使炉膛内能进入应有的空气量和不使燃料从炉栅缝隙中漏下而造成损失，炉栅间的缝隙要选择适中；考虑燃料的粒度情况，一般炉栅缝隙为 3~15mm。木材和劣质褐煤的炉栅活截面积系数 A_F 为 0.28~0.3，而一般烟煤的 A_F 为 0.2~0.3。确定炉栅缝隙时，还要注意到通过缝隙的风速为 0.3~1.3m/s。

4. 炉膛高度的确定

上述炉膛容积和炉栅面积确定后，则炉膛的高度 $H_L(\text{m})$ 按下式确定，即：

$$H_{\mathrm{L}}=\frac{V_{\mathrm{L}}}{F_{\mathrm{L}}} \tag{1-4}$$

在最后决定 H_{L} 时，要注意使炉膛高度 H_{L} 稍高一些，以保证燃料能在炉膛内燃烧充分。

二、粮食干燥专用供热设备

在对流式谷物干燥中所用的供热设备，是向干燥机输送炉气或热空气的炉灶，其种类很多，按燃料不同分为固体燃料炉灶、液体燃料炉灶和气体燃料炉灶；按供热方式分为直接供给炉气的炉灶和间接供给热风的炉灶（设有换热器）；按燃烧原理不同又可分为层燃式炉灶和悬燃式炉灶等。现对我国在谷物干燥中常用的几种燃炉结构及其供热过程进行阐述。

1. 水平炉排式手烧炉

水平炉排式手烧炉的供热量不大、结构紧凑、操作方便，有两种形式，目前在谷物干燥中尚有应用。一种是以无烟煤为燃料直接向干燥机供给炉气，其结构如图1-1所示，由炉算、红砖炉壁、耐火砖内壁、火花扑灭装置、风机、二次风进出口、冷风门、烟囱、炉气出口门及炉门、清灰门等组成。另一种是通过列管换热器间接换热后，间接供给干燥机热量的热风炉，其结构如图1-2所示。

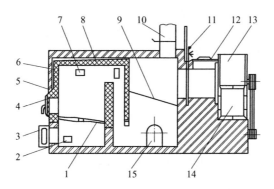

图 1-1　燃烧直接供给炉气的手烧炉灶结构示意图
1—炉算；2—二次风进口；3—出灰门；4—炉门；5—红砖炉壁；6—耐火砖内壁；
7—二次风出口；8—空气隔层；9—火化扑灭装置；10—烟囱；11—炉气出口门；
12—冷风门；13—风机；14—风机出口；15—清灰门

水平炉排式手烧炉炉膛的下部设有水平炉排，炉排平面稍许向后下方倾斜，种类有杆条式和孔板式两种。杆条式炉排，炉条间的缝隙较大（为3～15mm），活截面（通风面积）较大，其活截面系数为0.2～0.4，适于木柴或煤炭等大粒状的燃料燃烧。孔板式炉排为铸铁或钢板制成带有长形的整体式炉栅，其活截面系数较小，为0.08～0.15，适于颗粒较小的燃料燃烧。杆条式炉排通过活截面（通风面

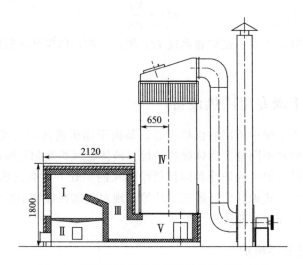

图 1-2　燃烧间接供热的手烧炉灶结构示意图
Ⅰ—炉膛；Ⅱ—燃烬室；Ⅲ—沉降室；Ⅳ—换热室；Ⅴ—混合室

积）的风速为 0.3～1.3m/s；孔板式炉排通过活截面的风速为 5m/s 左右。该炉作业时炉膛燃煤层厚度为 20cm 左右。

在炉膛的上方设有二次进风口，使炉膛内燃烧着的燃料除得到下方供风外，还得到上方的补充风，使烟气中未燃尽的炭粒得到充分燃烧。在炉膛的后面设有沉降室和混合室，利用气流转向时的惯性冲力和重力，使较大颗粒的灰尘沉降下来；为使其有较好的沉降作用，沉降室的风速应在 0.5m/s 以下。

沉降室后面连接着混合室，室内有冷风调节门，以便按干燥介质温度要求适当调配冷风量。在混合室下部还设有火花扑灭器，利用斜倾带孔的反射板使大颗粒的炭粒和火花经碰击后存留在混合室内。调节好的热烟混合气从混合室侧口进入干燥机。为使炉灶生火时，炉内没有充分燃烧的烟气（生烟）不进入干燥室，特在混合室的上方设有烟囱，正常工作时将烟囱里的闸阀关闭。

2. 倾斜炉排式手烧炉

倾斜炉排式手烧炉适用于稻壳等散状燃料。炉体内为倾斜炉排，炉排的倾角略大于燃料自然堆角，一般为 45°左右。该炉排由若干个水平直炉条组成，各炉条的宽度有一定重叠，以防燃料从缝隙流出。该炉在作业时，燃料在燃烧中自动下落，连续地完成预热、燃烧和燃烬三个阶段。燃料层厚度为 10～15cm，其结构如图 1-3 所示。

由于该炉连续地自动补充燃料（而不是间断性加料），其燃烧和供热的稳定性均比较好。该炉适于松散性较好的燃料燃烧，如谷壳、玉米芯和其他松散性农产品废料等。

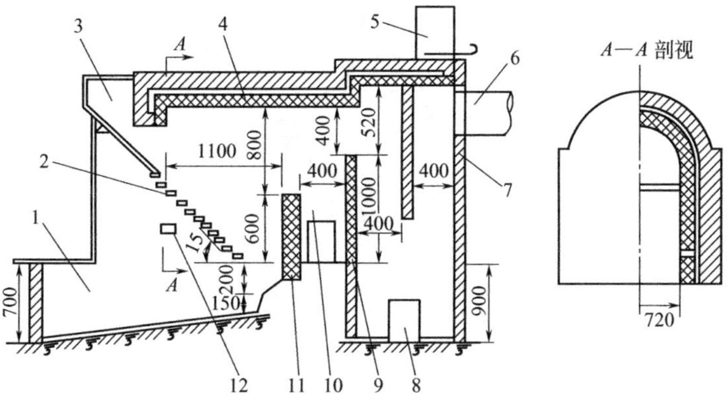

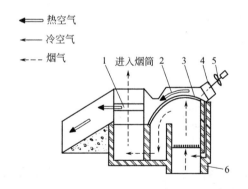

图 1-3　倾斜炉排式手烧炉灶结构

1—存灰坑；2—倾斜炉箅；3—稻壳斗；4—空气夹层；5—烟囱；6—热风管；
7—空气夹层内热空气出气孔；8—出灰门；9,11—挡火墙；10—沉降室；
12—空气夹层内空气的进气孔

3. 列管式换热热风炉

列管式热风炉是利用热烟气横越多层配置的冷风管，对管内流动的冷风进行加热的。为了充分利用炉体的散热作用，一般将列管式换热器直接与炉体连在一起，或制成整体式。但也有人从检修方便出发，将换热器制成独立式。两者的结构分别如图 1-4 和图 1-5 所示。

图 1-4　炉体与换热器为整体式

1—换热管；2—风道；3—换热板；4—进气筒；5—风机；6—煤灶

列管式热风炉大都是错流换热，目前虽有多种机型但都存在着一些问题，主要是风管的外壁经过长期使用后积存有烟垢，而清理烟垢又比较困难。该炉的换热效率约为 60%～70%，随着使用时间的延续、风管壁烟垢的增加，热效率逐渐下降，一般为 50% 左右。该炉可提供的热风温度为 200℃ 以内，如温度过高则热风管有烧毁或变形的危险。

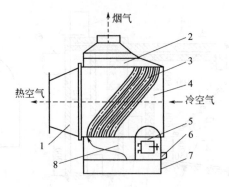

图 1-5　换热器为独立式

1—方圆接头；2—烟道室；3—换热器；4—热风炉器；5—燃烧室；

6—助燃进风口；7—支架；8—沉降室

4. 无管式热风炉

无管式热风炉为全金属炉型，其是利用几层环形风道与烟道之间的间壁进行换热的，具体结构如图 1-6 所示。该炉为圆柱形，由内部的炉膛及其外围三层环形通道（两层冷风道、一层烟气道）、炉栅、炉门、热风出口及烟气引风机等组成。

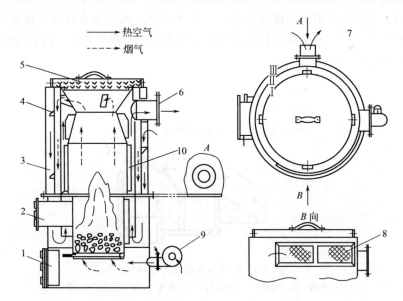

图 1-6　无管式热风炉结构示意图

1—出灰口；2—进煤口；3—炉体；4—螺旋导风板；5—炉盖；6—热风出口（接通风机进口）；

7—排烟口（接排烟风机）；8—外界空气进口；9—助燃风机；10—散热片

无管式热风炉的换热过程是炉膛内的烟气由炉膛上方的引烟管（多个弯形管）引入环形烟道（即从里层算，第Ⅱ层环形通道），由该烟道向下运动经其下部的引烟机引出机外；冷空气由第Ⅲ层环形通道（最外层）的上面入口吸入，然后由该风道向下方流动，流至下方后经冷风弯管（多个）引入到第Ⅰ层（最里层）风道，此后沿该层风道向上流动，并由上方热风出口 6 引出。该炉利用炉膛与三个环形通气道（Ⅰ、Ⅲ层为冷风道，Ⅱ层为烟气道）的烟和冷风间壁进行换热，一般可使热风温度达 200℃ 左右；而烟气与空气换热后温度达 15～250℃ 左右，由烟气引风机引出。该机为逆顺换热，热风温度较高，散热损失较小，热效率为 60%～70%。

无管式热风炉现在已发展为管、板相结合的换热器结构，生产的机器型号较多，有小型 10×10^4 kcal/h（对应额定供热量为 420MJ/h）到大型 120×10^4 kcal/h（对应额定供热量为 5040MJ/h）的系列产品；由于成本低、结构简单，大都采用手烧式。哈尔滨市松花江热风炉厂生产的 LRFL 手烧式系列热风炉主要技术性能如表 1-2 所示。

表 1-2 LRFL 手烧式系列热风炉主要技术性能

型号 技术性能	LRFL-420	LRFL-840	LRFL-1250	LRFL-2500	LRFL-3360	LRFL-4200
额定供热量/(MJ/h)	420 (10×10^4)	840 (20×10^4)	1250 (30×10^4)	2500 (60×10^4)	336 (80×10^4)	4200 (100×10^4)
热效率/%	>60	>65	>65	>65	>65	>65
耗煤量/(kg/h)	34	62	92	185	246	320
耗电量/(kW/h)	8	12	14	24	42	50
送风量/(m³/h)	4489	8979	13467	24223	35915	44890
设计风阻/Pa	<500	<700	<800	<850	<900	<1000
热风炉自重/kg	1089	2310	3700	5650	6700	7600
热风炉外形尺寸（直径×高）/m	0.86×2.5	1.2×2.9	1.8×3.8	2.1×5.2	2.3×5.4	2.5×5.5
热风炉占地面积（长×宽×高）/m	3×4×4.5	5×6×5	7×8×6	7×8×6.5	8×11×6.5	8×11×6.5

注：送风量指风温增升 0～50℃ 的数据；耗电量指上述条件下的数据；耗煤量指煤热值 5000kcal/kg 的数据，条件变化时另行计算；额定供热量一栏带括号的数据单位为 kcal/h（1kcal=4.1868kJ，下同）。

5. 机烧式及热管式热风炉

机烧式热风炉，其供热量较大，为 60×10^4 kcal/h（对应额定供应量为 2520MJ/h）以上；采用机械上煤（链板或链斗式）、机械添煤（链条炉排或往复炉排）和机械除渣（搅龙式或链板式），大大改善了司炉工的操作条件和环卫环境，并能提高其供热的稳定性。其热效率一般为 60%～70%。

该炉的典型结构为卧式，如图 1-7 所示，主要由炉膛、沉降室、换热器（多为列管式）、链条炉排及除渣机等组成。一般是将炉体与换热器分开，便于维修和管

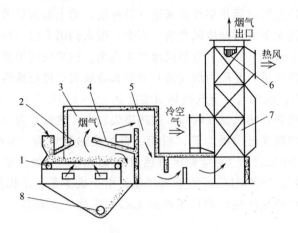

图 1-7　链条卧式热风炉结构简图

1—链条炉排；2—前拱；3—炉膛；4—后拱；5—沉降室；

6—碳钢管；7—列管式换热器；8—除渣机

理；也有的热风炉为提高炉膛内部热辐射的热利用率，将换热器直接装在炉体之上，成为一个整体，但维修比较困难。

黑龙江省某热风炉厂生产的 WRFL 系列机烧热风炉产品的规格及性能见表 1-3。

表 1-3　WRFL 系列机烧热风炉的规格及性能

技术性能　　　　　型号	WRFL-120	WRFL-180	WRFL-240	WRFL-300	WRFL-360
额定供热量/(MJ/h)	5040 (120×10^4)	7560 (180×10^4)	10080 (240×10^4)	12600 (300×10^4)	15120 (360×10^4)
炉排面积/m³	3	5.4	5.4	7.8	7.8
热效率/%	＞68	＞68	＞68	＞68	＞68
耗煤量/(kg/h)	370	560	740	930	1120
装机容量/kW	38	55	66	94	114

热管式热风炉的热效率较高，比普通热风炉高 5%～10% 以上，金属消耗量较少，但其制造成本较一般热风炉高 1.5～2 倍。热管式换热器为当今的高新技术，著者研究团队研制出一种组合热管式热风炉，其炉体为卧式结构燃煤炉，采用两组换热器串联工作，第一组换热器为热管式，第二组换热器为列管式，其结构如图 1-8 所示。高温烟气经过第一组热管式换热器烟道端，一次加热热管壳程内冷空气，加热后的空气又进入列管式换热器多级壳程再次加热，变成热风进入干燥机中。

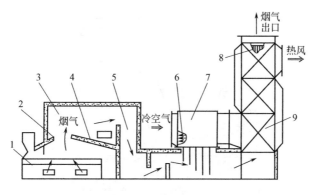

图 1-8 热管式热风炉结构简图

1—往复炉排；2—前拱；3—炉壁；4—后拱；5—沉降室；
6—热管；7—热管式换热器；8—碳钢管；9—列管式换热器

6. 燃油炉

目前应用较广泛的燃油炉是喷射式燃油炉，其所用燃料主要是柴油，为直接供热式。由于液体燃料的燃烧比较充分，烟气中所含有害物质甚微，基本上不存在对谷物的污染。因此这种炉型在国外应用较多，如意大利 Agrex S. P. A 生产的 PRT250/ME 干燥机上应用燃油炉。但国内生产的干燥机由于柴油油价较高，目前应用较少，仅黑龙江省北大荒集团农场有应用。

燃油炉由燃油器（或称喷油器）和燃烧室两大部分组成，其配置关系如图 1-9 所示。工作时首先由自动点火器（或人工点火）将燃油器喷出的雾状油气点燃，然后进入燃烧室，在该室内与引入的大量空气充分混合并燃烧。燃烧后的产物——烟气（炉气）由引风机引出并送向干燥机。为了提高该炉的热效率，在燃烧室的外层空气道内设有辐射板，可将燃烧室外散的热量经辐射板再返燃油器。其结构如图 1-10 所示。此类燃油炉，我国已有定型产品，如上海产的 HYL-5 型及 HYL-20～50 型

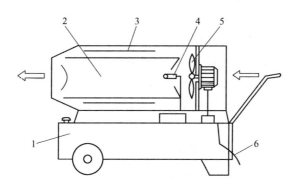

图 1-9 直接供热式燃油炉结构示意图

1—油箱；2—燃烧室；3—辐射板；4—燃油器；5—风机；6—电源线

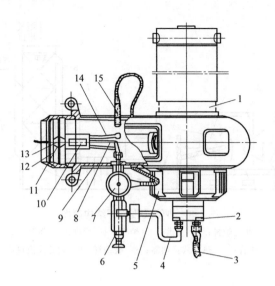

图 1-10　HYL-5 型燃油器

1—电动机；2—油泵；3—输油软管；4—油泵出口管；5—助燃风机；6—调压阀组合；
7—电磁阀；8—喷油嘴座组合；9—点火变压器；10—喷油嘴；11—扩散口；
12—稳压器；13—点火棒；14—高压线；15—光敏管组合

等。用燃油炉供热干燥谷物，其成本较高，为燃煤炉供热成本的两倍以上。

第二节　谷物干燥换热技术

我国北方是粮食主产区，每年粮食的产量占全国粮食总产量的 2/3。受自然条件的影响，玉米收获时含水率为 20%～30%，水稻收获时含水率为 18%～25%；收获后的粮食需要通过干燥处理，降至安全水分后才能入仓安全储藏。因此，粮食干燥已经成为保障粮食安全的重要环节，而烘储的质量和成本取决于高效换热技术的应用。换热器是一种将热流体能量传递给冷流体的节能设备，是粮食干燥系统的重要组成部分。在能量的转换或转移过程中，减少能量损失、提高能源的利用率受到越来越多研究者的关注。目前，粮食干燥所用的换热器多为列管式换热器，这种换热器结构简单、制造难度小、易清洗维修。换热器的换热效率决定了粮食干燥的后期工作，同时提高换热效率也能够节省大量的能源，符合我国今后的发展形势。

一、粮食干燥换热器的研究概况

粮食干燥换热器是粮食生产中粮食干燥系统的重要组成部分。随着粮食产业的发展，对换热器的要求也越来越高。列管式换热器和板式换热器因结构简单、制造成本低等优点，被广泛应用于粮食干燥中。

1. 列管式换热器

列管式换热器又称为管壳式换热器，如图 1-11 所示。在粮食干燥过程中，通过燃烧煤或其他燃料产生的高温烟气作为换热器的热介质。对于列管式换热器，高温烟气通过列管，在管内流动，低温气体在管外流动。列管式换热器内高温烟气通过的列管多采用钢制光滑管，适用于玉米等大批量的粮食生产，在我国北方粮食生产中得到了广泛的利用。

图 1-11 立式列管式换热器

（1）列管式换热器技术

目前，常用的列管式换热器采用烟气作为管程，冷空气作为壳程，即冷空气通过在烟气管外进行的绕流运动进行热量传递。因此，冷空气侧的对流换热系数决定着列管式换热器的总换热系数。通过计算冷空气绕流列管束的对流换热系数确定冷空气侧的总换热系数 h，换热系数的计算公式为

$$h = \frac{k_f}{d} Nu \tag{1-5}$$

式中，h 为对流换热系数；d 为每根列管的外径；k_f 为根据气流平均温度，查物性表得出的空气热导率；Nu 为努塞尔数。

$$Nu = CRe^n Pr^{1/3} \tag{1-6}$$

式中，C 和 n 由管排间距和管径确定；Re 为雷诺数；Pr 为普朗特数。

Nu 也可以通过经验公式计算得到：

$$Nu = 0.358 C_z C_s Re^{0.60} Pr^{1/3} \tag{1-7}$$

式中，$C_z = 3.12 Z^{0.05} - 2.5$；$C_s = 4 Z^{0.02} - 3.2$。其中，$Z$ 为列管排数。

进行粮食干燥时，按照粮食生产要求，有传热方程及热平衡方程式：

$$Q = hA \Delta t_m \tag{1-8}$$

$$Q = q_{m1} c_{m1} (t_1' - t_1'') = q_{m2} c_{m2} (t_2'' - t_2') \tag{1-9}$$

式中 A——传热面积，m^2；

Δt_m——换热器冷热流体的平均温差，K；

q_{m1}，q_{m2}——冷、热气流质量流量，kg/s；

c_{m1}，c_{m2}——冷、热气体比热容，J/(kg·K)；

t_1'，t_2'——冷、热气体入口温度，K；

t_1''，t_2''——冷、热气体出口温度，K。

假设传热系数不变，换热器无散热损失，质量流量和比热容都是常量，根据对数平均温差法可知：

$$\Delta t_m = \frac{\Delta t_{max} - \Delta t_{min}}{\ln \dfrac{\Delta t_{max}}{\Delta t_{min}}} \tag{1-10}$$

式中，Δt_{max}、Δt_{min}分别为 $A=0$ 时 $\Delta t'$ 和 $\Delta t''$ 的最大值和最小值。

通过以上公式计算，可根据不同的粮食生产需求，对现有的列管式换热器进行研究，从而进一步对换热器进行优化。合理设计换热器，提高其工作效率，对粮食快速干燥生产有着重要的意义。

（2）列管式换热器理论研究

在列管式换热器的工作过程中，同时进行着热传导和对流传热。目前，通过运用 SolidWorks、FLUENT 等软件对列管式换热器的结构及加工材料进行分析，在此理论分析的基础上，对换热器不断进行优化。

李建民等对批式循环粮食干燥机换热器中烟气和空气的流场，通过 SolidWorks Flow Simulation 进行了三维模拟，对列管式换热器流场的压力、速度、温度、流动轨迹进行了分析，通过分析图像，确定了流场温度、压力等分布的均匀性，为换热器进一步的优化设计提供有价值的参考。

薛强等利用 Nu 准则关系式、Re 准则关系式、Pr 准则关系式等对换热器的结构、流体物理性质和污垢热阻进行分析，对合理设计换热器的结构、提高换热效率、节约能源有着重要的意义。

吕骁运用 FLUENT 绘制出列管式换热器的稳态温度场温度云图，并将管板的不同部位划分成 5 条路径进行进一步的分析。研究表明：换热器管板两侧温差较大，管板的大部分区域内温度与管程流体温度接近，靠近壳程侧表面的温度接近于壳程流体温度，验证了 ASME 规范中的"表皮效应"理论。

（3）列管式换热器的强化传热技术

强化传热过程，将对流强化技术分为主动强化和被动强化。主动强化技术的应用不如被动强化技术的应用广泛。被动强化技术可分为处理表面、粗糙表面、扩展表面、扰流元件、旋流发生器、螺旋管和表面张力器件等。大多数换热器采取扩展表面的方法，即增大换热器换热面积来提高换热器的换热效率。换热器的基本传热方程为

$$q = UA\Delta T_m \tag{1-11}$$

式中，q 为换热器的换热率，kJ/h；U 为换热器的总传热系数，W/(m²·℃)；A 为换热器的换热面积，m²；ΔT_m 为换热器冷热流体的平均温差，℃。

列管式换热器的强化传热分为壳程强化传热和管程强化传热两部分，分别对其进行研究。

① 壳程强化传热。壳程强化传热技术采用板式支撑、折流插式支撑、空心支撑、管子自支撑等管束支撑结构。其中，板式支撑结构的应用较为广泛，且技术也比较成熟。传统的弓形折流板，壳程压降较大，流动容易出现死区，易结垢，导致换热器产生振动。因此，主要对壳程结构进行优化。基于传统折流板式换热器的优化得到了多弓形折流板，如图 1-12 所示。螺旋折流板换热器结构如图 1-13 所示。

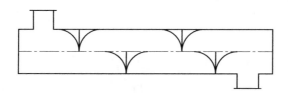

图 1-12 弓形折流板换热器结构示意图

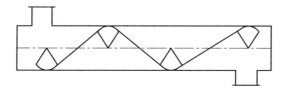

图 1-13 螺旋折流板换热器结构示意图

基于传统的弓形折流板，多弓形折流板增加了切口面积，增大了壳程纵向流的流动，避免了因急剧回转流动造成的管束振动、压降大。研究表明：与单弓形折流板相比，双弓形折流板的壳程压降小，传热效率高。

基于对弓形折流板的研究，人们得出了螺旋折流板结构。螺旋折流板结构取代了传统的弓形折流板，成为壳程强化传热的主流。

通过对螺旋折流板换热器壳程流动与传热特性进行的研究表明：螺旋角从两个方面影响换热器壳程的换热及流动阻力，在单位压降下，换热效率与流动阻力随着螺旋角的增大而减小，对流换热系数随着螺旋角的增大而增大；壳体长度一定时，螺旋角增大螺距增大，螺旋周期数减少，换热效率与流动阻力减小。

利用 FLUENT 软件，从壳侧流场、压力场、温度场角度对连续型螺旋折流板换热器及 1/4 椭圆形螺旋折流板换热器的流动与传热性能模拟结果进行了分析。研究表明：1/4 椭圆形螺旋折流板压力降小，漏流率高，降低了传热能力与换热器的综合性能。

著者课题组研究了一种新型套管双壳程连续螺旋折流板换热器，套管将壳程分为内壳程无折流板和外壳程连续螺旋折流板。运用 FLUENT 进行分析，与传统弓形折流板及单壳程连续螺旋折流板换热器进行对比，结果表明：在相同壳程的入口流速下，套管双壳程的壳程压力降小于弓形折流板和单壳程的壳程压力降，传热速率提高了 20% 以上，单位传热量的压力降小。

② 管程强化传热。目前，对于管程的强化传热，通常采用螺纹管、波纹管、管内插入物、三维内肋管等传热元件来增大传热面积、提高传热系数、增强传热效果。近年来，翅片管式换热器应用较为广泛，翅片的形状也比较多，如图 1-14 所示。因此，对翅片管式换热器的研究越来越多。

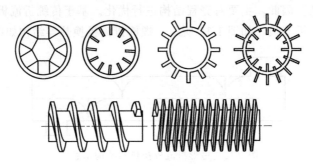

图 1-14　几种常见的翅片管结构

运用 CFD 软件，对平直翅片、均匀波纹翅片、倾角渐增波纹翅片的翅片管式换热器流动传热性能分别进行了三维的数值模拟计算，得出了在不同入口风速下，各流域中心面的温度场、压力场和速度场分布云图，计算出各翅片表面在不同风速下的平均传热系数和阻力系数。结果表明：倾角渐增波纹翅片的传热效果高于平直翅片和均匀波纹翅片的传热效果，其强化传热效果显著。

通过 FLUENT 对波纹三对称穿孔翅片与波纹翅片的表面流动性能和传热性能进行了研究，得到不同风速表面传热系数的分布。研究结果表明：在不同风速条件下，波纹三对称穿孔翅片表面传热系数比波纹翅片表面传热系数高 20%～28%，减少了能源的消耗，达到强化传热目的。

2. 板式换热器

19 世纪 70 年代，德国人发明了板式换热器，并将其应用在食品工业上。板式换热器是将一系列具有波纹表面、相互平行的薄金属板相叠加而成的，其结构如图 1-15 所示。其强化传热的机理是：板片与板片之间形成流道，热量通过板片进行交换。同其他类型的换热器相比较，板式换热器具有传热系数高、传热阻力小、易清洗等优点，是余热利用、太阳能利用、海水利用、污水利用、地热利用中的关键设备。金属波纹板片是板式换热器最主要的换热元件，其波纹倾角、波高和波纹间距是影响板片换热与流动阻力的主要因素。

张宇等基于前人研究结果得出高效小型批式粮食干燥工艺，对批式循环粮食干燥机板式换热器进行了优化设计。板式换热器是气-液热交换的理想设备。因此，

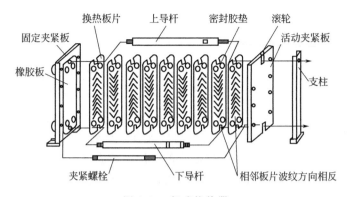

图 1-15　板式换热器

用 100℃ 的高温蒸汽代替 800℃ 的烟气，对板式换热器采用更为高效的材料，在保证换热效率不变的情况下，通过 MATLAB 对换热器的尺寸进行优化，总体提高了换热效率、减小了体积、节约了材料。

传统的板式换热器主要适用于液-液换热，故板间距小，流速低，板形大多为人字形或斜波形，以丁腈橡胶作为密封件，最高使用温度在 200℃ 以内。适用于气-气换热是全焊接的板式换热器，目前常用的有单波型和双波型（图 1-16）；双波型对错流和逆流都能有效扰动，大大提高了换热的效率。全焊接气-气板式换热器一般板间距为 10~20mm，气体流速为 8~20m/s，可错流或逆流换热。它具有设备紧凑、重量轻、占地面积小、安装方便等特点，可以安装在建筑物上；每立方米的换热面积可以达到 20m² （列管式的换热面积约为 5m²）。设备采用新型的双波型板片结构，大幅提高了换热器传热膜系数，传热效率可达普通列管和翅片管的 2 倍左右，总传热膜系数可达 45W/(m²·K) 以上，适用于传热效率高、结构紧凑和压降小的气-气换热场合。同时，由于介质湍流程度高、传热表面光滑，板式空气预热器不易积灰，即便积灰清洗也很方便。

图 1-16　双波型结构换热板

针对我国北方的粮食生产需求和投资体量的限制，虽然全焊接板式换热器具有传热效率高、结构紧凑和压降小的优点，适合气-气换热场合的要求，但是板式换热器体积占比大、制造成本较高，因此北方的粮食干燥加工普遍应用的换热器为列管式换热器。

3. 气相旋转管壳式换热器

基于强化传热技术，黑龙江八一农垦大学自主研发设计了适用于粮食干燥机的旋转管壳式换热器。气相旋转管壳式换热器是一种主要由旋转滚筒、螺旋叶片和传热管组成的旋转管壳式换热器，如图 1-17 所示。换热器采用逆流式。旋转滚筒通过齿轮同其齿圈啮合进行旋转，确定其旋转速度，旋转滚筒带动螺旋叶片进行旋转。旋转叶片机构能够促使烟气在向心力的作用下形成涡流，避免了烟气沉积，保证烟气更加有效地吸附于列管外壁，同列管内部气体进行对流换热；延长了接触时间，使高温煤气同新鲜空气充分接触，提高换热效率。

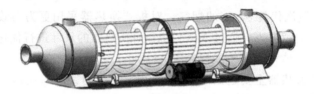

图 1-17　气相旋转管壳式换热器

该换热器较普通气相换热器增加了旋转叶片机构，具有节约能源、使用寿命长、气体分布均匀、换热时间延长等优点，解决了现有换热器烟气分布不均匀、热能利用率低、换热效率低等问题。

该换热器与同其配套使用的煤炉、干燥室共同形成一个粮食干燥系统，如图 1-18 所示。工作状态下煤炉提供高温煤气，通过加压器将高温煤气输送到气相旋转管壳式换热器内，经过换热器的对流换热后，将带有热量的新鲜空气输送到干燥室内，对作物进行干燥。该方法不仅可以提高干燥效率，而且能够节省资源，满足高效率、大吨位粮食干燥系统，适用于粮食的高效快速储备，为我国换热器节能、农产品存储提供了保障。

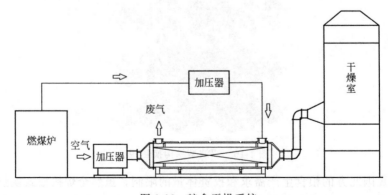

图 1-18　粮食干燥系统

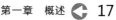

　　目前，在多种强化技术中，大多数换热器采用固定不动的结构，使进烟口进入的高温煤气同进气口进入的新鲜空气在筒内相接触进行传热作业，因此高温烟气无法充分地同列管外壁相互接触，仅仅靠两种气体的短时间接触进行对流换热。这种固定不变的结构会使颗粒状的高温煤气因自身重力的作用而沉淀于筒内底部，造成热量分布不均匀、换热不充分等问题，导致换热器的换热效率低，并且造成换热器热能资源的大量浪费。

　　气相旋转管壳式换热器通过在列管外增加螺旋叶片的方法，控制了热烟气在壳侧的流动速度。换热器上的旋转滚筒带动螺旋叶片进行旋转，促使烟气在向心力的作用下形成涡流，使烟气分布均匀，有利于传热。因此，叶片旋转机构可以延长换热时间，能够有效地解决高温烟气在壳内流通存在死区、高温烟气无法有效且充分地同列管外壁接触等问题，从而提高换热效率、提高能源的利用率，达到节能的目的。

二、粮食干燥换热器存在的问题

　　① 气-气换热器的换热效率低于气-液和液-液换热器的换热效率。高温烟气和冷空气通过换热器较快，无法进行充分的热量传递，进而有大量的热量损失，造成能源的浪费。

　　② 目前，现有的换热器大部分是针对小型干燥机设计的，针对小型干燥机的换热器较成熟。因加工制造技术及成本的限制，很少有针对我国北方大批量粮食生产的换热器，现有的适用于大批量粮食生产的换热器换热效率低。若增大换热器的体积，增大换热量，同时，热量的损失也较为严重，无法满足我国北方大批量粮食的快速生产。

　　③ 换热器易结垢，导致热阻增大，降低换热效率。大型换热器因体积较大，制造难度大，清洗维修时会困难。

三、粮食干燥用换热器的研究方向

　　为了提高烟气的利用率，提高我国北方大批量粮食的生产效率，最大程度地实现节能减排，适用于我国北方粮食干燥塔的气-气换热器优化研究方向如下。

1. 影响换热效率的因素

　　影响换热效率的主要因素是单位容积下换热面积的大小。根据热平衡原理，需要考虑到换热器在工作过程中热量的损失。因此，在考虑到流动阻力的基础上，结合新型材料研发出一种新型结构，减少热量的损失。

2. 加强防垢方面的研究

　　换热器的焊接接头处易结垢和被腐蚀，通常影响换热器结垢的因素有：介质温度、介质流速、材料及材料的表面粗糙度。因此，在换热器内部结构的流道转弯处需要圆滑过渡，以便降低流阻，从而达到防垢的效果。

3. 提高抗振性

换热器在工作过程中，壳程流体的流动会引起换热管不同程度的振动，使换热器产生机械破坏。管束振动特性与换热器的阻尼特性、各部分的固有频率以及流体在管束内的流动等因素有关。因此，需要研发出一种新型结构，在提高换热效率的基础上，提高抗振性，从而延长换热器的使用寿命。

4. 流体仿真（CFD）与试验相结合

在对换热器的流动与传热进行分析时，采用计算机技术，建立流体的流动和传热模型，进行模拟与仿真，预测流体的流动区域和热传递的分布。目前，在自然对流、剥离流、振动流和湍流热传导等的模拟仿真以及辐射传热、多相流和稠液流的机理仿真模拟等方面，CFD 技术已得到了广泛的应用。该技术对换热器的优化提供了重要的理论依据。因此，需要提高图像处理技术，从而提高理论分析的准确度；将 CFD 技术与试验相结合，提高换热器的优化程度。

四、总结与展望

气-气换热器是我国粮食干燥系统的重要组成部分，目前我国适用于粮食干燥的换热器仍处于研发阶段。尽管现在已经研发出多种结构的换热器，但由于生产需求及节能减排的倡导，我国北方地区的粮食干燥换热器换热效率仍需提高。本节以粮食干燥换热器的强化传热为主线，对应用较为广泛的换热器结构进行了总结，指出了我国现有换热器存在的问题，分析了强化传热技术在列管式换热器上的应用，最终提出了气相旋转管壳式换热器的方案设想。若能对粮食干燥换热器予以改进、完善并实现推广应用，将对我国大批量粮食的快速生产产生重大的影响。

第三节 干燥供热除尘工艺与技术

我国大部分干燥机都以燃煤或生物质燃料为主要供热燃料，因此，控制谷物干燥燃料烟气排放是改善大气质量和减少污染的关键问题之一。在干燥供热除尘系统中，除尘器设计制造是否优良、应用维护是否得当直接影响投资费用、除尘效果、运行作业率。一般谷物干燥机配备陶瓷管式干式除尘器，要求烟尘浓度排放 $\leqslant$ 200mg/m³。近些年，湿式除尘器开始在谷物干燥机供热除尘系统中应用。

湿式除尘器是借含尘气体与液滴或液膜的接触、撞击等作用，使尘粒从气流中分离出来的设备。湿式除尘器按结构与机理可分为水膜式除尘器（麻石水膜除尘器）、喷射式除尘器（文丘里除尘器）、板式除尘器（旋流板式除尘器）、冲击式除尘器（冲击水浴式除尘器）、填充式除尘器。根据除尘设备的阻力与耗能可分为低耗能和高耗能除尘器。湿式除尘器的特点是构造简单、除尘效率高、本身无运动部件、故障少、适合高温高湿气体除尘，但除尘后有水的处理问题和设备的腐蚀问题。

一、除尘器的种类

各类除尘器主要是利用作用于尘粒上的各种作用力（一种或同时利用几种）除尘的原理进行分类的，主要有重力除尘器、惯性除尘器、旋风除尘器、过滤式除尘器和电除尘器等类型。不对含尘气体或分离的尘粒进行润湿的除尘设备，称为干式除尘设备；用水或其他液体对含尘气体或分离的尘粒进行润湿的除尘设备，称为湿式除尘设备，可分为：

① 储水式，如自激型除尘器和螺旋水膜除尘器等。

② 加压式，如文氏管洗涤器和喷雾洗涤器等。

③ 旋转式，如泰森洗涤器等。

除尘操作在粮食干燥生产中的应用主要有：

① 净化排放气。在排放废气之前，要尽量分离出其中的固体微粒，以便开展综合利用和保护环境。

② 消除爆炸危险。某些含碳物质及植物性细粉末与空气混合时能形成爆炸混合物，因此应将能爆炸的物质收集并滤除掉。

从环境保护的角度来看，粉尘是人体健康的大敌，尤其是粒径为 $0.5\sim5\mu m$ 的飘尘，对人体危害最大。大于 $5\mu m$ 的尘粒，由于惯性作用可被鼻毛与呼吸道黏液吸附；小于 $0.5\mu m$ 的尘粒，也可因气体扩散作用被黏附在上呼吸道表面而随痰排出。只有 $0.5\sim5\mu m$ 的飘尘可通过呼吸道直接到达肺部并沉积，危害人体。据分析，有些飘尘微粒表面还附有致癌性很强的芳香族化合物，其中煤的粉尘是大气中各种毒物的元凶，所以世界各国都十分重视大气中粉尘的去除。

二、干式除尘器

常用的除尘器有离心式除尘器、袋式除尘器和陶瓷管式除尘器。离心式除尘器的构造及工作原理类似反转式惯性力除尘装置，多作为粮食干燥机的燃煤锅炉消烟除尘和多级除尘、预除尘的设备，如图 1-19 所示。惯性力除尘器中的含尘气流只是受设备的形状或挡板的影响，简单地改变了流线方向，只作半圈或一圈旋转；但离心式除尘器中的气流旋转不止一圈，旋转流速也较大，因此，旋转气流中的粒子受到的离心力比重力大得多。对于小直径、高阻力的旋风除尘器，其离心力比重力大 2500 倍；对于大直径、低阻力旋风除尘器，其离心力比重力约大 5 倍。所以用离心式除尘器从含尘气体中除去的粒子比用沉降室或惯性力除尘器除去的粒子要小得多。

1. 离心式除尘器

含尘气体从除尘器的下部进入，并经叶片导流器产生向心移动的旋流。与此同时，向上运动的含尘气体的旋流还受到切向布置下斜喷嘴喷出的二次空气旋流的作用。由于二次空气的旋流方向与含尘气流的旋流方向相同，因此，二次空气旋流不仅能增大含尘气流的旋流速度，增强对尘粒的分离能力，而且还起到对分离出的尘粒向下裹携的作用，从而使尘粒能迅速地经尘粒导流板进入储灰器中。裹携尘粒后的二次空气流，在除尘器的下部反转向上，混入净化后的含尘气体中，并从除尘管顶部排出。

固体燃料燃烧炉，其供出的炉气中烟尘量较大，烟尘粒径也较大，严重地影响被干燥物的质量，必要时，可采用离心式除尘器或旋风式除尘器进行再沉降。经过离心沉降器处理后的炉气，其直径较小的烟尘（直径大于 $5\sim10\mu m$ 的尘粒）可分离出 80%～90%。图 1-19 所示为标准旋风离心式除尘器（离心沉降器），其上部为圆筒形，下部为锥形。图 1-20 所示为其基本结构。当含尘的烟气由圆筒上侧的矩形管以切线方向进入圆筒时，由于圆筒壁的导向作用，使烟气产生旋转运动；由于离心力作用，尘粒被甩向筒壁，并沿筒壁落到锥形筒下部集灰斗（封闭式），经密封式卸料器排出。

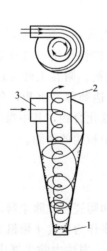

图 1-19　标准旋风离心式除尘器
1—排料口；2—排风管；3—进风口

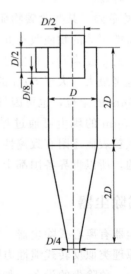

图 1-20　基本结构尺寸
D—分离直筒外径尺寸

尘粒的密度越大和进入沉降器的气流速度越高，圆筒直径越小，则产生的离心力越大，其分离效果越好。沉降器的进口风速可取为 $10\sim25m/s$，一般采用 $15\sim20m/s$；圆筒直径尺寸可参照国家系列产品尺寸选取，一般直径不可过大，必要时

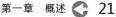

可采用几个离心沉降器并联作业。当圆筒尺寸确定后，其他尺寸按图 1-20 的比例关系进行推算。

2. 袋式除尘器

袋式除尘器是一种利用有机纤维或无机纤维过滤布将气体中的粉尘过滤出来的净化设备。因为滤布多做成布袋形，所以又称为布袋除尘器。袋式除尘器是一种干式滤尘装置，是应用比较广泛的除尘设备之一，滤尘烟尘排放浓度一般低于 $20mg/m^3$。滤料使用一段时间后，由于筛滤、碰撞、滞留、扩散、静电等效应，滤袋表面积聚了一层粉尘，这层粉尘称为初层；在此以后的运动过程中，初层成了滤料的主要过滤层，依靠初层的作用，网孔较大的滤料也能获得较高的过滤效率。随着粉尘在滤料表面的积聚，除尘器的效率和阻力都相应增加，当滤料两侧的压力差很大时，会把有些已附着在滤料上的细小尘粒挤压过去，使除尘器效率下降。另外，除尘器的阻力过高会使除尘系统的风量显著下降。因此，除尘器的阻力达到一定数值后，要及时清灰。清灰时不能破坏初层，以免效率下降。根据压力不同，布袋除尘器分为吸气式和压气式两种。

吸气式布袋除尘器具有完善的清理机构和反吹气流装置，脉冲定期反吹，以免布袋细孔堵塞，因此除尘效率可高达 98% 以上。

压气式布袋除尘器由上、下两个箱体和连接在它们之间的布袋组成。布袋的直径为 100～150mm，长度为 2～4m。布袋可用平纹布、单面绒布、工业用涤纶布等制成。下部箱体有清理机构和排尘机构。

（1）袋式除尘器工作原理

含尘气体从风口进入灰斗后，一部分较粗尘粒和凝聚的尘团，由于惯性作用直接落下，起到预收尘的作用。进入灰斗的气流折转向上涌入箱体，当通过内部装有金属骨架的滤袋时，粉尘被阻留在滤袋的外表面。净化后的气体进入滤袋上部的清洁室汇集到出风管排出。除尘器的清灰是逐室轮流进行的，其程序是由控制器根据工艺条件调整确定的。合理的清灰程序和清灰周期保证了该型除尘器的清灰效果和滤袋寿命。清灰控制器有定时和定阻两种清灰功能，定时式清灰适用于工况条件较为稳定的场合；工况条件如经常变化，则采用定阻式清灰即可实现清灰周期与运行阻力的最佳配合。除尘器工作时，随着过滤不断进行，滤袋外表的积尘逐渐增多，除尘器的阻力亦逐渐增加。当达到设定值时，清灰控制器发出清灰指令，将滤袋外表面的粉尘清除下来，并落入灰斗，然后再打开排气阀使该室恢复过滤。经过适当的时间间隔后，除尘器再次进行下一室的清灰工作。

（2）袋式除尘器优点

① 除尘效率高。一般都可以达到 99%，可捕集粒径大于 $0.3\mu m$ 的细小粉尘颗粒，能满足严格的环保要求。

② 性能稳定。处理风量、气体含尘量、温度等工作条件的变化，对袋式除尘

器的除尘效果影响不大。

③ 粉尘处理容易。袋式除尘器是一种干式净化设备，不需用水，所以不存在污水处理或泥浆处理问题，收集的粉尘容易回收利用。

④ 使用灵活。处理风量可由每小时数百立方米到每小时数十万立方米，可以作成直接设于室内、附近的小型机组，也可做成大型的除尘室。

⑤ 结构比较简单，运行比较稳定，初始投资较少，维护方便。

（3）袋式除尘器缺点

① 承受温度有一定极限。棉织和毛织滤料耐温 80～95℃，合成纤维滤料耐温 200～260℃，玻璃纤维滤料耐温 280℃。在净化温度更高的烟气时，必须采取措施降低烟气的温度。

② 烟气含水分较多，或者所携粉尘有较强的吸湿性，往往导致滤袋黏结、堵塞滤料。为保证袋式除尘器正常工作，必须采取必要的保温措施以保证气体中的水分不会凝结。

③ 某些类型的袋式除尘器工作条件差，检查和更换滤袋时工人需要进入箱体。

3. 脉冲式布袋除尘器

为了提高除尘器的清灰能力，提升除尘效率，研制出脉冲式布袋除尘器，如图 1-21 所示。

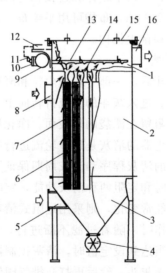

图 1-21　脉冲式布袋除尘器

1—上箱体；2—中箱体；3—下箱体；4—排灰阀；5—下进气口；6—滤袋框架；
7—滤袋；8—上进气口；9—气包；10—嵌入式脉冲阀；11—控制阀；
12—脉冲控制仪；13—喷吹管；14—文氏管；15—顶盖；16—排气口

脉冲袋式除尘器采用分室停风脉冲喷吹清灰技术，克服了常规脉冲除尘器和分室反吹除尘器的缺点、清灰能力强、除尘效率高、排放浓度低、漏风率小、能耗少、占地面积少、运行稳定可靠。脉冲袋式除尘器正常工作时，含尘气体由进风口进入灰斗，由于气体体积的急速膨胀，一部分较粗的尘粒受惯性或自然沉降等原因落入灰斗；其余大部分尘粒随气流上升进入滤袋，经滤袋过滤后，尘粒被滞留在滤袋的外侧。净化后的气体由滤袋内部进入上箱体，再由阀板孔、排风口排入大气，从而达到除尘的目的。随着过滤不断进行，除尘器阻力也随之上升，当阻力达到一定值时，清灰控制器发出清灰命令。首先将提升阀板关闭，切断过滤气流，然后清灰控制器向脉冲电磁阀发出信号；随着脉冲阀把用作清灰的高压逆向气流送入袋内，滤袋迅速鼓胀，并产生强烈抖动，导致滤袋外侧的粉尘抖落，达到清灰的目的。由于设备分为若干个箱区，所以上述过程是逐箱进行的；一个箱区在清灰时，其余箱区仍在正常工作，保证了设备的连续正常运转。之所以能处理高浓度粉尘，关键在于这种强清灰所需清灰时间极短（喷吹一次只需 0.1～0.2s）。

4. 陶瓷过滤器

陶瓷过滤器是一种高效除尘器，其过滤元件普遍采用高密度材料；制成的陶瓷过滤元件主要有棒式、管式、交叉流式三种，其中管式和交叉流式较为普遍。交叉流式陶瓷过滤器由薄的多空陶瓷板组成，通过烧结形成带有通道的肋状整体。含尘气体从短通道端进入过滤器，然后在每个通道过滤后进入通道较长的清洁气体端；清洁气体通道的一端封死使清洁气体流入清洁气体汇集箱，短通道内捕集的尘粒通过反向脉冲气流定期清除。

陶瓷多管除尘器由多孔陶瓷管组成，具有耐腐蚀、耐磨损、耐高温、不堵塞、使用寿命长、运行管理简单、无二次污染等优点，是理想的除尘设备。多管旋风除尘器是一种高效除尘器，除尘器效率可达 95％以上，除尘器本体阻力低于 900Pa，用现有的锅炉引风机就能保证锅炉正常运行。该除尘器负荷适应性好，在 70％负

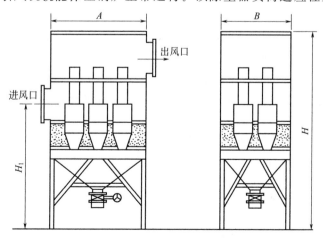

图 1-22　多管旋风除尘器

荷时，除尘效率在 94% 以上。多管旋风除尘器（图1-22）内的旋风子是采用铸铁或陶瓷制造的，厚度大于 6mm，因此有良好的耐磨性能。它是工业锅炉烟气除尘和其他粉尘治理的理想设备。

（1）工作原理

陶瓷多管除尘器为旋风类除尘器，当含尘气体进入除尘器后，通过陶瓷导向器，在旋风子内部高速旋转，在离心力的作用下，粉尘和气体分离。粉尘降落在集尘箱内，经放灰阀排出，净化的气体形成上升的旋流，通过排气管汇于集气室，经出口由烟囱排出，达到除尘效果。

当含尘气体由总进气管进入陶瓷多管除尘器的气体分布室，随后进入陶瓷旋风体和导流片之间的环形空隙时，导流片使气体由直线运动变为圆周运动，旋转气流的绝大部分沿旋风体自圆筒体呈螺旋形向下，朝锥体流动，含尘气体在旋转过程中产生离心力，将密度大于气体的尘粒甩向筒壁。尘粒与筒壁接触，便失去惯性力而靠入口速度的动量和向下的重力沿壁面向下落入排灰口进入总灰斗。

旋转下降的外旋气流到达锥体下端位时，因圆锥体的收缩即以同样的旋转方向在旋风管轴线方向由下而上继续作螺旋形流动（净气），经过陶瓷旋风体排气管进入排气室，由总排气口排出。总排气口可以根据需要放置在侧向或顶部。

（2）技术参数及特点

陶瓷多管旋风除尘器中的各个旋风子采用轴向入口，利用导流叶片强制含尘气体旋转流动，因为在相同压力损失下，轴向入口的旋风子处理气体量约为同样尺寸的切向入口旋风子的 2～3 倍，且容易使气体分配均匀。轴向入口旋风子的导流叶片入口角为 90°，出口角为 40°～50°，内外筒直径比为 0.7 以上，内外筒长度比为 0.6～0.8。

① 陶瓷多管旋风除尘器适用于各种型号和各种燃烧方式的工业锅炉及热电站锅炉的粉尘治理，如链条炉、往复炉、沸腾炉、抛煤机炉、煤粉炉、旋风炉、流化床炉等。

② 对于其他工业粉尘，同样可用本除尘器治理，还可利用本除尘器对水泥及其他有实用价值的粉尘进行回收。

③ 处理风量大，负荷适应性强，陶瓷机芯光滑耐用，不会发生堵塞现象，占地面积小，可根据用户场地情况，因地制宜，灵活地进行安装，置于室内、露天场所均可。

④ 可由多个小型旋风除尘器并联使用，在相同风量情况下除尘效率较高、节省安装面积；多管旋风除尘器比单管并联使用的阻力损失小。

三、湿式除尘器

湿式除尘器是把水浴和喷淋两种形式合二为一。先是利用高压离心风机的吸力，把含尘气体压到装有一定高度水的水槽中，水浴会把一部分灰尘吸附在水中。

经均布分流后，气体从下往上流动，而高压喷头则由上向下喷洒水雾，捕集剩余部分的尘粒，其过滤效率可达 85% 以上。

湿式除尘器可以有效地将直径为 $0.1\sim20\mu m$ 的液态或固态粒子从气流中除去，同时，也能脱除部分气态污染物。它具有结构简单、占地面积小、操作及维修方便和净化效率高等优点，能够处理高温、高湿的气流，将着火、爆炸的可能降至最低。但采用湿式除尘器时要特别注意设备和管道腐蚀及污水和污泥的处理等问题。湿式除尘过程也不利于副产品的回收。如果设备安装在室内，还必须考虑设备在冬天的防冻问题。若使去除微细颗粒的效率也较高，则需使液相更好地分散，但能耗增大。

该除尘器对粒径小于 $5\mu m$ 的粉尘除尘效率高，使用寿命长达 $5\sim8$ 年。其结构紧凑，占用空间小，耗水量小，每秒处理 $5\sim7m^3$ 含尘气流的占地面积约为 $4m^3$，耗水约 $1t/h$。

1. 湿式除尘器的特点

① 在耗用相同能耗时，η 比干式机械除尘器高。高能耗湿式除尘器清除 $0.1\mu m$ 以下的粉尘粒子，仍有很高的效率。

② η 可与静电除尘器和布袋除尘器相比，而且还可适用于它们不能胜任的条件，如能够处理高温、高湿气流，高比电阻粉尘及易燃易爆的含尘气体。

③ 在去除粉尘粒子的同时，还可去除气体中的水蒸气及某些气态污染物。既起到除尘作用，又起到冷却、净化的作用。

④ 排出的污水污泥需要处理，澄清的洗涤水应循环利用。

⑤ 净化含有腐蚀性的气态污染物时，洗涤水具有一定程度的腐蚀性，因此要特别注意设备和管道腐蚀问题。

⑥ 不适用于净化含有憎水性和水硬性粉尘的气体。

⑦ 寒冷地区使用湿式除尘器，容易结冰，应采取防冻措施。

在工程上使用的湿式除尘器形式很多，总体上可分为低能和高能两类。低能湿式除尘器的压力损失为 $0.2\sim1.5kPa$，包括喷雾塔和旋风洗涤器等，在一般运行条件下的耗水量（液气比）为 $0.5\sim3.0L/m^3$，对 $10\mu m$ 以上颗粒的净化效率可达到 $90\%\sim95\%$。东莞某环保节能公司利用这一特点研发的湿式除尘器获得新老客户的喜爱，净化率达 98%。高能湿式除尘器的压力损失为 $2.5\sim9.0kPa$，净化效率可达 99.5% 以上，如文丘里洗涤器等。主要湿式除尘装置的性能参数见表1-4。

2. 湿式除尘器的除尘机理

湿式除尘器是利用液滴或液膜与气流中的尘粒接触而实现气尘分离的除尘设备，主要除尘机理有：惯性碰撞与拦截效应、扩散效应、团聚和凝并效应、凝结效

表 1-4　主要湿式除尘器的性能参数

装置名称	气体流速/(m/s)	液气比/(L/m³)	压力损失/Pa	分割直径/μm
喷淋塔洗涤器	0.1～2	2～3	100～500	3.0
填料塔洗涤器	0.5～1	2～3	1000～2500	1.0
旋风洗涤器	15～45	0.5～1.5	1200～1500	1.0
转筒洗涤器	300～750r/min	0.7～2	500～1500	0.2
冲击式洗涤器	10～20	10～50	0～150	0.2
文丘里洗涤器	60～90	0.3～1.5	3000～8000	0.1

应。含尘气体与液滴相遇，在液滴弧形喷射处开始绕过液滴流动，惯性较大的尘粒继续保持原来的直线运动。尘粒从脱离流线到惯性运动结束时所移动的直线距离为粒子的停止距离，若此距离大于弧形喷射距离，尘粒和液滴就会发生碰撞并被捕集。如图 1-23 所示，灰尘颗粒直径越大，惯性捕集的效率越高。如果液滴直径过大，越不易捕集到灰尘，液滴直径在 600～700μm 左右时惯性捕集效率最高。因此，利用喷雾或其他方式减小雾滴直径范围，在设备内部形成一层薄水膜，能有效防止粉尘在器壁上反弹、冲刷等作用引起的次扬尘，增强灰尘捕集效率。湿式除尘较有效的设备之一是立式旋风水膜除尘器，其工作原理是采用切线进气，也可以从中心进气，由导流片带动进行旋转运动；喷雾方式有四周喷雾、中心喷雾、上部周边喷雾等。在离心力的作用下，粉尘被水膜层吸收，污染水排放出去，从而让净化之后的气体能从上面排放出来。而卧式旋风水膜除尘器的旋转导流片绕在内筒上，并固定在外壳内壁上，使外壳和内筒之间的间隙被分隔成一个螺旋状的通道，连通进风口和排风口。

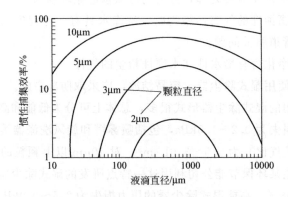

图 1-23　捕集效率与液滴直径的关系

3. 湿式除尘器的典型应用

（1）水浴湿式除尘器

POTA 水浴湿式除尘器（图 1-24）是利用离心力作用使水和含尘气体彻底混

图 1-24　POTA 水浴湿式除尘器

合后，排出洁净空气的。含尘气流通过一个局部浸没在水中的静止叶轮片时会产生水幕，高速通过叶轮片的气流形成湍流水幕，而灰尘在通过此水幕时被清除。叶片底部有一专门设计的槽形口，用来补充额外的水到叶轮片开口最窄的部位；通过槽形口向上流动的水增加了灰尘与水的相互作用，从而提高了收尘效率。

POTA 水浴湿式除尘器对于许多不同种类、不同颗粒大小的粉尘，包括超细粉尘都可实现高效除尘。独特的叶片设计可提供全面的清洗，使含尘气体中的微细粉尘彻底润湿，并使颗粒胀大。由于粉尘颗粒胀大，其对离心力作用更加敏感，从而使其更易渗入水幕并从气体中沉淀出来。该湿式除尘器在除尘效率及能耗方面，与其他工业用湿式除尘器相比优势显著。POTA 水浴湿式除尘器的压降可按 5 种不同高度的水位线进行调整，对于颗粒更小、更重、难以收集的粉尘采用高水位线可保证较高的除尘效率。

POTA 水浴湿式除尘器是一种高效的湿式过滤设备，根据动力学原理设计的叶片，含尘气体进入水幕过滤；经过水与气流的对冲作用，将粉尘溶解于水中；溶解后的粉尘经离心力将粉尘颗粒沉淀，清洁后的气体通过排气扇除湿后排放进入大气。该除尘器有两种排泥设计：

① 循环利用型。采用水循环形式将沉淀泥浆汇入水处理系统，实现水的循环再利用。

② 刮泥板型。采用设备自身底部提供的刮泥链条，将沉积后的泥浆定时排出，便于回收利用。

（2）喷淋塔除尘器

① 工艺原理。喷淋除尘法是一种较经济简单的除尘工艺，根据喷淋洗涤塔内气体与液体的流动方向，可分为顺流、逆流和错流三种形式。最常用的是逆流喷淋法，含尘气体从塔的下部流入，气体通过气流分布格栅，使气流能均匀进入塔体；液滴通过喷嘴从上向下喷淋，可以在一个截面上，也可以分几层设在几个截面上。

如图 1-25 所示，该除尘工艺采用逆流喷淋法，设两层喷淋，通过液滴与含尘气流的碰撞、接触，液滴就捕获了尘粒。

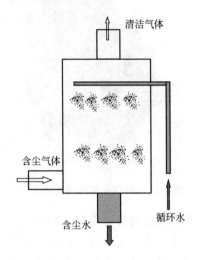

图 1-25　喷淋除尘法工艺图

　　② 工艺流程与技术特点。如图 1-26 所示，含尘气体由风管引入洗涤塔中下部的空气室，在风机负压的作用下，含尘气体经过两级喷淋洗涤层和填料层，与喷淋洗涤层喷出的水进行吸附和中和反应，并经过填料层的过滤作用，使含尘废气充分

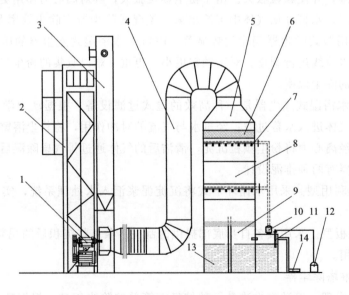

图 1-26　喷淋塔除尘器工艺流程

1—风机；2—支架；3—排放烟囱；4—吸烟道；5—集气罩；6—除雾层；
7—喷淋洗涤层；8—填料层；9—空气室；10—水泵；11—pH 碳棒；
12—检测仪；13—循环水箱；14—排水口

净化，再经除雾层除雾后，经由集气罩、吸烟道和排放烟囱排放至大气中。水在塔底经循环水泵增压后在塔顶喷淋洗涤而下，最后回流至塔底循环使用。循环水箱中安装有 pH 碳棒传感器，实时检测循环水的污染程度，并定期更换干净的喷淋洗涤用水，废水由排水口排出。经过净化后的废气完全达到了既定排放标准。喷雾塔除尘器结构简单、压力损失小、操作稳定，经常与高效洗涤器联用捕集粒径较大的粉尘。严格控制喷雾的过程、保证液滴大小均匀，对有效的操作是非常必要的。

（3）旋风洗涤除尘器

在干式旋风分离器内部以环形方式安装一排喷嘴，就构成一种最简单的旋风洗涤湿式除尘器。喷雾发生在外涡旋区，由除尘器筒体上部的喷嘴沿切线方向将水雾喷向器壁，使壁上形成一层薄的流动水膜，并捕集尘粒；含尘气体由筒体下部以 $15 \sim 22 \mathrm{m/s}$ 的入口速度切向进入，旋转上升，尘粒靠离心力作用甩向器壁，为水膜所黏附，沿器壁流下沉落到器底，随流水排走。在出口处通常需要安装除雾器。

除尘效率随入口气速和筒体直径减小而提高。筒体高度对除尘效率影响较大，一般不小于筒体直径的 5 倍。气流压力损失为 $500 \sim 750 \mathrm{Pa}$，耗水量为 $0.1 \sim 0.3 \mathrm{L/m^3}$，除尘效率可达 $90\% \sim 95\%$，比干式旋风除尘器高得多。器壁磨损也较干式旋风除尘器轻。

① 中心喷雾旋风除尘器。中心喷雾旋风除尘器（图 1-27）是旋风洗涤除尘器的一种。其中心设喷雾多孔管，含尘气流由下部切向引入。主要除尘机制包括中心区水滴的碰撞作用、旋转气流的离心力作用以及水滴甩向器壁后形成的水膜黏附作用。通过安装在气体入口风道中的导流调节板调节气体入口速度和压力损失，以调节进水的水压，实现进一步控制。入口气流速度通常在 $15 \mathrm{m/s}$ 以上，压力损失为 $0.5 \sim 2.0 \mathrm{kPa}$；液气比为 $0.5 \sim 0.7 \mathrm{L/m^3}$。对各种小于 $0.5 \mu\mathrm{m}$ 的粉尘，净化效率可

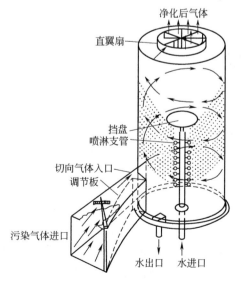

净化后气体

直翼扇

挡盘
喷淋支管

切向气体入口
调节板

污染气体进口

水出口　水进口

图 1-27　中心喷雾旋风除尘器

达 95％～98％。这种除尘器也适于吸收锅炉烟气中的 SO_2，还常作为文丘里洗涤器的脱水器。

② 旋流式水膜除尘器。旋流式水膜除尘器是旋风洗涤除尘器的一种，如图 1-28 所示。它由除尘器筒体上部的喷嘴沿切线方向将水雾喷向器壁，使壁上形成一层薄的流动水膜。含尘气体由筒体下部以切向进入，旋转上升，尘粒靠离心力作用甩向器壁，为水膜所黏附，沿器壁流下，随流水排走。除尘效率随入口气速增大和筒体直径减小而提高。筒体高度对除尘效率影响较大，一般不小于筒体直径的 5 倍。气流压力损失为 500～750Pa，除尘效率可达 90％～95％，比干式旋风除尘器高得多。器壁磨损也较干式旋风除尘器轻。

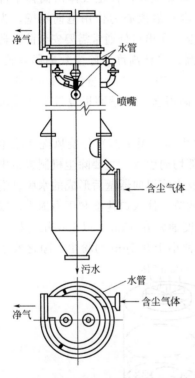

图 1-28　旋流式水膜除尘器

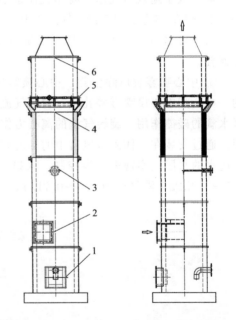

图 1-29　XL 型旋流式水膜除尘器示意图
1—清理门；2—文丘里；3—中心进水口；4—溢流槽；
5—环形喷水管；6—出气管道

XL 型旋流式水膜除尘器主要由文丘里、主筒体、上部溢流槽、下部溢水孔、清理门等组成，如图 1-29 所示。其工作过程：含尘气流通过进口烟道进入文丘里，在喉部的入口被水均匀地喷入；由于烟气高速运动，因此喷入的水被其分成细小的水雾，润湿了烟气中的灰料。在这个过程中，烟气中的灰料被润湿，使它的质量加大而有利于被离心分离。在高速呈絮流状态中，由于水滴与尘粒差别较大，它们的速度差也较大。这样，灰粒与水滴就发生了碰撞凝聚，尤其是粒径细小的灰尘料可以被水雾水溶，这些都为灰料的分离做好充分的准备，此后进入筒体。水从除尘器上部注水槽进入圆筒内，使整个圆筒内壁形成一层水膜从上而下流动，烟气由筒体下部切向进入，在筒体内旋转上升，含尘气体在离心力作用下始终与筒体内壁面的水膜发生摩擦，这样含尘气体被水膜润湿，尘粒随水流到除尘器底部，从溢水孔排走。在筒体底部设有水封槽以防止烟气从底部漏出，有清理孔便于进行筒体底部清理。除尘后废水由底部溢流孔排出进入沉淀池，沉淀中和，循环使用。净化后的气体，通过筒体上部锥体部分引出，从而达到除尘目的。如在除尘设备的循环池中加入碱性水，可起到脱硫除尘器的效果。

XL 型旋流式水膜除尘器材料一般采用天然花岗岩，经机械加工成圆形弯板，结构内部光滑平整，使耗水量降低至原来的 2/3，降低了运行成本，有耐腐蚀、耐磨损、耐高温的特性。外部用高强度、耐高温、耐酸碱的材料浇注。筒体设备外护钢板，大大增强了设备的强度和使用寿命。上部水槽为陶瓷结构，陶瓷除尘器在供水过程中确保不漏水，避免了原花岗岩除尘器水槽渗水难题，增强了除尘器的使用效果。本体采用每节 1m 的结构，每节接口处有凹凸形接缝，安装时用呋喃树脂或耐酸碱胶泥在缝口连接，确保连接处不漏水，克服了原有花岗岩除尘器接缝渗水和漏风的通病。进出口提供法兰尺寸，安装时法兰对接处用石棉绳填缝，严防漏风，影响治理效果。XL 型旋流式水膜除尘器技术性能参数见表 1-5。

表 1-5　XL 型旋流式水膜除尘器技术性能参数

技术指标	参数	技术指标	参数
除尘效率	＞98%	捕筒体上升烟速	3.5～5.5m/s
进口烟速	17～23m/s	溢流槽静压	2～5mmH$_2$O(1mmH$_2$O=9.80665Pa)
出口烟速	8～14m/s	筒体阻力	700～900Pa
脱硫效率	＞90%	除尘后烟气温度	50～80℃

（4）干湿组合除尘器

黑龙江八一农垦大学智能干燥技术团队为了解决黑龙江省粮食产业从数量稳增向质量效益发展过程中专用干燥工艺落后、缺少智能调控措施等技术瓶颈问题，自 2000 年以来在省科技厅和省农垦总局的支持下，开展冻态水稻干燥特性、水稻智能变温调控技术和气相旋转换热方法的研究；结合农业农村部科技教育司全国基层农技推广体系改革与建设项目，实施多项科研成果落地；建立优质水稻低温保质烘储示范基地，示范推广水分在线自主调控、生物质秸秆兼用型供热和净洁除尘技术，采用干湿组合式除尘装置对生物质秸秆燃料的烟气进行二次降尘处理。其中干式除尘器为立式陶瓷多管除尘装置，如图 1-30 所示。其主要工作原理为锅炉尾气从烟气入口进入除尘器内的均风管，含尘烟气通过螺旋形导向器进入旋风子，由于含尘烟气流速很高，气流形成旋转向下的外旋流。悬浮于外旋流的粉尘在离心力的作用下移向器壁，并随外旋流转到除尘器下部，由排尘孔排出。净化后的气体形成上升的内旋流并经过排气管进入到下一级湿式除尘装置中。

图 1-30　干式除尘器　　　　　　　　图 1-31　湿式除尘器

　　湿式除尘装置设计为水膜吸附除尘器，如图 1-31 所示。其工作原理为尾气由筒体下部切向引入，旋转上升，细小的尘粒受离心力的作用而被分离，抛向筒体内壁，被筒体内壁的水膜层吸附，随着水膜流到底部，流向沉淀池中。水膜层是由布置在筒体上部的 6 个喷嘴，将水顺切向喷至筒壁形成的。这样，就可以使筒体内壁始终覆盖一层旋转向下流动的很薄的水层，以达到吸附除尘的效果。除尘器的配合使用可以更好地提升除尘效果，同时减少除尘器单独使用的工作负担，保证了除尘器的工作质量。

　　尾气处理系统采用了干湿组合式除尘装置，其中干式除尘器采用立式陶瓷管装置；尾气在通过立式陶瓷管时，会形成环绕内壁的气流，从而使较大的灰尘颗粒通过管壁落下。湿式除尘器采用了水膜除尘装置，该装置会从水池将水抽到较高的喷头处，从而形成一层紧挨管内壁的一层水膜；而从立式陶瓷管中通过的尾气会进入到水膜除尘装置中，尾气由下向上运动，与水膜充分混合，将细小的尾气灰尘颗粒吸附水中再流到水池中，使尾气达到较高的清洁度再排放到大气中。

4. 评估净洁燃烧检测指标

　　本生物质秸秆供热设备的尾气处理系统采用了干湿组合式除尘装置，燃烧检测选取水稻秸秆打捆燃料为试验原料，在燃烧系统中引燃秸秆捆，燃烧 30min 后，进行净洁燃烧检测指标测试试验。首先用钻孔器在烟囱管道上钻孔，并调节烟气流量为 300ml/min，然后再用烟气采样器采集废烟气，将采集废烟气的数只试管插入烟气分析仪中，并将烟气分析仪与计算机相连，采集试验数据并记录。在最佳工况下进行燃烧性能及环保指标测试，试验根据 GB 13271—2014《锅炉大气污染物排放标准》、GB 5468—1991《锅炉烟尘测试方法》、GB 18485—2014《生活垃圾焚烧污染控制标准》进行，测得的结果如表 1-6 所示。

表 1-6　秸秆捆烧烟气排放指标测试与标准值

排放指标	测试值 /(mg/m^3)	GB 5468 时均值限值 /(mg/m^3)	GB 18485 时均值限值 /(mg/m^3)	GB 18485 日均值限值 /(mg/m^3)	GB 18485 内控时均值限值 /(mg/m^3)
二氧化硫	13.7	300	100	80	80
氮氧化物	125.4	300	300	250	250
颗粒物	19.3	50	30	20	20
氯化氢	32.5	—	60	50	50
一氧化碳	83.0	—	100	80	50
林格曼黑度	<1	≤1	≤1	≤1	<1

从表 1-6 中可以看出，该捆烧锅炉排放烟气中烟尘含量平均为 $19.3mg/m^3$ 左右，远低于国家锅炉烟尘排放标准 $50mg/m^3$，也低于生活垃圾焚烧污染控制标准 $20mg/m^3$。说明干湿组合式除尘器实际运行效果优于单级除尘器，旋流式水膜除尘器对颗粒物吸附有较好的优势。一氧化氮等氮化物和一氧化碳含量较高，但总体达到国家排放标准，说明该组合除尘器满足秸秆类生物质捆烧设备的除尘应用要求。

第四节　余热回收技术

烟气余热可以称为二次能源。众所周知，一次能源有煤炭、石油和各类燃气等，它们在工业应用中都会出现各种模式的余热，而在热能领域出现的能源浪费主要来源于排出的大量锅炉尾气。因此，合理使用烟气余热，提高能源利用水平，有很好的经济效益。燃煤锅炉的效率一般在 70% 左右，在浪费的热量中，烟气热量占绝大部分。通常情况下，谷物干燥机锅炉排出废气的温度在 50℃ 左右，蒸汽、热水锅炉尾部排烟温度在 200℃ 以上，导热油炉尾部排烟温度为 280～350℃ 以上；利用相变技术将这部分热量回收，可用于提高锅炉进水温度、鼓风温度或直接产生蒸汽供生产及生活使用。

一、烟气余热回收的方式

烟气余热回收主要是通过换热将烟气携带的热量转换成可以利用的热量。

1. 气-气余热回收器

气-气余热回收器是燃煤、燃气锅炉的专用设备，安装在锅炉烟口或烟道中，将烟气余热回收后加热空气，热风可用作锅炉助燃和干燥物料。其构造为：四周管箱，中间隔板将两侧通道隔开，换热单元是全翅片式热管。工作时，高温烟气从左侧通道向上流动冲刷热管，此时热管吸热，烟气放热温度下降。热管将吸收的热量导至右端，冷空气从右侧通道向下逆向冲刷热管，此时热管放热，空气吸热温度升高。余热回收器出口烟气温度不低于露点。

2. 气-液余热回收器

气-液余热回收器也是安装在专用锅炉烟口处，回收烟气余热用于加热生活用水或锅炉补水的设备。烟道和水箱分置安装，烟气流经热管余热回收器烟道冲刷热管下端，热管吸热后将热量导至上端，热管上端放热将水加热。为了防止堵灰和腐蚀，余热回收器出口烟气温度一般控制在露点以上，即燃油、燃煤锅炉排烟温度不小于130℃，燃气锅炉排烟温度不小于100℃，可节约燃料 4%～18%。

二、余热回收在干燥领域的应用

烟气余热在大部分干燥方式中都起到了"中流砥柱"的作用，结合烟气余热和干燥形式的供求关系，在粮食干燥领域将会发挥更大的作用。

1. 余热回收粮食干燥系统

余热回收粮食干燥系统的组成如图 1-32 所示。整个系统分两部分，上面为干燥段，下面为冷却段。其中干燥段金属钢板外壳经过防锈处理，其外套有保温集热罩，可以将粮食与外界风进行隔离、保温集热。整机是双层筛网组成，形状是同心圆柱体，粮食在两层筛网板间流动，不能太厚。

① 干燥段。当具有一定湿度和粉尘浓度的热风从顶部排出，进入循环除湿滤尘装置中时，热风经过热源调频风机、温度通过智能温控调节装置进行控制，保证热气室温度与实际设定的温度相对应。当热气室内的温度比设定的低时，循环调节装置发出信号至风机，提高转速增大输出风量，热气室高温空气增加，温度升高；反之通过降低风机转速，调节温度。干燥段中间有换向器，可将干燥段上部靠近热风室侧的粮食转到废气室侧，来避免粮食干燥不均匀。

② 冷却段。设下端风机，外界风经过下部冷却段预热，粮食得到冷却。预热风又通过风机回到热源，继续利用。

该系统最大优点是冷却段、干燥段的余热都可重复利用，降低了能耗。控制过程：控制部分即温度水分智能测试系统；其主要功能是测量出粮食的温度及水分含量，显示所测量的温度及水分含量。

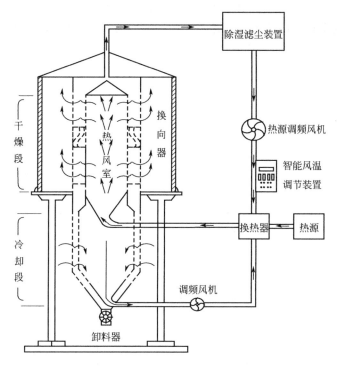

图 1-32　余热回收粮食干燥系统的组成

2. 双循环壁温可调式烟气余热回收装置

在我国北方大量使用燃煤锅炉供热来干燥大宗粮食，燃煤锅炉的排烟导致热量损失。传统锅炉的设计中，综合考虑烟气的低温腐蚀和燃煤成本等问题，燃煤锅炉的空气预热器排烟温度一般在 $140 \sim 150 ℃$，对于水分、硫分多的燃料还要选取更高一些的排烟温度。这在过去煤炭价格较低，不强制烟气脱硫的情况下是合理的。但是，由于资源日趋紧张以及用户的燃料费用大幅提高，提高热风炉的效率需求日趋迫切。双循环壁温可调式烟气余热回收装置通过控制换热器的最低壁温高于烟气酸露点的方法来避免受热面发生低温腐蚀，同时根据管内介质传热系数高的特点，利用管外强化传热技术，可将排烟温度有效降至 $100 \sim 110 ℃$。不但最大限度地回收利用了烟气余热，还从根本上解决了低温腐蚀难题。

双循环壁温可调式烟气余热回收装置通过优化设计，将烟气吸热段和放热段有机地构造成一个关联的整体；通过阀门控制装置的调节，控制吸热段的最低壁面温度处于烟气酸露点以上。该装置在热风炉节能改造中，大幅度降低了烟气的排放温度，使大量的中低温热能被有效回收，产生可观的经济效益；在降低排烟温度的同时，保持换热器等换热元件的金属受热面壁面温度处于较高的温度水平，远离酸露点的腐蚀区域，从根本上避免了结露腐蚀和堵灰现象的出现，大幅度降低了设备的维护成本；实现了换热器金属受热面最低壁面温度处于可控可调状态，使双循环壁温可调式烟气余热回收装置具有相当大的调节能力，适应供热锅炉的燃料品种以及传热负荷的变化，使排烟温度和壁面温度保持相对稳定。烟气余热回收原理如图 1-33 所示。

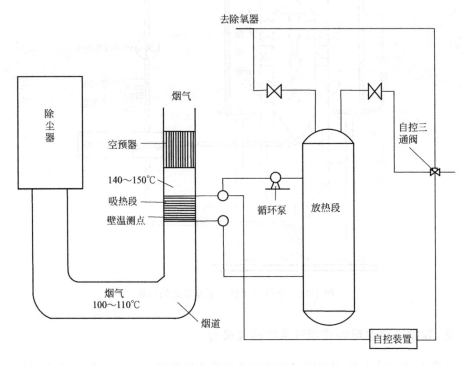

图 1-33　烟气余热回收原理

该装置技术特点如下：

① 受热面采用高频焊接螺旋翅片管，翅片结构的作用是使基管在烟气中具有较好的耐磨性。

② 采用直列布置，与烟气接触面均匀一致，避免截面烟气流动的不均匀性。

③ 运行简单，全部采用自动控制，除需调整壁面温度外，无需人员值守。

④ 维护简便，只需在停炉时检查壁面有无腐蚀，根据检查情况在下个周期调高或降低壁面温度即可。

3. 小型余热回收式负压干燥塔

针对粮食干燥机干燥过程中热量散失严重、尾气污染环境的问题，结合寒地粮食恒流干燥工艺，设计并制造出实现余热回收利用、尾气处理排放及回收于一体的负压式干燥塔。本装置重点研究了余热回收过程中热量循环路径设计、尾气处理装置管道布局，确保了干燥流程低能耗、无污染运行，解决了能量散失严重问题。

（1）基本结构

小型余热回收式负压干燥塔如图 1-34 所示。干燥塔主要由干燥主机体、热源装置（电加热）、气流导流装置、尾气集尘过滤自动排湿装置、尾气导流装置、气流混合装置、机架及保温外壳等组成。固定于地面的机架中间位置安装干燥主机，干燥主机的下方安装排粮仓和排粮辊，干燥主机的左下方外侧安装有进气腔室；干燥主机与进气腔室相通气，粮食干燥加工的尾气能够进入进气腔室。进气腔室内安装有第三气流导向板，进气腔室的左侧安装有尾气回流风机；尾气回流风机的左上方设置有冷热风混流装置，冷热风混流装置的下方设置有热源固定机架，该热源固定机架上固定有加热源；热源固定机架和尾气回流风机之间设置有第一气流导向板，冷热风混流装置的上方设置有热风导流板，该热风导流板固定在导流板支架上；导流板支架下方位于冷热风混流装置的右侧具有通道，该通道的右侧为加热腔室；加热腔室的上方设置保温壳，加热腔室的下方设置有第二气流导向板，加热腔室与干燥主机的左上方相通气。

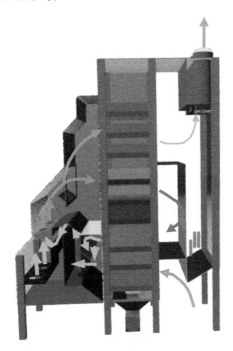

图 1-34　小型余热回收式负压干燥塔

干燥主机的右上方外侧设置有尾气回收主仓体并相通气，干燥主机的右外侧中间位置设置有尾气回收副仓体并相通气；尾气回收主仓体和尾气回收副仓体之间不相通气；尾气回收主仓体的右上方安装有负压轴流风机，负压轴流风机的上方设置有带滤芯的排气管道，带滤芯排气管道的上方设置有湿气排气阀门；尾气回收主仓体的下方设置有灰尘收集仓，位于干燥主机的右下方外侧设置有冷空气进气口并通气。

　　就冷热风混流装置而言，该装置竖直方向上具有若干个出气口，用于冷空气和热空气混合状态下的出气；出气口下方右侧具有楔形进气口，该楔形进气口用于冷空气向冷热风混流装置内进行横向流入。冷热风混流装置具有两个出气孔。在冷热风混流装置上方安装有风机，在风机的作用下，冷空气从楔形进气口处进入，热空气从出气口下方进入，通过风机混流，形成均匀空气。与现有技术相比，余热回收式负压干燥塔能够实现余热回收利用、尾气处理排放及回收于一体，确保低能耗、无污染运行，解决了能量散失严重问题。

　　(2) 工作过程与原理

　　余热回收式负压干燥工艺原理如图 1-35 所示。首先，由电加热器进行空气加热，然后在顶部负压风机的吸引力作用下，主流热风经过导流板和导流罩，均布进入干燥主机，与塔内自上而下流动的粮流进行质热交换，带走粮食中的水分。上层粮食干燥后排出大量尾气并携带杂质，进入尾气处理装置，由于超过一定湿度（40%），经吸附颗粒后通过滤芯排出机外。下层粮食干燥后，载湿尾气的湿度未达到相应湿度且含较高热能，经尾气回收副仓体与热源侧尾气回流风机的联合作用，进入回流气体仓，经过冷热风混流装置与热源加热空气混合，再次进入干燥机主机运行。能够实现整机干燥过程中低能耗、低噪声的绿色运转。

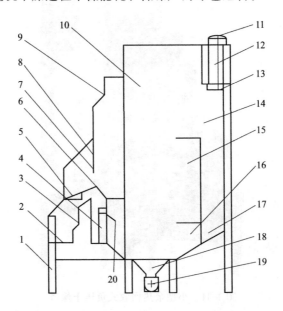

图 1-35　余热回收式负压干燥工艺原理

1—机架；2—热源固定机架；3—余热气流导向板；4—尾气回流风机；5—冷热风混流装置；
6—气流导向板；7—热风导流板；8—导流板支架；9—保温壳体；10—干燥主机；
11—湿气排气阀门；12—带滤芯排气管道；13—负压轴流风机（尾气排放）；
14—尾气回收主仓体；15—尾气回收副仓体；16—冷空气进气口；
17—灰尘收集仓；18—排粮段；19—排粮辊；20—回流气体仓

4. 大型粮食干燥机的余热回收工艺

在绿色、低碳、环保理念的倡导下，粮食干燥机供热热能的高效利用是实现节能环保的必由之路。尤其在寒冷北方地区，粮食干燥作业大部分在冬季，干燥机在具体设计上需要从干燥废气回收利用、热风炉烟气余热回收再利用、设备保温效果、调整烟道走向、设置分层给煤装置等多方面同时入手，才能提升粮食干燥机节能环保的效果。一般连续式粮食干燥机在运行中产生的废气有两种，一种是干燥段尾部废气，另一种是冷却段废气。结合黑龙江八一农垦大学与佳木斯天盛机械科技开发有限公司联合研制的变温连续式干燥机的工艺结构，利用低温干燥废气和冷却段废气进行余热回收利用。为提升回收再利用率，需要对变温粮食干燥机产生的废气温度、湿度等指标进行检测。检测结果表明，低温干燥段尾部排出废气的温度为40～45℃，相对湿度为30%～40%；冷却段排出的气体温度为20～30℃，相对湿度为20%～40%。本研究的废气余热回收再利用方法是将余热再利用处理工艺和预热空气进行助燃工艺结合，将冷却段废气配置回加热炉，提升加热炉的升温速度和热工性能，既能有效满足工艺需求，还具有良好的节能效果。同时，将低温干燥段废气引回热风炉除湿加热后，混合输送至干燥机初始加热烘干段。余热回收干燥工艺如图1-36所示。

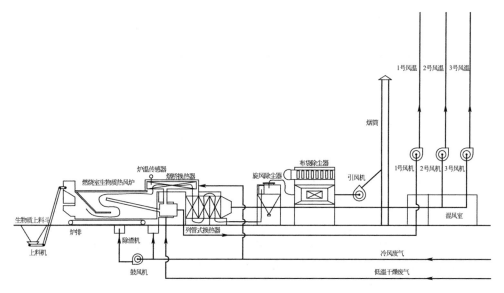

图 1-36　余热回收干燥工艺

（1）废气回收利用设计

本研究是将低温干燥段低湿度余热废气和冷却段废气分别回收至供热系统。低温干燥段废气引回到热风炉与主换热器之间的空气预热器，与烟气换热器产生的高温气体混合后，由 1 号风机输送至干燥机顶层加热烘干段。一部分冷却段废气由鼓风机配置回加热炉内进行助燃，提升燃烧室的升温速度和热工性能；另一部分冷却段废气被引入烟桥换热器预热空气，提升换热效率。实践证明：该余热回收工艺既能有效满足工艺需求，还具有良好的节能效果。

（2）热风炉烟气余热回收再利用

连续式粮食干燥机的热风炉烟气带走的热量是整个粮食干燥热量的主要部分。温度测量结果表明，热风炉烟气的温度普遍在 120～150℃，而连续式粮食干燥机如果持续工作 24h，可释放出 $(40～45)×10^4m^3$ 烟气。实现对热风炉烟气余热的回收再利用，可大幅度节约煤炭消耗量。因此，在具体设计时，可以在热风炉的引风机和烟道之间设置烟桥换热器，安装位置设在热风炉和换热器顶盖之间，利用回收的烟气余热对进入主换热器的新鲜空气进行预热，并配置小型风机辅助进风。或者采用无底火多风道悬浮式煤粉燃烧装置，可大幅度提升煤粉和空气的接触面积，提升进氧量，促使煤粉充分燃烧，减少对环境的污染，粉尘也可以回收再利用，不会造成大气污染。

（3）改进烟道走向

目前很多粮食干燥机在运行中，烟气除尘主要以沉降法为主。就连续式粮食干燥机而言，需要设置 3～5 个沉降室才能满足实际需求，烟气需要经过换热器、沉降室、地下烟道才能排放到空气中。为实现节能环保效果，可根据粮食干燥机运行的实际情况，适当增加烟道截面积，确保产生的烟尘能全部沉降，才能在提升除尘效率的同时减少烟尘排放量。如果粮食干燥机附近空间足够大，则还可以调整烟道走向；针对更换换热器的干燥系统，则可适当增加沉降室的深度，可有效提升干燥系统清炉的效率，既能有效保证粮食干燥机运行的连续性，还能提升节能环保效果。

（4）合理设置分层给煤装置

在连续式粮食干燥机中热风炉主要为链条炉排，既能满足燃煤，也能使用生物质燃料。在使用燃煤燃料的过程中要求煤块粒径不能超过 40mm，而小于 3mm 的煤块要超过煤块总量的 30%。但在具体应用中，仍然有很多煤粉通过炉排片进入风道中，难以实现充分燃烧。如采用分层给煤装置，则可以有效解决这一问题，通过分层给煤，既能确保较大颗粒的煤块更加贴近炉排，又能确保粒径较小的煤块附着在大煤块上方，增加煤炭燃烧的透气性，降低风阻。大量应用实例表明，此方法不但可以有效改善燃煤条件，而且还能提升煤炭的燃烧效率，降低漏煤量，提升连续式粮食干燥机的热效率。

5. 隧道式干燥余热回收技术

为了优化隧道式干燥工艺参数和满足农场对优质燕麦快速干燥的要求，"保质干燥工艺""气流翻铺干燥工艺"和"余热回收技术"等关键技术的应用使隧道式干燥余热回收工艺具有节能 40% 左右、干后燕麦干制品质量好和无污染等优点，成为一种崭新的节能干燥技术。

(1) 干燥工艺流程

整个隧道式干燥采用连续作业形式,顺流干燥具有热利用率高、均匀性好等特点。第一干燥段采用顺流干燥,此段的废气含水率较高,故不予回收。第二干燥段采用的是顺、逆流混合干燥和气流翻铺的工艺,此段的物料水分较低,其废气应予以回收,提高热效率。隧道式干燥机余热回收工艺流程如图 1-37 所示。

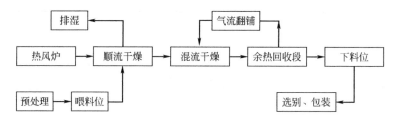

图 1-37 隧道式干燥机余热回收工艺流程

(2) 结构原理及技术参数

① 基本结构。隧道式干燥机由前干燥段(顺流)、后干燥段(混流)、驱动与张紧装置、水平带式干燥床、调速装置、余热回收装置及电控部分组成。5HC 型隧道式干燥机结构示意图如图 1-38 所示。

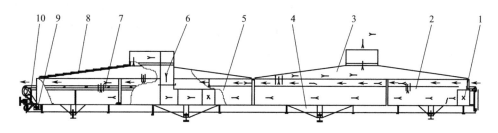

图 1-38 5HC 型隧道式干燥机结构示意图

1—进气口;2—前干燥段;3—上罩;4—可调支架;5—后干燥段;6—余热回收装置;

7—水平带式干燥床;8—保温层;9—调速装置;10—驱动与张紧装置

② 工作原理。隧道式干燥机采用水平钢丝网带输送式结构,工作时,驱动辊带动特制的输送链耙,燕麦经过喂入辊进入干燥段,由卧式热风炉产生的热空气也进入第一干燥段,热气流与燕麦输送方向相同,将大部分水分(自由水和部分结合水)去除;在第二干燥段,热气流与燕麦输送方向相同和相反,采用顺、逆流混合干燥去除大部分结合水。同时,利用离心风机将此段回收的废气送回第二干燥段,回收的高速气流使燕麦铺翻转,达到均匀干燥的目的。干燥的燕麦由出料辊排出干燥机并收集,干燥后的燕麦选别后包装封存。

③ 主要技术参数。5HC 型隧道式干燥机的技术参数如表 1-7 所示。

表1-7 5HC型隧道式干燥机的技术参数

项目	参数	项目	参数
长×宽×高	20640mm×1400mm×2460mm	配套动力	25.2kW
结构形式	水平钢网孔带输送式	处理量	3~5t/d
加热形式	顺逆流混合和余热回收	整机质量	2.36t
料层平均高度	35~40mm	传送效率	97.5%
输送作业速度	2~3m/min	余热回收率	≥60%

(3) 余热回收翻铺装置的设计

余热回收翻铺装置的设计是燕麦保质干燥工艺中的重要环节。根据翻铺工艺要求，使燕麦处在1~1.5倍悬浮速度的余热回收气流中进行翻铺作业，使热空气与含水量不均匀的燕麦全面接触，在短时间内达到干燥均匀一致的目的。余热回收翻铺机构采用混流干燥段的嵌入式结合的结构（图1-39）。在干燥机的混流干燥段中部位置设置一台引风机，将混流段排出的热空气引入热风道内，经过导风板的疏导和均风作用，以正压形式从翻铺风口进入翻铺室，使燕麦上下层进行交错翻转，穿过燕麦层进入上层干燥段。最后由顺流干燥段的后排风口将废气排出机外。将气流翻铺工艺与余热回收相结合，充分利用余热气流进行翻铺作业，余热回收量达60%以上。由于燕麦干燥的温度较高，当热介质温度为120℃时，保质干燥机顺流干燥段的排气温度在72℃，相对湿度达92%；混流干燥段的排气温度在90℃，相对湿度达56%。如不回收排出热气流，单位热耗将显著增加。因此，利用混流干燥段的排气进行翻铺作业，既可以节能，又可以使燕麦水分缓慢汽化，提高燕麦的

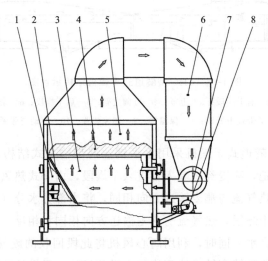

图1-39 余热回收翻铺装置结构示意图

1—驱动辊；2—导流板；3—热风道；4—燕麦层；5—翻铺室；
6—余热回收风道；7—离心风机；8—调速电动机

干燥品质。气流翻铺工艺具有干燥时间短、处理量大、适应性广、干燥均匀性好等特点。

（4）余热回收翻铺装置的应用

余热回收翻铺装置位于5HC型隧道式干燥机的后半段，长度为6m。余热回收段箱体采用岩棉保温层，可以减少能量损失，并且可以自由拆卸，方便运输。燕麦干燥速度的快慢可以通过调速电动机控制的输送机构实现无级调节，用户可以根据对燕麦含水率的要求来调节干燥机的降水幅度。具有完善的热风温度控制及干燥温度的监控装置，可以确保燕麦干燥品质。2013年黑龙江省北大荒农垦局嫩北农场种植的燕麦在隧道式干燥机上进行了生产性试验，所应用的余热回收翻铺装置如图1-40所示。翻铺气流工作速度为5.5m/s，输送速度为0.03m/s。

图1-40 余热回收翻铺装置

（5）生产性能测试

黑龙江省农机鉴定站对5HC型隧道式干燥机进行了性能测试，并同时投入烘干生产。黑龙江省科技厅和省农业机械鉴定站专家对干燥机的性能指标进行了连续12h的测定。测定的项目有热风炉供热量及风温、烘前燕麦与烘干燕麦的品质、单位耗热量及干燥机能耗等，测试结果如表1-8所示。

表1-8 5HC型隧道式干燥机性能测试结果

测试指标	有效值	测试指标	有效值
环境温度/℃	15.0	干燥介质温度/℃	120.0
相对湿度/%	37.8	降水幅度/%	21.80
燕麦入机温度/℃	16.0	处理量/(t/h)	3.75
含水率/%	33.7	干燥周期/min	24.5
含水不均匀度/%	2.3	小时水分汽化量/(kg/h)	260.0
煤低位发热量/(MJ/kg)	19.65	干燥强度/[kg/(m²·h)]	96.00
出机含水量/%	14.1	单位耗热量/(MJ/kg)	5.15
含水不均匀度/%	3.12	作业速度/(m/min)	1.87
工作环境噪声/dB(A)	73.1	粗蛋白/%	16.2
粉尘浓度/(mg/m³)	0.91	粗脂肪/%	8.45

　　测试结果和实际干燥作业考核表明：5HC型隧道式干燥机完全满足设计要求，适于燕麦等多种杂粮和果蔬产品的干燥需求，使燕麦水分从33％～37％迅速降到14％以下，达到安全储藏要求，而且生产的燕麦色泽好、品质高，干燥工艺参数设计合理，总体已达到国际先进水平。

第二章 ▶▶▶ 燃料特性与理论空气量

第一节 燃料的种类和成分

我国用于谷物干燥的燃料按形状分为：固体、液体和气体三种；按来源分又为天然燃料和人工燃料。

固体天然燃料包括：木柴、褐煤、烟煤、无烟煤、谷壳、茎秆及玉米芯等；固体人工燃料包括：木炭、焦炭、煤粉和煤球等。

液体天然燃料为石油；液体人工燃料为汽油、煤油、柴油和重油等。

气体天然燃料为天然气；气体人工燃料有高炉煤气、焦炉煤气、发生炉煤气及裂化煤气等。

上述各种燃料主要由碳(C)、氢(H)、硫(S)、氧(O)、氮(N)、灰分(A)、水分(W)七种成分组成。其中，碳、氢、硫能燃烧放热，碳含量占固体燃料可燃基的72%～96%，是基本可燃成分；氢燃烧时发热量较大，但在固体中含量很少；硫虽能燃烧放热，但其燃烧产物二氧化硫（SO_2）有臭味，损害谷物品质，此外与水结合会变成亚硫酸（H_2SO_3），对金属有强烈的腐蚀作用，因此硫对谷物干燥是不利的成分。燃料中氧、氮、灰分及水分的存在，相对减少了燃料中的可燃成分含量，而降低了燃料的发热值。水分和灰分多的燃料不易燃烧，故把含水分、灰分多的燃料称为劣质燃料。

固体和液体燃料成分按质量分数表示，而气体的成分则用体积分数表示。根据对燃料进行分析的方法不同，固体燃料的成分有四种表示方法。

1. 应用基

应用基是表示实际应用的成分，在各成分的代号右上方标有"y"，各代号表示各成分的百分数。其表示公式为：

$$C^y + H^y + O^y + N^y + S^y + A^y + W^y = 100\% \qquad (2\text{-}1)$$

进行燃烧计算时，要采用应用基成分。

2. 分析基

为了避免因雨水或其他不稳定水混入燃料中而影响其成分的分析，特设定出分析基，即在分析燃料之前，先用风干法（热风温度为 $45\sim50℃$）去除燃料的外部水分。这种除水后的成分质量分数称为分析基。在各成分代号右上角标有"f"，即：

$$C^f + H^f + O^f + N^f + S^f + A^f + W^f = 100\%\qquad(2\text{-}2)$$

3. 干燥基

为了消除燃料外部及内部水分对燃料的影响，先将燃料加热到 $102\sim105℃$，然后进行分析。在成分代号的右上角标注"g"，即：

$$C^g + H^g + O^g + N^g + S^g + A^g = 100\%\qquad(2\text{-}3)$$

4. 可燃基

除去全部水分和灰分以后进行成分分析，在成分代号上标有"r"，即：

$$C^r + H^r + O^r + N^r + S^r = 100\%\qquad(2\text{-}4)$$

在上述四种"基"中，由于各种"基"所含的内容不同，各成分所占的百分数也不同。如以碳为例：$C^y < C^f < C^g < C^r$。

如已知可燃基的 C^y，则可按下列换算公式进行换算：

$$C^y = C^r \frac{100 - A^y - W^y}{100}\%\qquad(2\text{-}5)$$

$$C^f = C^r \frac{100 - A^f - W^f}{100}\%\qquad(2\text{-}6)$$

$$C^g = C^r \frac{100 - A^g}{100}\%\qquad(2\text{-}7)$$

C^r 后边的公式称为换算系数，四种"基"之间的换算系数如表 2-1 所示。

表 2-1 燃料各种"基"之间的换算系数

已知成分 ＼ 欲求成分	应用基	分析基	干燥基	可燃基
应用基	1	$\dfrac{100-W^f}{100-W^y}$	$\dfrac{100}{100-W^y}$	$\dfrac{100}{100-A^y-W^y}$
分析基	$\dfrac{100-W^y}{100-W^f}$	1	$\dfrac{100}{100-W^f}$	$\dfrac{100}{100-A^f-W^f}$
干燥基	$\dfrac{100-W^y}{100}$	$\dfrac{100-W^f}{100}$	1	$\dfrac{100}{100-A^g}$
可燃基	$\dfrac{100-A^y-W^y}{100}$	$\dfrac{100-A^f-W^f}{100}$	$\dfrac{100-A^g}{100}$	1

以上分析叫元素分析，元素分析较复杂；工业上常用的还有工业分析，主要测

定燃料中的水分 W、灰分 A、挥发分 V、固定碳 C_{gl} 及发热量。

工业分析的方法是先将燃料中内、外部水分除掉，然后在隔绝空气情况下加热至 850℃ 并持续 7min，燃料中的氢、氧、氮、硫及部分碳就会挥发出来。这部分挥发出的气体称为挥发分，以符号 V 表示。逸出挥发分后的固体残余物称焦炭。焦炭又由灰分和未挥发的碳组成。这部分未挥发的碳称为固定碳，以符号 C_{gd} 表示。

挥发分含量多的燃料易燃烧，但其燃烧物中烟气较大，用于直接干燥易污染谷物；反之挥发分含量少的燃料（如无烟煤）则着火困难，火焰较短，燃烧产物中煤烟较少，用于直接干燥有利于保证谷物品质。

工业分析的各种成分关系也有四种"基"，不同"基"间的各成分百分数换算方法与上述元素分析相同。工业分析四个"基"的成分表达式如下。

应用基：　　　　　　$C_{gd}^y + V^y + A^y + W^y = 100\%$ 　　　　　　　(2-8)

分析基：　　　　　　$C_{gd}^f + V^f + A^f + W^f = 100\%$ 　　　　　　　(2-9)

干燥基：　　　　　　$C_{gd}^g + V^g + A^g = 100\%$ 　　　　　　　　　(2-10)

可燃基：　　　　　　$C_{gd}^r + V^r = 100\%$ 　　　　　　　　　　　(2-11)

煤的分类主要以挥发分含量为依据，大体分为三类：无烟煤 $V^r < 10\%$，烟煤 $V^r = 10\% \sim 15\%$，褐煤 $V^r > 40\%$。

我国部分煤、油及气体燃料的分析资料如表 2-2～表 2-4 所示。

表 2-2　我国部分地区煤质分析数据

分析数据 煤种	W^y/%	A^y/%	C^y/%	H^y/%	O^y/%	N^y/%	S^y/%	H_{dw}^y/(kJ/kg)	V^y/%
抚顺	13.00	14.79	56.90	4.40	9.10	1.23	0.58	22394	46.00
平庄	24.00	21.28	39.40	2.68	11.16	0.55	0.93	14566	44.00
鸡西	4.00	19.2	64.97	4.15	6.22	1.15	0.31	25114	34.00
大同	7.50	25.9	55.28	2.93	7.39	0.67	0.33	21975	31.00
西山	6.00	19.74	67.58	2.67	1.78	0.89	1.34	24696	16.00
开滦	7.00	23.25	58.24	3.63	5.86	1.05	0.97	22603	34.00
峰峰	7.00	14.9	69.50	3.52	3.20	1.10	0.78	26787	18.00
焦作	7.00	20.46	66.88	2.25	2.03	1.02	0.36	23859	7.00
鹤壁	8.00	15.64	68.27	3.28	3.28	1.22	0.31	26663	15.5
金竹	7.50	22.20	65.03	2.53	1.41	0.63	0.70	22184	0.70
芙蓉	6.500	24.31	60.63	2.38	1.50	0.94	3.74	23067	13.28
铜川	6.88	23.59	59.10	3.52	1.98	2.96	1.97	22808	23.20
芜湖	6.79	15.94	59.62	4.58	10.35	1.64	1.08	23381	42.56
淮南	6.92	21.25	58.47	4.02	7.62	1.06	0.66	22582	38.52

续表

分析数据\n煤种	W^y/%	A^y/%	C^y/%	H^y/%	O^y/%	N^y/%	S^y/%	H_{dw}^y/(kJ/kg)	V^y/%
淮北	9.20	39.00	41.28	3.47	5.66	0.99	0.40	16801	25.00
淄博	5.00	23.94	59.97	3.34	2.42	1.28	4.05	23440	12.50
阳泉	6.00	16.80	67.70	3.10	4.70	1.0	0.70	26286	8.00
札诺	35.42	9.82	39.97	2.66	11.12	0.49	0.52	14034	43.00
开元	31.70	14.48	36.70	1.85	12.6	1.01	1.66	12431	52.70

表 2-3　我国部分原油和炼油厂燃料油油质分析数据

分析数据\n油种	W^y/%	A^y/%	C^y/%	H^y/%	O^y/%	N^y/%	S^y/%	H_{dw}^y/(kJ/kg)
大庆原油	0.03	0.02	81.45	13.31	3.90	0.15	0.1～0.3	43113
923原油	0.50	0.03	85.21	12.78	0.84	0.24	0.9～1.0	41271
大庆石化总厂燃料油	0.03	0.017	86.5	12.56	—	—	0.17	42192
胜利石化总厂燃料油	—	0.01～0.1	86.45	10.89	0.76	0.7～0.8	0.9～1.2	40602～41020

表 2-4　我国部分气体燃料分析数据

分析数据\n燃料种类	C_2^y/%	CO^y/%	H_2^y/%	N_2^y/%	O_2^y/%	CH_4^y/%	$C_mH_n^y$/%	H_{dw}^y/[kJ/m³(标态)]
高炉煤气	11.0	27.0	2	60.0	—			2683
发生炉煤气	5.3	26.3	10.0	57.3	0.2	0.9	—	4981
水煤气	10.5	30.5	52.5	5.5		1.0		10954
纳溪天然气	0.5	0.1	1.0	—		95.0	2.4	33574
泸州天然气	—	0.2	0.5	0.2		97.8	1.3	36140
糠煤气	9.1	12.6	9.3	61.49	6.6	0.61	0.3	2930

注：气体燃料各成分用体积分数表示。

第二节　燃料的发热量

对于固体和液体燃料来说，1kg 燃料完全燃烧时放出的热量称为发热量（发热值），发热量分为高位发热量 H_{gw}^y 与低位发热量 H_{dw}^y 两种。在谷物干燥中，由于燃烧中的水蒸气只是在燃料中原有的水变成蒸汽时才吸热，燃料中的氢变成水蒸气时不需要吸热而是放热，所以接近于燃料真正放出的全部热量，故一般在热平衡计算时采用高位发热量 H_{gw}^y。在工业锅炉的计算中则惯用低位发热量 H_{dw}^y。

对于气体燃料而言，一般以 1m³（标态）的燃料完全燃烧时放出的热量为发热量（发热值），也有高位发热量 H_{gw}^{y} 与低位发热量 H_{dw}^{y} 之分。在谷物直接干燥中，为使炉气的状态参数也能在焓湿图（L-d）上表示，常将 $1\mathrm{m}^3$（标态）为基准的发热量改为 $1\mathrm{kg}$ 干气体燃料为基准的发热量，其换算方法如下。

一、固体和液体燃料的发热量

固体和液体燃料可按下列公式估算其高位发热量 H_{gw}^{y}（$\mathrm{kJ/kg}$）：

$$H_{gw}^{y} = 339C^{y} + 1255H^{y} - 108(O^{y} - S^{y}) \tag{2-12}$$

式中，C^{y}、H^{y}、O^{y}、S^{y} 为燃料各成分的质量分数；各成分系数为该成分（$10\mathrm{g}$）在燃烧中放出或吸收的热量。

高位发热量 H_{gw}^{y}（$\mathrm{kJ/kg}$）减去燃烧产物中水的汽化潜热，即为低位发热量 H_{dw}^{y}，即：

$$H_{dw}^{y} = H_{gw}^{y} - 汽化潜热 \times 水蒸气质量$$

$$= 339C^{y} + 1255H^{y} - 108(O^{y} - S^{y}) - 2511\left(\frac{9H^{y}}{100} + \frac{W^{y}}{100}\right)$$

$$= 339C^{y} + 1029H^{y} - 108(O^{y} - S^{y}) - 25W^{y} \tag{2-13}$$

式中，2511 为水蒸气的汽化潜热，$\mathrm{kJ/kg}$；9 为 $1\mathrm{kg}$ 的氢燃烧后所生成的水蒸气的质量，为 $9\mathrm{kg}$；C^{y}、H^{y}、O^{y}、S^{y}、W^{y} 为燃烧各成分的质量分数。

在表示固体燃料煤的发热量时，由于不同煤种的发热量差别很大，为了方便比较，常把应用基低位发热量 $H_{dw}^{y} = 29300\mathrm{kJ/kg}$ 的煤称为标准煤。

二、气体燃料的发热量

气体燃料的发热量，可按元素分析的结果用下列公式计算其应用基低位发热量 H_{dw}^{y}（$\mathrm{kJ/m}^3$）。

$$H_{dw}^{y} = \sum \frac{r_i}{100} H_{dw}^{y} \tag{2-14}$$

式中　r_i——可燃气体各对应成分的体积分数；

H_{dw}^{y}——可燃气体对应成分的低位发热量，其值见表 2-4，$\mathrm{kJ/m}^3$。

$1\mathrm{kg}$ 气体燃料的发热量 $H_{dw\cdot g}^{y}$ 可按下列公式推算：

$$H_{dw}^{y} = \sum \frac{g_i}{100} H_{dw\cdot g}^{y} \tag{2-15}$$

而

$$g_i = \frac{\mu_i r_i}{\sum \mu_i r_i}$$

式中　μ_i——可燃气体某一成分的相对分子量；

g_i——可燃气体各对应成分的质量分数，一般 g_i 不给出，需进行换算。

因此
$$H_{dw}^{y} = \frac{H_{dw \cdot g}^{y}}{\dfrac{\mu_i}{22.4}} = 22.4 \frac{H_{dw \cdot g}^{y}}{\mu_i} \qquad (2-16)$$

式中　22.4——温度为 0℃和一个标准大气压条件下，可燃气体的体积，m^3；

$H_{dw \cdot g}^{y}$——每千克干基可燃气体的低位发热量，$kJ/kg_{可燃气}$。

可燃气体的高位发热值可按下列公式计算：

$$H_{gw}^{y} = H_{dw}^{y} + 2511 G_{zg}^{y} = H_{dw}^{y} + 2511\sum \frac{0.09n}{12m+n} C_m H_n \qquad (2-17)$$

式中　G_{zg}^{y}——1kg 可燃气体完全燃烧时在燃烧产物中的水蒸气质量，$kJ/kg_{可燃气}$，
其值为：

$$G_{zg}^{y} = \sum \frac{0.09n}{12m+n} C_m H_n$$

式中　m，n——可燃气体成分。

上述对燃料发热量的计算属于估算，与实验室测量值可能存在一定的误差。

第三节　秸秆成型燃料的性能

一、生物质秸秆的理化性质

秸秆类生物质组成元素主要为碳、氢、氧，还含有少量的氮，几乎不含硫。因此，当秸秆类生物质高效燃烧时，除了飞灰几乎没有污染物的排放。秸秆类生物质是我国几千年来的传统燃料，与煤炭相比具有着火温度低、易燃的特点，这是因为秸秆类生物质内碳含量低于煤炭、氢含量高于煤炭。因此秸秆类生物质挥发分含量高于煤炭，挥发分含量的高低影响着燃料的着火温度等燃烧特性。由于秸秆类燃料的燃烧过程与燃煤锅炉有很大区别，因此，生物质锅炉供风系统也应有别于燃煤锅炉。但目前燃烧生物质的锅炉供风系统大都直接参照燃煤锅炉，这是欠完善的。生物质秸秆成型燃料燃烧时，含有较高的挥发分，固定碳含量较低；秸秆类生物质几乎不含硫，燃烧后不会产生硫氧化物；燃烧后所释放的热量低于煤，所残留的灰分比煤炭少很多。由表 2-5 可以看出，秸秆的这种特性决定了热风炉在由燃煤改为燃

表 2-5　生物质秸秆成型燃料的工业分析

样品	C_{ad} /%	H_{ad} /%	N_{ad} /%	S_{ad} /%	O_{ad} /%	M_{ad} /%	A_{ad} /%	V_{ad} /%	F_{cad} /%	$Q_{net.ad}$ /(kJ/kg)
玉米秆	42.57	3.82	0.73	0.12	37.86	12.20	6.90	70.70	14.40	15840
小麦秆	40.68	5.91	0.65	0.18	35.05	7.13	10.40	63.90	18.57	15740
稻秆	35.14	5.10	0.85	0.11	33.95	12.20	12.65	61.20	13.93	14654

生物质秸秆时，其结构应该有所改变。

二、生物质成型燃料燃烧特性

生物质成型燃料在燃烧时是以静态渗透的方式进行的，其渗透过程为：① 首先，在燃烧开始阶段，表面可燃挥发气体析出，与氧气混合发生氧化反应，此时火焰呈橙黄色；② 在生物质燃料表面，除了大部分可燃气体燃烧外，燃料表层的碳在氧化反应的高温炙烤下，也与氧气混合燃烧；③ 随着燃烧反应的继续，可燃挥发分渐渐消耗殆尽，氧化反应逐渐向成型燃料内部扩散，燃烧所产生的三原子气体及不完全燃烧气体向燃料外扩散，行进中未完全燃烧的 CO 气体不断与 O_2 结合生成 CO_2，此时，已经燃烧完全的灰分在燃料表面形成薄灰壳，燃料外层被淡蓝色短火焰包围；④ 随着进一步燃烧，氧化反应在生物质成型燃料的核心区域进行，已经完全燃烧的生物质在其表面形成灰壳，灰渣呈多孔结构、裂缝或空隙通道；⑤ 最后进入燃烬阶段，生物质成型燃料燃烧后的灰分或呈飞灰状，或保持成型的多孔疏松状，灰渣呈现暗红色，生物质成型燃料的燃烧过程结束。其燃烧过程如图 2-1 所示。

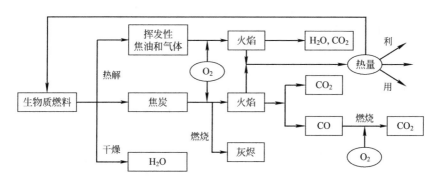

图 2-1　生物质成型燃料燃烧过程

生物质秸秆是一种由纤维素、半纤维素、木质素构成的复杂高聚物。对于已知的大部分生物质，这三种组分占总质量的 90% 以上，所以这三种组分各自的燃烧特性和生物质的燃烧特性之间存在某种联系。因此，整个生物质秸秆燃烧过程分为四个阶段。

① 预热干燥阶段。生物质成型燃料在外界加热点燃的整个燃烧过程中，成型燃料表面在外界辐射热流量的作用下，温度逐渐升高。当温度达到约 100℃时，生物质表面与生物质颗粒缝隙的水分逐渐被蒸发出来，燃料内的水分由液态变为气态，扩散到大气中，生物质成型燃料被干燥。

② 热解燃烧阶段。生物质成型燃料热解燃烧阶段从点火后开始又可分为四个方面：

a. 燃料热分解。生物质燃料受热后，低分子量的成分热解气化，到达着火温度后生成气相燃烧火焰。火焰温度加快了生物质中纤维素和半纤维素的热解，挥发分大量析出，燃烧速率增大。在辐射热流量的持续作用下，温度继续升高，到达一定温度（约200℃）时，燃料内的部分半纤维素、纤维素和木质素开始分解成为挥发分析出，挥发分的主要成分包括CO、H_2、CO_2、CH_4、C_nH_m等，这一过程就是热解反应。纤维素的热解主要分两步：第一步是在200℃左右开始，氢键发生断裂，导致纤维素的聚合度降低，此时热容量增大，但失重变化不明显；第二步是当温度达到280～300℃时，碳水化合物发生正位异构化，生成水和脱水产物，如左旋葡烯酮糖等。在更高温度下，以上的反应产物均可通过单体的分裂和中间产物的重新调整而继续发生分解反应，形成焦炭和挥发分。纤维素的分解产物主要包括CO、CO_2、H_2、左旋葡萄糖、焦炭和大量醛、酮及有机酸类物质。半纤维素是生物质各种组分中最不稳定的，可在220～325℃分解。半纤维素的热解反应与纤维素相似，也分两步进行：第一步半纤维素中的木聚糖分解成可溶于水的木糖基单体碎片，第二步木糖基单体碎片转化成短链或单链的单元结构的聚合物。温度继续升高，木糖基单体和不规则缩合的产物进一步裂解形成许多挥发性物质。与纤维素的热解产物相比，半纤维素可产生更多的气体和较少的焦油。木质素的结构比纤维素和半纤维素复杂，当木质素被加热到180～200℃时，开始发生反应，弱脂肪键断裂，释放出大量的焦油产物，各种官能团裂解成小分子量的气体产物。当温度升高到280～320℃以后，木质素热解生成大量的挥发性产物，并在气体中出现碳氢化合物。在更高的温度下，芳香键重排并缩合放出H_2，醚键形成CO，木质素热解时产生的焦炭要比纤维素和半纤维素高得多。

b. 挥发分燃烧阶段。随着温度继续升高，挥发分与氧的化学反应加速。当温度达到260℃左右时，挥发分开始着火，着火开始时有轻微的爆燃，以后持续燃烧。当挥发分中可燃气体着火燃烧后，释放出大量的热能，使得气体不断向上流动，一边流动一边反应形成扩散式火焰。挥发分中可燃气体的燃烧速度取决于反应物浓度和温度。生物质成型燃料挥发分燃烧所放出的热能逐渐积聚，通过热传递和辐射向生物质内层扩散，从而使内层的生物质也被加热，挥发分析出，继续与氧混合燃烧；同时放出大量的热量，使得挥发分与生物质中剩余的焦炭温度进一步升高，直至燃烧产生的热量与火焰向周围传递的热量形成平衡。由于挥发分的成分比较复杂，故其燃烧反应也比较复杂。在此阶段发生的反应有：

$$2CO+O_2 = 2CO_2$$
$$2H_2+O_2 = 2H_2O$$
$$CH_4+2O_2 = CO_2+2H_2O$$
$$C_nH_m+(n+m/4-x)O_2 \longrightarrow (n-x)CO_2+(m/2)H_2O+xCO$$

c. 过渡阶段。纤维素和半纤维素的热解速率下降，而挥发分仍能保持火焰；木质素高温炭化，通过氧化作用开始表面着火，燃烧速率较慢。此时，两种燃烧状态并存，直至生物质燃料中挥发分物质热解完毕，气相火焰熄灭。

d. 焦炭的表面燃烧。生物质燃料中的木质素已全部炭化，固定碳已被加热到很高的温度，氧气与碳表面接触，发生燃烧反应，燃烧速率加快。

③ 固定碳燃烧阶段。生物质中剩下的固定碳在挥发分燃烧初期被包围着，氧气不能接触到碳的表面，经过一段时间以后，焦炭的表面燃烧。在此阶段由于反应温度的不同可能发生以下几个反应。

a. 碳与氧的反应：在高温下，氧与炽热的碳表面接触时，一氧化碳和二氧化碳同时产生，基本上按下列两式反应：

$4C+3O_2 == 2CO_2+2CO$；$3C+2O_2 == 2CO+CO_2$。

b. 碳与二氧化碳反应：碳与氧燃烧过程初次反应产生的CO、CO_2又有可能与碳和氧进一步发生二次化学反应，反应方程式为：

$C+CO_2 == 2CO$；$2CO+O_2 \longrightarrow 2CO_2$。

c. 碳和水蒸气的反应：在高温燃烧过程中，生物质成型燃料中的水蒸气会不断向焦炭表面扩散，与碳发生反应，产生氢或甲烷气体，反应方程式如下：

$C+2H_2O(g) == CO_2+2H_2$；$C+H_2O == CO+H_2$，$C+2H_2 == 2CH_4$。

焦炭的表面燃烧生物质燃料中的木质素被炭化后，燃烧速率加快，出现第二个燃烧速率峰值，随后燃烧速率减慢，直至燃烧完成。

④ 燃烬阶段。固定碳含量较高的生物质成型燃料的碳燃烧时间较长，而且后期的燃烧速度变慢。一般将焦炭燃烧的后段称为燃烬阶段。随着焦炭的燃烧，灰分会不断产生，直至把剩余的焦炭包裹起来，阻碍气体的扩散，从而妨碍了焦炭的继续燃烧，降低了燃烧速度。灰渣中的残炭就是在此阶段产生的。至此，生物质成型燃料完成整个燃烧过程。

三、秸秆成型燃料加工特性

秸秆常温压缩的成型过程与工艺流程简单，对设备要求较低，除挤压成型设备和模具外，没有其他辅助设备。但是成型过程的影响因素与其他成型技术大致相同。主要影响因素有：秸秆粉碎粒径大小、秸秆与黏合剂的配比、模具的尺寸和成型压强的大小。

1. 秸秆燃料成型工艺

① 常温压缩成型工艺。该工艺采用 15~35MPa 的压力，成块秸秆含水率在 10%~25%，型块密度为 $0.6~1.2g/cm^3$，在密闭模具下加压成型。秸秆原料在数日的常温水解条件下，其中的纤维素、半纤维素变得柔软或者成为小分子化合物，在成型工艺中起到黏合剂作用。成型工艺设备简单，甚至可以使用简单的杠杆和密闭模具，具有一定的应用价值。

② 热压成型工艺。热压的意思就是在加压成型的同时提供给模具外部适当的温度，使破碎物料在受压的同时受热。过高或过低的温度都会导致成型失败，但适

宜的温度不仅能够使物料内部的木质素软化、熔融成为黏合剂，而且能够使型块表面炭化，从而与模具脱离。热压成型工艺要求物料在模具内停留足够的时间，保证传热，一般滞留时间不少于 40~50s；含水率控制在 8%~12%；模具给热温度一般在 230~470℃。

③ 预热成型工艺。即原料在进入成型设备之前要进行预热处理，进行预热处理的目的是使物料内的木质素受热转化为内在黏合剂，同时减少随后物料与模具在成型过程中的摩擦力和降低所需压力。预热处理还能够大大延长成型设备的寿命，降低单位产品的能耗。将预热工艺与传统工艺对比得出，预热成型工艺的整个系统能耗下降了 40.2%，成型部件的寿命延长了 2.5 倍。

④ 炭化成型工艺。炭化成型工艺根据炭化和成型的先后顺序分为先炭化后成型和先成型后炭化两种形式。先炭化后成型工艺的基本特征是，首先把秸秆原料炭化或部分炭化，然后进入成型设备压缩成型。秸秆原料在高温炭化过程中，释放出一部分挥发分，使压缩性能得到改善，明显降低了成型设备的机械磨损和压缩过程的功率消耗；但炭化原料压缩成型后力学强度较差，在运输储存和使用过程中容易发生破碎现象。因此，一般炭化成型工艺需要加入一定量黏合剂，提高成型性块的耐久性，否则需要较高的成型压力来保证成型型块的使用性能。先成型后炭化工艺的基本特征是，首先把秸秆原料压缩成具有一定密度和形状的型块，然后在高温条件下使型块发生热裂解，转化为木炭。

2. 秸秆成型燃料的物理特性

秸秆成型燃料的物理特性是指其在成型后的使用、运输和储存要求，主要表现为型块的松弛密度、耐久性、含水率和物料破碎程度四个指标。

① 松弛密度。秸秆固化型块在成型过程结束后离开模具，由于原料本身弹性和应力的影响，会发生弹性变形，导致型块密度逐渐减小，经过一段时间达到稳定密度，此时型块的密度就是松弛密度。通常采用松弛比（即物料的最终压缩密度与松弛密度的比值）来表示，用来描述型块的松弛程度，是其物理性能与燃烧性能的双重指标。通常提高松弛比有两种途径，一种是通过适宜的压缩时间使模具内物料的弹性应力减小，减缓物料出模后密度减小的趋势；另一种是把秸秆粉碎至尽可能小，增强结合力。

成型温度是成型过程中重要的因素，温度太高或太低都不能使原料成型。秸秆成型燃料在某一固定含水率、某些温度条件下无法成型，也就无法进行该温度下的耐久性比较。在相同的含水率条件下，成型燃料的抗跌碎性随着温度的升高而下降，但下降不明显。玉米秸秆的抗跌碎性为 96.7%~93.6%；稻壳的抗跌碎性为 98.4%~94.9%；稻草型材的抗跌碎性为 98.2%~94.4%。可见抗跌碎性能力绝大部分都高于 94%，这就保证了成型燃料生产出来后具有良好的物理形态。在相同的含水率下，增加成型温度，成型燃料表层发生炭化，增加了导热热值；降低成型温度，使木质素软化不足，黏结不紧密，成型燃料的松弛密度降低，成型燃料变得松散。

② 耐久性。秸秆固化型块的使用性能和储藏性能就是秸秆成型燃料的耐久性，耐久性的大小主要取决于成型燃料的松弛比和压缩过程。检验成型燃料耐久性，一般通过测试其拉伸和剪切强度、抗跌碎性以及抗渗水性来判定，本质上就是检验燃料型块的黏合性能。

③ 秸秆的含水率。秸秆的压缩成型中，合适的水分对成型效果影响显著，过高或过低都将不利于秸秆压缩成型。秸秆的热压成型中，含水率太高影响热量传递，并增大了物料与模具的摩擦力，在高温时由于蒸汽量大，甚至会发生气堵或"放炮"现象；含水量太低，影响木质素的软化，秸秆内摩擦和抗压强度加大，造成太多的压缩能耗。研究表明，当压力不变且含水率在一定范围时，随着含水率升高，压缩密度可达到最大值。而松弛密度一定时，随着含水率升高，所需压力变大，最大压力值正好对应着含水率的上限。秸秆含水率较高时（≥35%），出模后的松弛比太高而不能形成压块。Dogherty 认为在建立的恒定压力下松弛密度与含水率的指数关系式中，压块的松弛密度随含水量的升高以指数级下降。

$$\gamma_r = a\,e^{-cm_\omega} \tag{2-18}$$

式中　　m_ω——含水率，%；

　　　　γ_r——松弛密度，kg/m^3；

　　　　a，c——常数。

④ 物料的破碎程度。一般来说，秸秆在模内压缩成型前，需要切断或粉碎。秸秆切断通常有一定的标称长度。美国农业工程师协会标准为秸秆粉碎以细度模量和均匀指数来衡量其粒度大小。郭康权等在粉粒体压缩成型的研究中认为，在相同的压力下，原料粒度越细，流动性越好，物料变形越大，成型物结合越紧密，成型密度越大；但原料粒度也不宜太小，否则会降低成型块的强度。盛奎川等对粉碎棉秆压缩成型的试验表明，物料粉碎的粒度虽然对成型物的抗跌碎性影响不明显，但对抗变形性影响较大，粒度较小的成型块破碎所需的压力较大。

四、秸秆圆捆与方捆燃料特性

1. 秸秆捆尺寸

秸秆的热量低、体积大，作为燃料直接散烧，能量密度太低，运输和储存也不便，这些问题严重地限制了秸秆作为燃料的大规模应用。对秸秆就地进行高密度压缩，能够解决秸秆松散、能量密度低、储运困难且成本高等问题，机械化打捆是一种非常方便的秸秆收集压缩方式，特别是在田间运行作业的各种类型的秸秆捡拾打捆机，能自动完成玉米、小麦和水稻等作物秸秆的捡拾、压捆、捆扎、打结和放铺一系列工作，将散乱于田间的各类秸秆经机械捡拾收集和打捆机压制成捆，方便运输、加工和储存，农作物秸秆打成捆是最经济、快捷的有效方式之一。农作物秸秆捆按形状可分为小方捆、大方捆和圆捆；按秸秆类型可分为玉米秸秆捆、小麦秸秆捆、稻秆捆等。

① 小方捆。小方捆由小方捆打捆机械捆扎而成，其截面尺寸（高×宽）主要有以下几种：32cm×42cm、36cm×46cm 和 41cm×46cm。草捆长度在 30～130cm 时可调，重 14～68kg，密度为 160～300kg/m³。小方捆因为草捆较小、造价低、投资小，运输和储存较为方便，配套拖拉机功率较小，动力输出轴功率在 22kW 以上，可以使用手工装卸，但是打捆及草捆搬运作业需要更多的劳动力。

② 大方捆。大方捆是由大方捆打捆机捆扎而成的。大方捆的尺寸通常都很大，常见的草捆的截面尺寸（高×宽）类型有 120cm×100cm 和 130cm×120cm 两类，草捆长度一般在 100～300cm，重 820～910kg，密度为 240kg/m³。大方捆打捆作业效率比较高，运输方便，但造价相对较高，投资较高，需配套拖拉机功率较大，需要 70～147kW 的拖拉机与其配套，草捆需采用机械化装卸与搬运。一般大型农场采用大方捆方式收集存储秸秆，完成机械一体化。

③ 圆捆。圆捆是由圆捆打捆机捆扎而成的，中心较为疏松，外围较为密实。圆捆一般长 100～107cm，直径为 100～180cm，重 600～850kg，密度为 110～250kg/m³。青储小圆捆长度一般为 50～70cm，直径约80cm，重约 18～20kg，密度为 115kg/m³。圆捆工作效率较高、消耗动力少、容易缠膜，便于草捆储存。但是，由于圆捆靠物料输送带或链辊卷压成型，所以容易形成内松外紧、密度不均的草捆；并且圆草捆密度一般比方草捆密度低，圆草捆存储也较方草捆浪费空间，增加了储运成本。配套功率为 20～40kW 的拖拉机，草捆采用机械化装卸与搬运，不适于长途运输。

从表 2-6 中可以看出，不同捆型的秸秆热值不同。

表 2-6 不同种类的打捆秸秆热值

项目	长度/cm	质量/kg	密度/(kg/m³)	截面尺寸/cm	热值/10⁴kcal
小方捆	30～130	14～68	160～300	32×42;36×46;41×46	4.9～23.8
大方捆	100～300	820～910	240	120×100;130×120	287～318
圆捆	100～107	600～850	110～250	100～180	210～290
小圆捆	50～70	50～70	115	80	6.3～7

2. 评价秸秆捆燃烧特性指标

① 着火温度 T_e。燃料的着火温度 T_e 反映了其点火的难易程度以及活化能的高低，其数值越小，表明燃料越容易点火。着火点温度可根据秸秆燃料的 DTG 图确定。从 DTG 曲线中燃料挥发分析出波峰向下作垂线，垂线与 TG 曲线相交于一点，然后过该交点作切线，再从 TG 曲线上燃料开始失重点作横轴的平行线。此

时，平行线与切线交点对应的温度就是着火温度 T_e。

② 挥发分析出特性 R_v。挥发分析出特性反映了燃料中挥发分析出的难易程度，其数值越大，表明燃料中的挥发分越容易析出。参考业内学者的研究结果，引入挥发分析出特性 $R_v[\%/(min \cdot K^2)]$，来反映秸秆捆挥发分的析出特性，其值可采用公式计算：

$$R_v = \frac{\left(\dfrac{dm}{dt}\right)_{max}}{T_{max}\Delta T} \tag{2-19}$$

式中 $\left(\dfrac{dm}{dt}\right)_{max}$——秸秆捆挥发分析出速率的最大值，$\%/min$；

$\qquad T_{max}$——挥发分析出速率最大时对应的温度，K；

$\qquad \Delta T$——秸秆捆从挥发分开始析出到析出速率达到最大时的温度变化，K。

③ 可燃特性 C_r。可燃特性指数 C_r 反映了秸秆捆燃烧前期的燃烧性能，其数值越大，说明可燃性越好。可采用公式计算：

$$C_r = \frac{\left(\dfrac{dw}{dt}\right)_{max}}{T_e^2} \tag{2-20}$$

式中 $\left(\dfrac{dw}{dt}\right)_{max}$——秸秆捆最大燃烧速率，$\%/min$。

④ 燃烬特性 N。燃烬特性 N 反映了秸秆捆的燃烬性能，综合考察了着火和燃烧稳定性对秸秆捆燃烬的影响，燃烬特性 N 数值越大，秸秆捆的燃烬性能越好。燃烬特性指数 N 可根据公式计算：

$$N = \frac{f_1 f_2}{t_0} \tag{2-21}$$

式中 f_1——秸秆捆的初始燃烬率，为达到着火温度时秸秆捆失重与可燃物总质量的比值；

$\qquad f_2$——燃烧后期的燃烬率，为 t_0 时刻的燃烬率减去初始燃烬率；

$\qquad t_0$——秸秆捆的燃烬时间，从开始失重到燃烬率达到 98% 时所需的时间。

⑤ 综合燃烧特性 S。综合燃烧特性 S 可以全面地反映燃料的着火和燃烬性能，S 值越大说明秸秆捆的综合燃烧特性越好，越有利于秸秆捆燃烧的进行。可采用公式进行计算：

$$S = \frac{\left(\dfrac{dw}{dt}\right)_{max}\left(\dfrac{dw}{dt}\right)_{mean}}{T_e^2 T_0} \tag{2-22}$$

式中 $\left(\dfrac{dw}{dt}\right)_{max}$——秸秆捆的最大燃烧速率，$\%/min$；

$$\left(\frac{\mathrm{d}w}{\mathrm{d}t}\right)_{\mathrm{mean}}$$ ——秸秆捆燃烧全过程的平均燃烧速率，%/min；

T_0——燃烬温度，K。

3. 秸秆捆烧、散烧和成型燃烧对比实验

黑龙江八一农垦大学生物质能源研究室科研团队在分析大庆地区玉米秸秆资源基础上，应用方捆打捆机收集玉米秸秆捆和动态压力试验台进行制捆与燃烧试验研究，试验仪器采用 CE-440 全自动元素分析仪、5E-AC8018 型等温式全自动量热仪和 STDQ600 热分析仪。燃烧对比试验结果如表 2-7 所示。

表 2-7　玉米秸秆不同处理方式的燃烧特性

燃烧方式	着火温度 T_e/K	挥发分析出特性 R_v /(K^{-2} · min^{-1})	可燃特性 C_r /(10^{-4}K^{-2} · min^{-1})	燃烬特性 $N/10^{-3}$min^{-1}	燃烬时间 t_0/min	综合燃烧特性 S /(10^{-8}K^{-3} · min^{-2})
散烧	425.31	1.0717	2.2781	2.8020	23.75	1.3539
打捆	436.52	0.3250	0.9593	4.1377	23.00	0.6190
成型	455.35	2.7112	4.0995	8.2418	22.75	2.6586

分析三种燃烧方式的燃烧特性分布特点表明：着火温度显示松散秸秆易燃烧，打捆秸秆次之，成型压块较难燃烧；秸秆打捆燃烧的挥发分析出特性明显低于散烧和成型燃烧，造成打捆燃料挥发分析出缓慢的原因主要是秸秆捆的密度高，不利于气体成分的流动，阻碍了对流传热现象的发生，因此，聚集热量由内向外传递和挥发分向外传递的速率都受到影响；秸秆捆的可燃特性和综合燃烧特性明显偏小，燃烬特性介于散烧和成型燃烧之间。分析可知，秸秆捆在密度和尺寸结构方面不利于秸秆燃烧，但是基于方便存储和运输的优势，可以在破碎处理后进行燃烧供热。

4. 秸秆捆燃烧应用情况

中国作为一个农业大国，丰富的农作物秸秆生物质资源中蕴藏巨大能量，据不完全统计，2016 年和 2017 年中国的农作物秸秆产量分别达 7.91 亿吨和 7.93 亿吨，为秸秆的研究利用提供了必要的发展条件。不断改进秸秆燃烧的工艺、设备以及提高利用率是未来秸秆行业的必然方向。秸秆利用率的提高，将为人类社会带来更高的社会和经济效益。

目前，按照原料利用方式的不同，秸秆发电技术主要有：秸秆直燃发电、秸秆煤混燃发电和秸秆气化发电。秸秆直燃发电技术是将秸秆原料直接燃烧产出的高压过热蒸汽，通过汽轮机的涡轮膨胀做功驱动发电机发电，该过程及设备使用与常规的火力燃煤发电组成上没有明显区别，只是将燃烧原料由秸秆代替煤进行直燃发电。针对秸秆燃烧技术，目前主要是水冷式振动炉排燃烧技术和流化床燃烧技术。水冷式振动炉排燃烧技术是典型的层燃燃烧，由于该技术无法适应混合的秸秆燃

料，导致锅炉效率下降甚至影响锅炉的正常运行。流化床燃烧技术是针对秸秆层燃烧过程中带来灰渣和烟气的问题，进行设备创新设计，通过采用特殊风分配和特殊设备组织方式来保证秸秆的流化燃烧和顺畅排渣，大大提高了秸秆燃烧的利用率。秸秆/煤混合燃烧发电技术是将秸秆与煤粉掺混一同输送到锅炉中，燃烧产生蒸汽通过汽轮机的涡轮膨胀做功驱动发电机发电。该过程工艺技术与常规燃煤发电技术基本相似，只是在锅炉燃烧器设计和燃料输送系统方面有所不同。秸秆/煤混合燃烧的主要方式有直接混合燃烧、间接混合燃烧和并联燃烧三种。直接混合燃烧，是在秸秆预处理阶段，将粉碎处理好的秸秆与煤粉在进料前进行充分混合，然后输入锅炉进行燃烧；间接混合燃烧是将秸秆气化产生的燃气输送至锅炉燃烧，相当于用气化炉代替了秸秆粉碎等预处理设备；并联混合燃烧指秸秆在独立的锅炉中燃烧，将产生的蒸汽与传统燃煤锅炉产生的蒸汽一并供给汽轮机发电机组做功。秸秆气化发电是将生物质原料在不完全燃烧的条件下裂解为较低分子量的气体燃料（CO、H_2、CH_4等），然后将转化后的可燃气体供给内燃机、小型燃气轮机或者燃气轮机和蒸汽轮机两级发电机组，带动发电机发电。

第四节　理论空气量和过剩空气系数

一、理论空气量计算

理论空气量是根据燃料完全燃烧（氧化）所需要的必要氧气量，再根据氧在干空气中所占质量分数（为 23.14%），而求出的所需干空气量。

对于固体和液体燃料，其可燃成分为碳、氢及硫，它们的氧化反应式分别为：

$$C+O_2 \longrightarrow CO_2; \quad H_2+\frac{1}{2}O_2 \longrightarrow H_2O; \quad S+O_2 \longrightarrow SO_2$$

由上述公式可知：燃烧 12kg 的碳（C 的分子量为 12）需要 32kg 的氧（O 的分子量为 16），即燃烧 1kg 的碳要 8/3kg 的氧。同理，燃烧 1kg 的氢（H 的分子量为 1）要 8kg 的氧，燃烧 1kg 的硫（S 的分子量为 32）要 1kg 的氧。因此，1kg 固体或液体燃料完全燃烧所需的氧气量为：

$$\frac{8}{3}\times\frac{C^y}{100}+8\times\frac{H^y}{100}+\frac{S^y}{100} \tag{2-23}$$

由于燃烧中已含有 $\dfrac{O^y}{100}$kg，故所需的氧气量为：

$$\frac{8}{3}\times\frac{C^y}{100}+8\times\frac{H^y}{100}+\frac{S^y}{100}-\frac{O^y}{100} \tag{2-24}$$

把所需要的氧气转换为空气量，则所需要的必要空气量即理论空气量 Q_0 为：

$$Q_0=\frac{1}{0.2314}\times\left(\frac{8}{3}\times\frac{C^y}{100}+8\times\frac{H^y}{100}+\frac{S^y}{100}-\frac{O^y}{100}\right)$$

$$=0.115C^y+0.346H^y-0.043(O^y-S^y)$$

$$=0.0115(C^y+0.375S^y)+0.36H^y-0.043O^y(kg_{干空气}/kg_{燃料}) \quad (2-25)$$

举例说明：

今选择抚顺产优质煤作燃料计算其燃烧时的理论空气量 Q_0。从表 2-2 查得该煤有关数据。该煤成分质量分数分别为：$C^y=56.9\%$；$H^y=4.4\%$；$S^y=0.58\%$；$O^y=9.1\%$，则其理论空气量 Q_0 为：

$$Q_0=0.115\times(56.9+0.375\times0.58)+0.346\times4.4-0.043\times9.1$$

$$=6.58+1.52-0.39$$

$$=7.71(kg_{干空气}/kg_{燃料})$$

用类似方法，可得 1kg 的气体燃料完全燃烧所需的理论空气量 $Q_0'(kg_{干空气}/kg_{可燃气})$，即

$$Q_0'=1.38(0.0179CO+0.248H_2+0.44H_2S+\sum\frac{m+\frac{n}{4}}{12m+n}C_mH_n-O_2) \quad (2-26)$$

二、过剩空气系数计算

为使燃料在炉内能完全燃烧，考虑到炉内的燃烧不均匀性和不稳定性，送入炉膛内的实际空气量 Q_s 必须大于理论空气量 Q_0，两者之比称为过剩空气系数 α_1，即

$$\alpha_1=\frac{Q_s}{Q_0} \quad (2-27)$$

式中 α_1——过剩空气系数，在谷物干燥供热炉的设计中，一般取 $1.5\sim2$；

Q_s——实际每千克燃料燃烧需要送入炉膛的空气量，$kg_{干空气}/kg_{燃料}$。

需知，烟气的温度高达 $800\sim1000℃$ 以上，而干燥机所需的炉气温度仅为 $50\sim300℃$，因此直接干燥式对燃烧炉输出的烟气必须混合大量冷空气，使其温度降到要求范围。把混合的冷空气计算在内，则可得出总过剩空气系数 α_z，即

$$\alpha_z=\frac{Q_s+Q_n}{Q_0} \quad (2-28)$$

式中 α_z——总过剩空气系数，一般取 $\alpha_z=15\sim80$；

Q_n——混入烟气中的冷空气量。

从总过剩空气系数之大可以看出，1kg 的燃料燃烧需要加入大量的空气，即 1kg 燃料的生成烟气中需加入 $160\sim680kg$ 的空气。因此，用烟道气（炉气）直接加热谷物，其热介质中纯烟气的质量分数很小，仅为 $1.4\%\sim7\%$，而空气质量分数很大，为 $93\%\sim98.3\%$。

可见，同温同压下的炉气与热空气的状态参数比较接近，因此用普通空气的焓湿图（I-d 图）来分析炉气对谷物的干燥过程，可以达到足够的准确性。

三、总过剩空气系数计算

总过剩空气系数 α_z，是通过热平衡关系［每千克燃料和与其相配合的冷空气进入炉膛及混合室的总热量与炉气（包括水蒸气及干炉气）所带走的总热量相等］确定的。

1. 进入炉膛及进入混合室的热量计算

① 1kg 燃料完全燃烧放出的热量并考虑有部分的机械损失与化学损失，该热量为 $H_{gw}^y\eta$（式中，η 为综合效率）。

② 1kg 燃料带入的显热，即 $c_r t_r$（式中，c_r 为燃料比热容；t_r 为燃料温度），$c_r = c_g\dfrac{100-W^y}{100}+\dfrac{W^y}{100}$（式中，$c_y$ 为燃料干基比热容，$c_y=0.92\sim1.09$），则该热量为：

$$c_r t_r = \left(c_g\frac{100-W^y}{100}+\frac{W^y}{100}\right)t_r \tag{2-29}$$

③ 进入燃料室及混合室的冷空气所带入的热量为 $Q_0\alpha_z I_0$（式中，I_0 为冷空气的熔）。

2. 炉气带走的热量计算

① 水蒸气带走的热量。炉气中水蒸气一部分由空气带入，一部分由燃料燃烧产生。1kg 冷空气带入的水蒸气热量为 $\alpha_z Q_0 d_0 I_{zgt}$（式中，d_0 为冷空气的湿含量；I_{zgi} 为水蒸气的熔，$I_{zgt}=2501$）；燃料燃烧所产生水蒸气的热量为 $\left(\dfrac{9H^y+W^y}{100}\right)I_{zgt}$，故水蒸气带走的热量为：

$$\left(\alpha_z Q_0 d_0+\frac{9H^y+W^y}{100}\right)I_{zgt} \tag{2-30}$$

② 干炉气带走的热量。干炉气来源于两方面，一是空气带入的干空气量 $\alpha_z Q_0$，二是 1kg 燃料燃烧后转化为干炉气的质量，其值为 $1-\dfrac{9H^y-W^y-A^y}{100}$。故干炉气带走的热量为

$$\left(\alpha_z Q_0+1-\frac{9H^y+W^y+A^y}{100}\right)c_{gl}t \tag{2-31}$$

式中 t——干炉气温度，即谷物干燥要求的介质温度，℃；

c_{gl}——干炉气的比热容，因 $\alpha_z>5$，可近似地用干空气比热容 $[c_a=1\text{kJ}/(\text{kg}\cdot℃)]$ 代替 c_{gl}。

根据输入与输出的热量平衡关系，可求出总过剩空气系数 α_z，即

$$H_{gw}^y\eta+c_r t_r+\alpha_z Q_0 I_0=\left(\alpha_z Q_0 d_0+\frac{9H^y+W^y}{100}\right)I_{zgt}+$$

$$\left(\alpha_z Q_0 + 1 - \frac{9H^y + W^y + \alpha^y}{100}\right) c_{gl} t$$

整理后可得：

$$\alpha_z = \frac{H^y_{gw}\eta + c_r t_r - \dfrac{9H^y + W^y}{100}I_{zgt} - \left(1 - \dfrac{9H^y + W^y + A^y}{100}\right)c_{gl}t}{Q_0(d_0 I_{zgt} + c_{gl}t - I_0)} \tag{2-32}$$

对气体燃料，用同样方法可得下式，即

$$\alpha_z = \frac{H^y_{gw}\eta + c_r t_r - \left(\sum \dfrac{0.09n}{12m+n}C_m H_n\right)I_{zgt} - \left(1 - \sum \dfrac{0.09n}{12m+n}C_m H_n\right)c_{gl}t}{Q_0(d_0 I_{zgt} + c_{gl}t - I_0)} \tag{2-33}$$

式中，m、n 分别为烃分子中的 C、H 原子数量。

四、炉气的湿含量 d 及焓 I 的计算

根据上面求得的 1kg 燃料的干炉气质量、炉气中的水蒸气质量及进入燃烧室与混合室的总热量，可分别求出炉气的湿含量 d 及焓 I。

固体及液体燃料的炉气湿含量 $d(\text{kg}_{水}/\text{kg}_{干炉气})$ 为

$$d = \frac{\alpha_z Q_0 d_0 + \dfrac{9H^y + W^y}{100}}{\alpha_z Q_0 + 1 - \dfrac{9H^y + W^y + A^y}{100}} \tag{2-34}$$

其焓 $I(\text{kJ}/\text{kg}_{干炉气})$ 为

$$I = \frac{H^y_{gw}\eta + c_r t_r + \alpha_z Q_0 I_0}{\alpha_z Q_0 + 1 - \dfrac{9H^y + W^y + A^y}{100}} \tag{2-35}$$

气体燃料的炉气湿含量 $d(\text{kg}/\text{kg}_{干炉气})$ 为

$$d = \frac{\alpha_z Q_0 d_0 + \sum \dfrac{0.09n}{12m+n}C_m H_n}{\alpha_z Q_0 + 1 - \sum \dfrac{0.09n}{12m+n}C_m H_n} \tag{2-36}$$

其 $I(\text{kJ}/\text{kg}_{干炉气})$ 为

$$I = \frac{H_{gw}\eta + c_r t_r + \alpha_z Q_0 I_0}{\alpha_z Q_0 + 1 - \sum \dfrac{0.09n}{12m+n}C_m H_n} \tag{2-37}$$

应用实例：

今有一台干燥机用炉气直接干燥谷物，环境温度 $t_0 = 30℃$、相对湿度 $\varphi = 80\%$，利用焦作产的燃煤，经查表，$C^r = 92.2\%$、$H^r = 3.1\%$、$O^r = 2.8\%$、$N^r = 1.4\%$、$S^r = 0.5\%$、$A^g = 22\%$、$W^y = 7\%$、$V^r = 7\%$，要求进入干燥室的介质温度为 60℃，试求炉气（烟气与冷空气混合）的湿含量 d、焓 I 及相对湿度 φ。

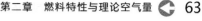

求解过程：

① 求 d_0 及 I_0。根据冷空气温度 $t_0=30℃$、相对湿度 $\varphi=80\%$可在 $I\text{-}d$ 图上找到冷空气的状态点 A（图 2-2），由 A 点知：$d_0=0.02$kg/kg$_{干空气}$；$I_0=83$kJ/kg$_{干空气}$（20kcal/kg$_{干空气}$）。

② 将煤的成分转换成应用基。

$W^y=7\%$

$$A^y=A^g \frac{100-A^y}{100}=22\times\frac{100-7}{100}=20.46\%$$

$$C^y=C^r \frac{100-A^y-W^y}{100}=92.2\times\frac{100-20.46-7}{100}=66.8\%$$

$$H^y=H^r \frac{100-A^y-W^y}{100}=3.1\times0.72=2.25\%$$

$$O^y=O^r \frac{100-A^y-W^y}{100}=2.8\times0.72=2.03\%$$

$$N^y=N^r \frac{100-A^y-W^y}{100}=1.4\times0.72=1.02\%$$

$$S^y=S^r \frac{100-A^y-W^y}{100}=0.5\times0.72=0.36\%$$

③ 计算煤的高位发热量 H_{gw}^y。

$$\begin{aligned}H_{gw}^y&=339C^y+1255H^y-108(O^y-S^y)\\&=339\times66.8\%+1255\times2.25\%-108\times(2-0.36\%)\\&=25319.4(kJ/kg_{燃料})\end{aligned}$$

④ 计算理论空气量 Q_0。

$$\begin{aligned}Q_0&=0.115C^y+0.346H^y-0.043(O^y-S^y)\\&=0.115\times66.88+0.346\times2.25-0.043\times(2.03-0.36)\\&=8.4(kg_{干空气}/kg_{燃料})\end{aligned}$$

⑤ 计算总过剩空气系数 α_z。

$$\alpha_z=\frac{H_{gw}^y c_r t_r-\dfrac{9H^y+W^y}{100}I_{zgt}-\left(1-\dfrac{9H^y+W^y+A^y}{100}\right)c_{gl}t}{Q_0(d_0 I_{zgt}+c_{gl}t-I_0)}$$

取燃烧炉的综合热效率 $\eta=0.85$，因 $V^r=7\%<10\%$，为无烟煤，故煤的干基比热容 $c_g=1.0$；而可燃基比热容 c_r，按公式计算结果为 $c_r=1.11$kJ/(kg·℃)，燃料温度 $t_r=t_0=30℃$，干炉气比热容 $c_{gl}=$kJ/(kg·℃)。炉气中水蒸气的 I_{zgt}（kJ/kg$_{蒸汽}$）为：

$$I_{zgt}=2490+1.4t=2574$$

将此值代入 α_z 公式，则得：

$$\alpha_z=\frac{25319\times0.85\times1.1\times30-\dfrac{9\times2.25+7}{100}\times2574-\left(1-\dfrac{9\times2.25+7+20.46}{100}\right)\times1.0\times60}{8.4\times(0.02\times2574+1.0\times60-83)}=86$$

⑥ 计算炉气的含湿量 d、I。

$$d = \frac{\alpha_z Q_0 d_0 + \dfrac{9H^y + W^y}{100}}{\alpha_z Q_0 + 1 - \dfrac{9H^y + W^y + A^y}{100}}$$

$$= \frac{86 \times 8.4 \times 0.02 + \dfrac{9 \times 2.25 + 7}{100}}{86 \times 8.4 + 1 - \dfrac{9 \times 2.25 + 7 + 20.6}{100}}$$

$$= 0.022 (\text{kg/kg}_{干空气})$$

$$I = \frac{H^y_{gw} \eta + c_r t_r + \alpha_z Q_0 I_0}{\alpha_z Q_0 + 1 - \dfrac{9H^y + W^y + A^y}{100}}$$

$$= \frac{25319 \times 0.85 + 1.0 \times 30 + 86 \times 8.4 \times 83}{86 \times 8.4 + 1 - \dfrac{9 \times 2.25 + 7 + 20.6}{100}}$$

$$= 115 (\text{kJ/kg}_{干空气})$$

炉气的湿含量 d 及 I 也可以在 I-d 图（图 2-2）中直接查出，从图中找到该 $d = 0.023 \text{kg/kg}_{干空气}$，$I = 117 \text{kJ/kg}_{干空气}$，可见与计算相差甚微。

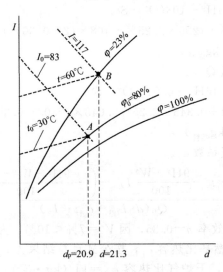

图 2-2　I-d 图的炉气分析

第三章

常用粮食干燥换热器的研究

第一节 列管式换热器

列管式换热器是表面式换热器的一种。目前在我国谷物干燥配套能源装置中广泛采用固定管壳式多壳程逆流列管式换热器。一般其热流体为高温烟气，冷流体为空气。这种换热器结构简单、制造容易、检修方便。换热器中热介质是烟煤或无烟煤混合燃料燃烧产生的高温烟道气，在管内流动。冷介质是空气，在管外横向冲刷传热管流动。黑龙江垦区粮食生产企业所使用的粮食干燥机配套 RFL 型、KFL 型及 KFW 型炉的换热器均为列管式换热器。

一、基本结构及类型

1. 基本结构

列管式换热器的核心结构是传热管，多根传热管组合在一起就成为传热管束，把这些管束固定在管壳的上、下管板中，外侧由管壳罩封，就构成了列管式换热器，如图 3-1 所示。

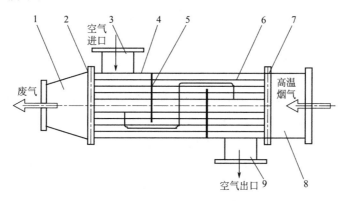

图 3-1 列管式换热器结构示意图

1—烟气出口；2—上管板；3—空气进口；4—管壳；5—折流板；
6—传热管；7—下管板；8—烟气进口；9—空气出口

2. 工作原理

由燃煤炉产生的高温炉气体由烟气进口进入到卧式换热器的传热管内，在管内由右向左流动。同时，外界冷空气流体由空气进口进入末节换热器腔体内，并以横流方式与换热管束进行换热，沿着折流隔板形成的气流通道逆向流动。在折流板作用下进行第一次折流，以横流方式经过第二节换热器；再经折流板进行第二次折流，仍以横流方式经过首节换热器；高温烟气与管外冷流体进行充分换热后，温度逐渐降低，最后经烟气出口进入除尘装置除尘后，由烟囱排入大气中。温度逐渐升高的冷流体，经空气出口和热风管道进入干燥设备。

3. 列管式换热器类型

按管板和管壳间的连接组合方式，可把列管式换热器分为：固定管板式、U 形管式、浮头式、插管式和双管板式五种。

（1）固定管板式换热器

固定管板式换热器是把管束焊接在上下管板上，然后用螺栓或焊接把上下管板固定在管壳上。这种换热器结构简单，制造容易且成本低，所以常应用于小型炉，适用于外壳与管子温差小于 50K 的换热。缺点是管外侧清扫困难，只适用于清洁流体以及不易结垢的场合。另外，当冷热流体温差较大或传热管与管壳材质热膨胀系数显著不同时，易产生裂纹或断裂。因此必须在管壳上安装伸缩头，此种伸缩头设计困难。RFL 型和 KFW 型炉的换热器属于固定管板式换热器。

（2）U 形管式换热器

U 形管式换热器的传热管为 U 形，一端有管板，另一端呈悬空状态，管子可自由膨胀，管板和管束可以取出进行清扫。缺点是传热管内清扫困难，U 形管的更换较麻烦。由于加工管子需要一定的弯曲半径，占地大，降低了管板的利用率，在同样体积下所提供的传热面积小；结构简单，但管内不易清洗，只适于高温、高压及较清洁的流体。

（3）浮头式换热器

浮头式换热器下端的管板固定在管壳上，上端的管板是浮动的，可以在管壳内自由移动。这种换热器结构牢固、安装方便，管壳和传热管间不会产生热膨胀应力。缺点是造价稍高，比固定管板式换热器约高出 20%。浮头式换热器的技术关键是浮动管板的密封，它既要保证传热管受热膨胀时上管板能自由移动，又要保证冷流体的密封，不至于因管板的移动而泄漏。浮头式换热器按其密封装置的结构形式可分为：对开法兰式、外压盖式、拔出浮头式和套环浮头式四种。JL 型和 RL 型炉的换热器属于浮头式换热器。

（4）插管式换热器

插管式换热器是将管束一端焊接在管板上，另一端插入管板内，或者两端都插入管板内。这种换热器可以自由移动，焊接、安装工艺简单。缺点是由于传热管和管板间是自由连接的，易造成泄漏。因此，这种换热器只适用于冷热流体温差非常大的场合，靠热膨胀解决密封问题。

（5）双管板式换热器

双管板式换热器的上、下管板均采用双层结构，密封性能较好，但结构复杂、成本高。双管板式换热器只适合于特殊场合，如两种流体一旦泄漏就有引起爆炸或其他事故发生的危险，或要求某一种流体纯度非常高时，才采用这种换热器。

二、传热管及其排列要求

1. 传热管特点

传热管是列管式换热器的关键部件，是影响换热器性能的最重要因素。因此人们总是想尽办法提高传热管传热效率。传热管按其断面形状，可分为圆形、方形和异形管等类型。应用较广的为圆形传热管，其基本规格为管径38～48mm、壁厚为1.5～3mm。管径小可提高传热系数，但易被烟灰堵塞；管壁厚寿命可延长，但热效率要降低。传热管材一般采用低碳合金钢或不锈钢，也有用铝铜合金，特殊情况下采用钛合金材质。

（1）传热管分类

干燥机配套能源装置的传热管按其结构形式可分为光管式、翅片管式、螺纹管式和螺旋槽管式。光管式传热管结构简单、工装容易、成本低，一般采用无缝钢管作为基础材料，但传热效率低；翅片管式传热管根据冷热流体在管内外的位置及相对流动形式，可做成内翅片式和外翅片式两种，翅片一般在换热系数较小的流体一侧，如图3-2所示。翅片管式传热管大大强化了传热系数，相应地减少了传热管

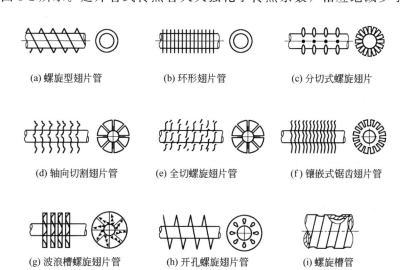

(a) 螺旋型翅片管　(b) 环形翅片管　(c) 分切式螺旋翅片

(d) 轴向切割翅片管　(e) 全切螺旋翅片管　(f) 镶嵌式锯齿翅片管

(g) 波浪槽螺旋翅片管　(h) 开孔螺旋翅片管　(i) 螺旋槽管

图 3-2　传热管的类型

数，但翅片焊接较困难、工艺较复杂、成本高、阻力较大。螺旋槽管式传热管是在光管上加工出外凹内凸的螺旋槽，可根据需要制成单头单向、多头单向、单头异向和多头异向等形式。这种传热管具有使管内外流体沿管壁螺旋运动的趋势。管内凸起部分对流体的周期性扰动可减薄管内传热边界层，加强湍流运动，强化流体传热作用，提高换热器效率，与光管式传热管比，热效率可提高30%；并且制造容易，安装方便，还具有清污作用。

（2）换热管的选择原则

在换热管的选择中，应考虑下列几个因素。

① 管径。管径越小的换热器越紧凑、越便宜，且可以获得较好的传热膜系数与阻力系数的比值。但是，管径越小的换热器压降将越大，在满足允许压降的情况下，一般推荐选用 $\phi19mm$ 的管子。对于易结垢的流体，为方便清洗，采用外径为 $\phi25mm$ 的管子。对于有气-液两相流的工艺流体，一般选用较大的管径。例如再沸器、锅炉，换热管多采用 $\phi32mm$ 和 $\phi51mm$ 的管径。直接受火加热的换热管多采用 $\phi76mm$ 的管径。

② 管长。无相变换热时，管子较长则传热系数也较大。在相同传热面积的情况下，采用长管则流动截面积小、流速大、管程数少，从而可减少流体在换热器中的回弯次数，因而压降也较小；每平方米传热面的比价也低。但是，管子过长给制造带来困难。因此，一般选用管长 4～6m。对于传热面积大或无相变的换热器，可选用 8～9m 的管长。

③ 管子的排列和管间距。管子在管板上的排列形式主要有正方形排列和三角形排列两种。三角形排列有利于壳程流体达到湍流且排管数也多。正方形排列有利于壳程的清洗。为了弥补各自的缺点，就产生了转过一定角度的正方形排列（即转置正方形排列）和留有清洗通道的三角形排列。不常用的还有同心圆式排列，一般用于小直径的换热器。管间距是两相邻管子中心的距离。管间距越小则设备越紧凑，但将引起管板增厚、清洁不便、壳程压降增大。为此，一般选用范围为 $(1.25～1.5)d_0$（d_0 为管外径）。

2. 传热管的排列

（1）传热管的排列形式

传热管的排列形式总体上可分为顺排（又称直排）和叉排（又称错排），如正方形和三角形顺（叉）排。正方形顺（叉）排，由于可以用机械方法清扫管外，所以可用于易结垢的流体；三角形叉排由于不能用机械方法清污，故只适用于流体清洁、不易结垢或者可用化学方法去除的场合，三角形顺排很少采用。传热管的排列形式如图 3-3 所示。

等边三角形排列用得最普遍，因为管子间距都相等，所以在同一管板面积上可排列最多的管子数；而且便于管板的划线与钻孔，但管间不易清洗。TEMA 标准

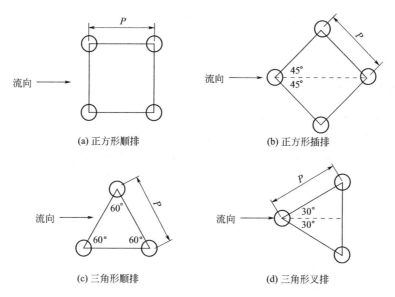

图 3-3 传热管的排列形式

规定，壳程需用机械清洗时，不得采用三角形排列形式。

在壳程需要进行机械清洗时，一般采用正方形排列，管间通道沿整个管束应该是连续的，且要保证 6mm 的清洗通道。

图 3-3(b) 和 (d) 两种排列方式，在折流板间距相同的情况下，其流通截面面积要比图(a)、(c) 两种的小，有利于提高流速，故更合理些。

（2）换热管中心距

换热管中心距的最小值应为管子外径的 1.25 倍；多管程的分程隔板处的换热管中心距，最小值应为换热管中心距加隔板槽密封面的宽度，以保证管间小桥在胀接时有足够的强度。在采用焊接方法连接管板和管子时，管间距可以小些，但要保证壳程清洗时，有 6mm 的清洗通道。当壳程用于蒸发过程时，为使气相更好地逸出，管间距可以加大到 1.4 倍管外径。

（3）换热管排列原则

① 换热管的排列应使整个管束完全对称。

② 在满足布管限定圆直径和换热管与防冲板间距离规定的范围内，应全部布满换热管。

③ 拉杆应尽量均匀布置在管束的外边缘。在靠近折流板缺边位置处应布置拉杆，其间距小于或等于 700mm。拉杆中心至折流板缺边的距离应尽量控制在换热管中心距的 0.5～1.5 倍范围内。

④ 多管程的各程管数尽量相等，其相对误差应控制在 10% 以内，最大不得超过 20%。相对误差按下式计算：

$$\Delta N = \frac{|N_{cp} - N_{\min(\max)}|}{N_{cp}} \times 100\% \tag{3-1}$$

式中　N_{cp}——各程平均管数，$N_{cp} = \dfrac{总管数}{管程数}$；

　　$N_{min(max)}$——各程中最小（或最大）管数。

3. 管程数和壳程形式

换热器的换热面积较大而管子又不很长时，就得排列较多的管子。为了提高流体在管内的流速，增大管内传热膜系数，需将管束分程；分程可采用不同的组合方法，但每程中的管数应该大致相同，分程隔板应尽量简单，密封长度应短。管程数一般有 1、2、4、6、8、10、12 七种。偶数管程的换热器无论对制造、检修或是操作都比较方便，所以用得最多。除单程外，奇数管程一般少用。程数不能分得太多，不然隔板会占相当大的布管面积。

管程数有 1～8 程几种，常用的为 1、2 或 4 管程。管程数增加，管内流速增大，传热膜系数也增加，但管内流速要受到管程压力降等限制。在工业生产中常用的流速如下：水和相类似的流体流速一般取 1～2.5m/s，对大型冷凝器的冷却水流速可增加到 3m/s，气体和蒸汽的流速可在 8～30m/s 内选取。

壳程大致可分为四种形式：单壳程换热器、纵分隔板的双壳程换热器、分流式换热器和双分流式换热器。单壳程换热器［图 3-4(a)］是最常用的一种换热器，可在壳程内放入各种形式的折流板，主要是增大流体的流速，强化传热。纵分隔板的双壳程换热器［图 3-4(b)］可以提高壳程流速，改善传热的效应，价格比两个换热器串联便宜。分流式换热器［图 3-4(c)］适用于大流量且压降要求低的情况，如将其作为冷凝器时，安装的隔板可采用有孔板。双分流式换热器［图 3-4(d)］适用于低压降，一种流体比另一种流体温度变化很小的情况，以及温差很大或者管程传热膜系数很大的情况。

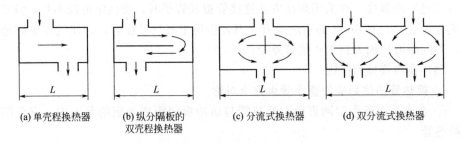

(a) 单壳程换热器　　(b) 纵分隔板的　　(c) 分流式换热器　　(d) 双分流式换热器
　　　　　　　　　　双壳程换热器

图 3-4　壳程形式

三、流体流动形式与管束换热

1. 流体流动形式

在列管式换热器中，冷热流体的相对流动形式，在单管程或单节换热器中，一般多为横流，少数为顺流或混流；在多管程或多节换热器中，一般常采用多次折流（每程或每节仍为横流），总的流向为逆流布置形式。按热流体相对于传热管所处的位置，可分为管外加热式和管内加热式两种。一般管外加热式的传热管都横向布置，所以又称横管外热式；管内加热式的列管都立向布置，故又称立管内热式。横管外热式的冷流体在管内横向流动；热流体横掠管壁纵向流动。立管内热式的冷流体横掠管壁横向流动，热流体经管内纵向流动。横管外热式和立管内热式的冷流体（空气）均由风机强迫送入，热流体（烟气）靠引风机或烟囱吸出。大中型换热器一般都设有引风机，并多采用立管内热式。一般小型烟气加热空气的换热器，不设引风机，多采用横管外热式，并将底层风管做成装配式，烧损后易于更换。

2. 流体横向冲刷管束的换热

当流体流过管束时，如果流动方向与传热管的轴线垂直，则称为横向冲刷。横向冲刷换热是列管式换热器中最常见的一种换热方式，它与换热器管束排列方式、换热管相对节距和流动方向上管排数有关。

（1）管束排列方式

当列管管束顺排时，从流体进口第二排传热管起以后的每一排传热管，正对来流的一面位于前排管子漩涡区的尾流内，受到的流体冲刷情况往往要差一些。流体在顺排管束间流动时如同进入一条长通道，受管壁干扰较小，流动方向较稳定。叉排时，每排传热管受到的冲刷情况大体相同，流体在管间的流动速度和方向经常变化，各部分流体的混合情况要比顺排时好一些。顺排与叉排换热规律是不同的，叉排的放热系数比顺排高。

（2）相对节距

如图 3-5 所示，换热器列管按照转置三角形，即叉排布置。设定传热管的外径为 d，纵向节距为 L_1，横向节距为 L_2，斜向节距为 L_3，则称 L_1/d 和 L_2/d 为相

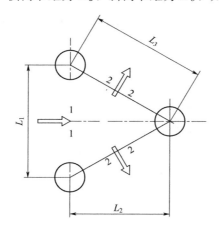

图 3-5　叉排管间气流的流动

对节距。当流体进入两根管子之间时，流动截面的宽度为 L_1-d。然后分两路斜插到后排管子之间，斜向流动截面的总宽度为 $2(L_3-d)$，$L_3=\sqrt{L_2^2+\left(\dfrac{L_3}{2}\right)^2}$。当 $(L_1-d)/(L_3-d)>2$ 时，从 1—1 截面到 2—2（或 3—3）截面间流体的流动是加速的；如果 $(L_1-d)/(L_3-d)<2$，则流动是减速的。管束的相对节距影响列管的对流换热。

（3）流动方向上管子的排数

如图 3-6 所示，流体以一定速度进入管束后，在管束间的流动诱发振动，导致旋涡分离、湍流抖振和流体弹性不稳定逐渐增加，各排的放热系数也相应提高，约到第三或第四排以后才逐渐趋于稳定。因此整个管束的平均放热系数就与流动方向上的传热管排数（Z）有关。一般在整理振动试验数据时，先对第四排以后的管子归纳出计算公式，然后引入排数修正系数 C_z 来考虑前面几排管子对整个管束平均放热系数的影响。一般当 $Z>10$ 时，C_z 可视为 1，即可不考虑排数影响。

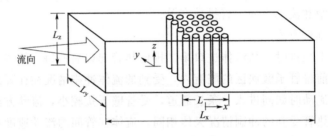

图 3-6　壳腔内的管束排列

四、列管式换热器热力计算

1. 稳态传热方程

列管热流体将热量通过某固定壁面传给冷流体的过程称为传热，稳态传热的基本方程式为：

$$Q=KA\Delta t_m \tag{3-2}$$

式中　Q——热负荷，W；

　　　K——总传热系数，W/(m² · ℃)；

　　　A——换热器总传热面积，m²；

　　Δt_m——进行换热的两流体之间的平均温度差，℃。

（1）热负荷

当忽略换热器对周围环境损失时，根据能量平衡，热流体放出的热量应等于冷流体吸收的热量，即：

$$Q=m_c c_{p,c}(T_{c,o}-T_{c,i})=m_h c_{p,h}(T_{h,i}-T_{h,o}) \tag{3-3}$$

式中　m_c，m_h——冷流体、热流体的质量流量，kg/s；

$c_{p,c}$，$c_{p,h}$——冷流体、热流体的比热容，J/(kg·℃)；

$T_{c,i}$，$T_{c,o}$——冷流体的进、出口温度，℃；

$T_{h,i}$，$T_{h,o}$——热流体的进、出口温度，℃。

若考虑换热器对外界的散热损失 Q_c，则热流体放出的热量 Q_1 将大于冷流体吸收的热量 Q_2，即：

$$Q_1 = Q_2 + Q_c \qquad (3\text{-}4)$$

一般情况下，Q_c 很难估计，而且随换热状况的不同而不同，如换热器是否保温、热流体走管内还是管外等。工程上常用热损失系数 η_c 加以估算，即：

$$Q_2 = \eta_c Q_1 \qquad (3\text{-}5)$$

热损失系数 η_c 的值通常取 0.97～0.98。

不管是否考虑热损失，在管壳式换热器的设计计算中，热负荷 Q 一般取管内流体放出或吸收的热量。在粮食干燥系统中，通常认定换热器的热扩散系数接近1，烘干机干燥粮食所需要的热量必须等于换热器换出的热量。

（2）总传热系数 K

$$\frac{1}{K} = \frac{1}{\alpha_0} + \frac{1}{\alpha_i}\left(\frac{A_0}{A_i}\right) + r_0 + r_i\left(\frac{A_0}{A_i}\right) + \frac{\delta A_0}{\lambda_w A_m} \qquad (3\text{-}6)$$

式中　α_0——管外流体传热膜系数，W/(m²·℃)；

α_i——管内流体传热膜系数，W/(m²·℃)；

r_0，r_i——管外、管内流体污垢热阻，m²·℃/W；

A_0，A_i——换热管的外表、内表面传热面积，m²；

A_m——换热器管内和管外的平均传热面积，m²；

λ_w——管壁材料的热导率，W/(m²·℃)。

（3）平均温度差和温差修正系数

① 算术平均温度差：

$$\Delta t_{m1} = \frac{\Delta t_1 + \Delta t_2}{2} \qquad (3\text{-}7)$$

② 对数平均温度差：

$$\Delta t_{m2} = \frac{\Delta t_2 - \Delta t_1}{\ln\dfrac{\Delta t_2}{\Delta t_1}} \qquad (3\text{-}8)$$

式中　Δt_2——较大的温度差；

Δt_1——较小的温度差。

当 $\dfrac{\Delta t_1}{\Delta t_2} < 2$ 时，采用算术平均温度差，否则采用对数平均温度差。在计算平均温度差时，对无相变的对流传热，逆流的平均温度差大于并流的平均温度差，因而

在工业设计中，在满足工艺条件的情况下，通常选逆流的平均温度差。

③ 温差修正系数 F_T。

在错流和折流换热器中，温度分布情况相当复杂，可按式（3-7）先计算出逆流的平均温度差，然后乘以修正系数，即可计算有效平均温度差 Δt_m：

$$\Delta t_m = F_T \Delta t_{m1} \tag{3-9}$$

式中　Δt_m——逆流时的对数平均温度差，℃；

F_T——温差修正系数。

2. 对流传热膜系数

（1）管内传热膜系数（无相变）

流体在管内流动，其流动阻力和传热膜系数与流体在管内的流动状态有关。流动状态以雷诺数大小来区分。

① 湍流 $Re > 10000$。

对低黏度流体，可应用 Dittus-Boelter 关联式：

$$\alpha_i = 0.023 \frac{\lambda_i}{d_i} Re_i^{0.8} Pr_i^n \tag{3-10}$$

应用范围：$Re > 10000$，$0.7 < Pr < 120$，$\dfrac{L}{d_i} > 60$。

当 $\dfrac{L}{d_i} < 60$ 时，应将式（3-9）乘以 $\left[1 + \left(\dfrac{d_i}{L}\right)^{0.7}\right]$ 进行修正。

② 过滤流 $Re = 2300 \sim 10000$。

当流体在管内流动为过滤流时，对流传热膜系数可先按湍流的公式计算，然后把计算结果乘以系数 φ，即可得到过滤流下的对流传热膜系数。

$$\varphi = 1 - \frac{6 \times 10^5}{Re^{1.8}} \tag{3-11}$$

$$\alpha_{过渡流} = \varphi \alpha_{湍流} \tag{3-12}$$

③ 层流 $Re < 2300$ 可用 Sieder-Tate 关系式。

$$Nu = 1.86 Re^{1/3} Pr^{1/3} \left(\frac{d_i}{L}\right)^{1/3} \left(\frac{\mu_i}{\mu_w}\right)^{0.14} \tag{3-13}$$

应用范围：$Re < 2300$，$0.6 < Pr < 6700$，$\left(Re Pr \dfrac{L}{d_i}\right) > 100$。

定性温度：除 μ_w 为壁温下的值外，其余为流体进口温度的算术平均值。

（2）管外传热膜系数

① 无折流板换热器壳程。管壳式换热器壳程无折流板时，管外传热膜系数的计算可按非圆形截面内流动时管内传热膜系数的计算式，即用式（3-9）（$Re > 10^4$）、式（3-12）（过滤流）进行计算，此时以当量直径 d_{es} 作为定性尺寸代替内径。当量直径按式（3-14）计算。

对管壳式换热器，当管子呈正三角形排列时：

$$d_{es}=\frac{4\left(\dfrac{1}{2}P_t\times\dfrac{\sqrt{3}}{2}P_t-3\times\dfrac{1}{4}\times\dfrac{\pi}{6}d_0^2\right)}{3\times\dfrac{\pi}{6}d_0}=\frac{\sqrt{3}P_t^2-\dfrac{1}{2}\pi d_0^2}{\dfrac{\pi}{2}d_0}=\frac{1.10P_t^2}{d_0}-d_0 \qquad (3\text{-}14)$$

当管子呈正方形排列时：

$$d_{es}=\frac{4\left(P_t^2-\dfrac{\pi}{4}d_0^2\right)}{\pi d_0}=\frac{1.27P_t^2}{d_0}-d_0 \qquad (3\text{-}15)$$

式中　P_t——换热管中心距，m。

② 有折流板的换热器壳程。换热器内装挡板（弓形折流板），通常缺口面积取25%的壳体内截面积，壳程的对流传热膜系数关联式可采用下式：

a. Donohue 法。

$$Nu=0.23Re^{0.6}Pr^{1/3}\left(\frac{\mu}{\mu_w}\right)^{0.14}$$

$$\alpha_0=0.23\frac{\lambda}{d_0}\left(\frac{d_0u\rho}{\mu}\right)^{0.6}\left(\frac{c_p\mu}{\lambda}\right)^{1/3}\left(\frac{\mu}{\mu_w}\right)^{0.14} \qquad (3\text{-}16)$$

应用范围：$Re=20000\sim30000$；

特征尺寸：管外径 d_0；

定性温度：取流体进、出口温度的算术平均值。

u 取流体通过每排管子中最下狭窄通道处的速度。

b. Kern 法。

$$\alpha_0=0.36\frac{\lambda}{d_e}\left(\frac{d_eu_0\rho}{\mu}\right)^{0.55}Pr^{1/3}\left(\frac{\mu}{\mu_w}\right)^{0.14} \qquad (3\text{-}17)$$

应用范围：$Re=2\times10^3\sim1\times10^6$；

特征尺寸：d_e 按式(3-17)、式(3-18) 计算；

定性温度：除 μ_w 取壁温外，其余均取流体进、出口温度的算术平均值。

流体流过管间最大截面积 A_s：

$$A_s=l_bD_i\left(1-\frac{d_0}{P_t}\right) \qquad (3\text{-}18)$$

式中　l_b——折流板间距，m；

D_i——换热器的壳体内径，m。

c. Kern 传热因子。

$$J_s=\left(\frac{\alpha_0d_{es}}{\lambda_0}\right)\left(\frac{c_{po}\mu_0}{\lambda_0}\right)^{1/3}\left(\frac{\mu_0}{\mu_w}\right)^{-0.14} \qquad (3\text{-}19)$$

J_s 由 Re_s 查换热器设计手册可以求取。Re_{es} 按下式计算。

$$R_{es} = \frac{d_{es}G_s}{\mu}$$

式中　α_0——管外传热膜系数，$W/(m^2 \cdot ℃)$；

　　　G_s——质量流速，$kg/(m^2 \cdot s)$，$G_s = \dfrac{m_s P_t}{D_i C' l_b}$；

　　　d_{es}——当量直径，m，$d_{es} = \dfrac{4 \times 轴向流动面积}{湿润周长}$；

　　　m_s——壳程质量流量，kg/s；

　　　D_i——壳体内径，m；

　　　c_{po}——壳程流体比热容，$kJ/(kg \cdot ℃)$；

　　　C'——相邻管间隙，m；

　　　λ_0——壳程流体热导率，$W/(m^2 \cdot ℃)$；

　　　μ_0——壳程流体平均温度下的黏度，$kg/(m \cdot s)$；

　　　μ_w——管壁温度下的黏度，$kg/(m \cdot s)$。

五、干燥机列管换热器的设计应用

2019 年黑龙江八一农垦大学智能干燥科研团队在建三江垦区优质水稻生产作业区推广示范 300t 水稻智能型干燥机与生物质供热系统 1 套。列管换热器的换热管采用 ϕ40mm 的无缝管制作，设计列管内流动烟气，空气流经列管外部通过列管束间隙。初步核算水稻烘干塔需要热量 300×10^4 kcal/h（1kcal＝4.18kJ，下同），根据寒区粮食烘干生产经验，一般高温炉气所用烟气温度为 800℃ 左右，为提高热效率，设计列管换热器由单壳程三组列管串联而成，完成换热废气温度降至 150℃ 以下。黑龙江垦区水稻烘干作业在 11 月份，环境温度 $-15 \sim 20℃$。三壳程换热器流程如图 3-7 所示。

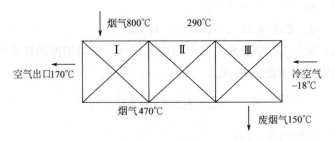

图 3-7　三壳程换热器流程

（1）预设条件

① 换热器热流体的入口温度 $t_1' = 800℃$，出口温度 $t_1'' = 150℃$。

② 换热器冷流体的入口温度 $t_2' = -18℃$，出口温度 $t_2'' = 170℃$。

③ 需要换热器供给的热量 $Q = 300 \times 10^4$ kcal/h。

（2）求热交换工艺参数

① 利用热平衡方程求烟气量 $G_{烟}$

$$G_{烟} = \frac{Q}{c_{p1}t_1' - c_{p2}t_1''} = 14800(\text{kg/h}) \tag{3-20}$$

式中　c_{p1}——烟气 800℃ 的比定压热容，$c_{p1} = 0.302\text{kJ/(kg} \cdot ℃)$；

c_{p2}——烟气 150℃ 的比定压热容，$c_{p2} = 0.256\text{kJ/(kg} \cdot ℃)$。

② 利用热平衡方程求冷空气量 $G_{空}$

$$G_{空} = \frac{Q}{c_{p3}t_2' - c_{p4}t_2''} = -66490(\text{kg/h}) \tag{3-21}$$

式中　c_{p3}——空气 170℃ 的比定压热容，$c_{p3} = 0.24\text{kJ/(kg} \cdot ℃)$；

c_{p4}——烟气 -18℃ 的比定压热容，$c_{p4} = 0.24\text{kJ/(kg} \cdot ℃)$；

$G_{空}$——负值，代表吸收热量。

（3）求传热系数 K

烟气平均温度 $t_{烟} = (t_2'' + t_2')/2 = 475(℃)$；

空气平均温度 $t_{空} = (t_2'' - t_2')/2 = 76(℃)$。

根据经验值烟气速度取 $v_{烟} = 12\text{m/s}$，一般空气速度等于烟气速度的 $0.4 \sim 0.6$ 倍，取 $v_{空} = 7\text{m/s}$。

求空气侧放热系数 $\alpha_{空}$：

$$\alpha_{空} = 0.32 \frac{\lambda_{空}}{d_0} \left(\frac{\rho_{空} \, d_0 v_{空}}{\mu_{空}} \right)^{0.6} \left(\frac{c_{p空} \mu_{空}}{\lambda_{空}} \right)^{0.4} = 65 \tag{3-22}$$

由空气平均温度查表得空气各参数：

$\lambda_{空} = 3.017 \times 10^{-2}\text{W/(m} \cdot ℃)$；$\rho_{空} = 1.009\text{kg/m}^3$；

$c_{p空} = 1.009 \times 10^3\text{J/(kg} \cdot ℃)$；$\mu_{空} = 2.1 \times 10^{-5}\text{N} \cdot \text{s/m}^2$。

求烟气侧放热系数 $\alpha_{烟}$：

$$\alpha_{烟} = 0.023 \frac{\lambda_{烟}}{d_0} \left(\frac{\rho_{烟} \, d_0 v_{烟}}{\mu_{烟}} \right)^{0.8} \left(\frac{c_{p烟} \mu_{烟}}{\lambda_{烟}} \right)^{0.3} = 33 \tag{3-23}$$

由烟气平均温度查表得烟气各参数：

$\lambda_{烟} = 5.60 \times 10^{-2}\text{W/(m} \cdot ℃)$；$\rho_{烟} = 0.478\text{kg/m}^3$；

$c_{p烟} = 1.085 \times 10^3\text{J/(kg} \cdot ℃)$；$\mu_{烟} = 3.52 \times 10^{-5}\text{N} \cdot \text{s/m}^2$。

传热系数 K：

$$K = \xi \frac{\alpha_{空} \, \alpha_{烟}}{\alpha_{空} + \alpha_{烟}} = 18.6 \tag{3-24}$$

热量综合系数 $\xi = 0.85$。

（4）第 I 管组热力换算

假设烟气在第 I 管组中，温度从 800℃ 降到 470℃，则烟气在本组中放出热量

$$q_{烟} = G_{烟}(c_1 t_1' - c_1' t_3'') = 160 \times 10^4 (\text{kcal/h}) \tag{3-25}$$

式中　t_3''——第Ⅰ管组烟气出口温度，℃；

　　　c_1'——第Ⅰ管组出口烟气比热容，$c_1'=0.282$kJ/(kg·℃)。

根据理想条件下能量守恒，忽略传热过程的热量损失，则烟气放出的热量被空气完全获得。计算第Ⅰ管组中空气进口温度

$$t_3'=170-\frac{q_{烟}}{G_{空}c_{空}}=70(℃)$$

求所需换热面积 F_3：

$$F_3=\frac{q_{烟}}{K_T\Delta t_3}=\frac{1600000}{16.5\times505}=190(\text{m}^2) \tag{3-26}$$

式中　Δt_3——Ⅰ管组内对数平均温度，℃，$\Delta t_3=\dfrac{\Delta t'-\Delta t''}{\ln\dfrac{\Delta t'}{\Delta t''}}=\dfrac{630-400}{\ln\dfrac{630}{400}}=505(℃)$；

　　　K_T——实际传热系数，$K_T=\xi'K$；

　　　ξ'——热量储藏系数，0.89。

因此，计算所需换热管总长度

$$L_3=\frac{F_3}{\pi d_0}=1680(\text{m}) \tag{3-27}$$

根据第Ⅰ管组的烟气平均温度 $T_{烟}$ 为635℃，烟气流速选定12m/s。

烟气密度 $\gamma_{烟}$：

$$\gamma_{烟}=\frac{353}{273+T_{烟}}=0.39(\text{kg/m}^3) \tag{3-28}$$

所需管子的总截面积 S_3：

$$S_3=\frac{G_{烟}}{\gamma_{烟3}\times3600\times v_{烟}}=0.86(\text{m}^2) \tag{3-29}$$

所需列管数量 n_3：

$$n_3=\frac{S_3}{\frac{\pi}{4}d_0^2}=845(根) \tag{3-30}$$

每根管子的长度 l_3：

$$l_3=\frac{L_3}{n_3}=1.99(\text{m}) \tag{3-31}$$

（5）第Ⅱ、Ⅲ管组计算

具体算法与第Ⅰ管组方法相同。由于组管每根管长度需一致，因此需要加以调整计算。计算与调整结果如表3-1所示。

（6）列管式换热器实际施工情况

项目实施地点在黑龙江农垦总局建三江管理局浓江农场第八管理区。建立优质

表 3-1 高温换热器各管组参数

管组参数	I 管组		II 管组		III 管组	
	计算	调整	计算	调整	计算	调整
列管数量/根	845	845	615	698	460	649
总管长度/m	1680	1680	1396	1396	1298	1298
每根管长度/m	1.99	2.0	2.1	2.0	3.0	2.0

水稻低温保质烘储示范基地 1 个,基地占地面积达 12000m²。配套建设供热量为 300×10⁴kcal/h 的生物质热风炉 1 座。供热设备施工情况如图 3-8 所示。

图 3-8 供热设备施工情况

图 3-9 列管式换热器

自主设计的列管式换热器采用三壳程结构,列管布置形式是横纵交叉组合式,如图 3-9 所示。换热器上端以竖式列管为主,下端部分采用横式列管,主要是防止烟气温度过高、腐蚀管口;为减轻腐蚀,烟气优先流经横向列管束再通过竖向列管束。冷介质经过换热器横式列管部分为直通加热,但在经过竖式列管时,列管内有交错分布的隔板,使冷介质进行三次折流运动。其目的为增大换热面积,提高介质温度。

(7) 列管换热器的发展趋势

列管换热器设计属于保守性设计。在粮食干燥行业中,通过干燥机的设计计算得出干燥粮食所需的热量之后,再通过一系列的热量衡算和一系列的参数选择,计算所需列管换热器的传热面积及管长等其他尺寸。不同的选择有不同的计算结果,设计者做出恰当的选择才能得到经济上合理、技术上可行的设计,或者通过多方案计算,从中选出最优方案。近年来依靠计算机按规定的最优化程序进行寻优的方法得到日益广泛的应用。

第二节 旋板式换热器

我国北方粮食干燥广泛使用的间接供给热风炉有列管式和套筒式两种。列管式热风炉是利用热烟气横越多层配置的冷风管，对管内流动的冷风进行加热。这种热风炉虽然结构复杂、造价低，但直接接对流高温辐射部分的管子和管端易于氧化，使用寿命低，更换管子不方便。此外列管加工工艺采用焊接，焊接的工艺性能不理想，管端的气密性差。套筒式热风炉是全金属炉型，利用几层环形风道中烟道的间隙进行热交换，但风压损失大。这两种热风炉普遍存在着换热效率低和烟气通路易积垢阻塞烟气畅流，影响热交换效果等问题。为解决以上两个问题我们研究团队设计了一种由平行板卷制而成的螺旋形热交换设备，是配合粮食干燥用热风炉的单通道式旋板式换热器。该换热器利用螺旋烟气道与风道间壁进行热交换，换热面积大，传热效率高，散热损失小，具有结构紧凑、制造简单、安装运输方便等优点，同时不易积垢，是高效、节能的热风炉型。

一、旋板式换热器的优点

① 传热性能好。由于流体在螺旋形流道内流动产生的离心力使流体在流道内外侧之间形成二次环流，增强了扰动，使流体在较低雷诺数下就形成了湍流；并因流动阻力较小，流速可以提高，不易堵塞和结垢。旋板式换热器采用了单流道结构，因此在处理易沉积流体、黏稠流体和含有颗粒的流体时，由于螺旋板式换热器本身具有自清洁功能，这样在阻塞没有完全形成之前，已经被流体冲洗干净。另外，可拆结构设计能够使换热器清洁起来更加方便。

② 结构可靠、紧凑。由于传热面为螺旋板，流道呈同心状环绕，板间距离较窄，传热系数较高，使它们紧凑性更好，占地空间约为管壳式的1/6。旋板式换热器的流道多为焊接密封，只要保证焊接质量就可以保证冷、热两流体之间不会发生内漏。此外，螺旋卷曲的板在受热和冷却时伸张和收缩的性能较好，不会造成很大的内应力。

③ 无泄漏，降低工作危险。旋板式换热器是螺旋形流道，其从中心到壳体全部是由连续不断的金属板材卷制而成，中间没有焊缝，所以不会有因焊缝而泄漏的危险。所以它可以用来处理敏感的、不稳定的危险流体。

④ 流体的流动阻力小。旋板式换热器中流体与螺旋板的摩擦产生的阻力小。与管壳式换热器相比较，流体没有作大转向流动，减少了流体阻力，所以，螺旋板式换热器内流体的流动阻力小。

⑤ 制造成本低，制造方便。与其他类型换热器相比，旋板式换热器重量轻，制造成本低，只要有专用的卷床设备，比管壳式换热器的制造要方便得多。它主要消耗板材，用它来代替管壳式换热器可以节省无缝钢管。旋板式换热器所需设备费用仅为管壳式换热器的1/2~1/3。

二、旋板式换热器的工作原理及其参数

1. 旋板式换热器工作示意图

旋板式换热器工作示意图如图 3-10 所示。

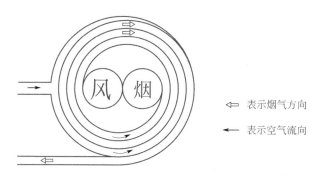

图 3-10　旋板式换热器工作示意图

2. 旋板式换热器工作原理

如图 3-10 所示，燃烧室产生的高温烟气由换热器底部中心进入，经螺旋板螺旋导向层板由内向外流动，最终通过烟风机的负压抽吸作用，经最外圈排放烟气口进入除尘器降尘过滤，由烟囱排到大气中。与此同时净洁空气在压力的作用下，经外侧进风口进入螺旋板通道。当高温烟气流经螺旋间壁时，与间壁另一侧的空气进行逆流热传导，在传导和对流条件下进行热能交换，从而使预进入干燥装置的空气温度由 20℃ 升至 150℃ 左右，烟气温度由 600℃ 降至 240℃ 左右。由于是利用螺旋烟气道与风道间壁进行热交换，换热面积大、散热损失小，因此热能利用率较高。

3. 主要参数

旋板式换热器主要参数如表 3-2 所示。

表 3-2　旋板式换热器主要参数

序号	参数	数值
1	换热量 Q_y	60×10^4 kcal/h
2	热风量	$30000 \sim 35000$ m³/h
3	冷风温度	20℃
4	热风温度	90℃
5	热源初始温度	700℃
6	热源终了温度	300℃

序号	参数	数值
7	燃料燃烧的发热量 Q_{dw}^y	5000kcal/h
8	热风出口风压	80mmH₂O

4. 旋板式热风炉结构

旋板式热风炉主要结构包括固体燃料炉灶、旋板换热器、烟气管道、风机组、烟囱等,其结构如图 3-11 所示。

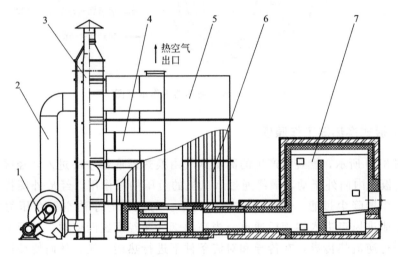

图 3-11　旋板式热风炉结构简图

1—风机组;2—进气管道;3—烟囱;4—排烟管道;5—旋板式换热器;
6—螺旋板;7—固体燃料炉灶

三、旋板式换热器设计

旋板式换热器是生产洁净干燥介质的关键装置,换热器的结构形式及材质的选取,应满足有足够的使用寿命、有良好的气密性、有足够的换热系数以及清灰方便等特点。

本换热器设计中采用了单通道螺旋板式,冷热介质在相邻流道中流过并各自通过两侧板壁换热,具有结构紧凑、热扩散面积大、流体在很窄的通道内流动故有自身冲刷作用、防止污垢沉积等特点。其材质根据高温介质的要求选择 Q235 钢,对于中心管部分,钢板厚度为 3mm。换热器共由三节并联,各节底部钢板厚度为 5mm,其余部分钢板厚度为 2.5mm。

在计算结构参数时,根据换热量的大小,一般预先给定螺旋体外形尺寸。根据工艺计算求得换热面积 F,通道宽度 b,中心圆直径 d,螺旋板厚度 δ,板宽 H,

再求出螺旋板长度 L，最后求出螺旋板圈数 n；再利用求得的螺旋板圈数及其他参数计算出螺旋体尺寸，跟预先给定的做对比，看看是否在误差范围内，若在则预先给定的符合实际，否则得重新给定再计算。

1. 换热量的确定

换热量是根据物料干燥作业消耗的实际热量和配备粮食干燥的生产能力来确定的，设计前已给出本换热器有效供热量 H_h 为 $60\times10^4 \text{kcal/h}$。

2. 传热系数和传热面积的确定

传热系数和传热面积互相影响，而传热系数与流体的流速、温度和换热器的结构形式有关。

总传热系数 K 的计算：从下面的公式可以得到和总传热系数相关的参数。

$$Q=KF\Delta t_m \tag{3-32}$$

上述公式是所有换热器传热过程都要遵循的通用公式，可以看出，确定了传热量 Q、传热系数 K、对数平均温差 Δt_m 后就可以确定换热面积 F。因此，总传热系数对于确定最终的换热面积是至关重要的。在设计中总传热系数一般用串联热阻的概念求得。

总热阻的计算公式为：

$$R=\frac{1}{K}=\frac{F_m}{\alpha_h F_h}+\sum\frac{\delta_m F_m}{\lambda_s F_s}+\frac{\delta_w F_m}{\lambda_w F_w}+\frac{F_m}{\alpha_c F_c} \tag{3-33}$$

对于旋板式换热器

$$F_h=F_c=F_s=F_w=F_m \tag{3-34}$$

$$R=\frac{1}{K}=\frac{1}{\alpha_h}+\sum\frac{\delta_s}{\lambda_s}+\frac{\delta_w}{\lambda_w}+\frac{1}{\alpha_c} \tag{3-35}$$

$$K=\frac{1}{\dfrac{1}{\alpha_h}+\sum\dfrac{\delta_s}{\lambda_s}+\dfrac{\delta_w}{\lambda_w}+\dfrac{1}{\alpha_c}} \tag{3-36}$$

式中　　$\sum\dfrac{\delta_s}{\lambda_s}$——垢层总热阻，$(\text{m}^2\cdot\text{℃})/\text{W}$；

$\dfrac{\delta_w}{\lambda_w}$——板材热阻，$(\text{m}^2\cdot\text{℃})/\text{W}$；

α_h，α_c——换热器热冷侧传热系数，$\text{W}/(\text{m}^2\cdot\text{K})$；

F_h，F_c——换热器热冷侧换热面积，m^2。

在计算总传热系数 K 时，由于换热器中总是有流体流动，而垢层厚度随着流体流动而变化，因此，$\sum\dfrac{\delta_s}{\lambda_s}$ 是不断变化的，在计算中一般选用经验数值。总传热系数的推荐值见表 3-3。

表 3-3 总传热系数的推荐值

传热性质	介质名称	介质名称	流动形式	传热系数/[W/(m² · K)]	备注
对流传热	清水	清水	逆流	1700～2200	
	废液	清水	逆流	1600～2100	
	有机液	有机液	逆流	350～580	
	焦油	焦油	逆流	160～200	
	焦油	清水	逆流	270～310	
	高黏度油	清水	逆流	230～350	
	油	油	逆流	90～140	
	气	气	逆流	29～47	
	电解液	水	逆流	1270	
	变压器油	水	逆流	327～550	推荐 350
	电解液	热水	逆流	600～1900	推荐 810
	浓碱液	水	逆流	350～650	推荐 470
	浓硫酸	水	逆流	760～1330	推荐 700
	辛烯酸	水	逆流	270～300	

参照《简明传热手册》，常用换热器的总传热系数大致范围为 $29～47W/(m^2 \cdot K)$。因此，旋板换热器传热系数根据实际经验结合估算选取 $K = 35W/(m^2 \cdot K)$。

对数平均温差 Δt_m：在换热器中，全逆流操作时的传热效果较好。对于螺旋板式换热器来说，Ⅰ型和Ⅱ型属于全逆流换热，Ⅲ型属于错流换热。所以，在计算对数平均温差的时候，Ⅰ型和Ⅱ型按逆流计算，Ⅲ型按错流计算。本研究不涉及错流操作，因此，在这里只按照逆流换热计算。

Ⅰ型和Ⅱ型逆流操作时的对数平均温差按下式计算。

$$\Delta t_m = \frac{(T_{i,h} - T_{o,c}) - (T_{o,h} - T_{i,c})}{\ln \dfrac{\tau_{i,h} - \tau_{o,c}}{\tau_{o,h} - \tau_{i,c}}} = \frac{\Delta t_s - \Delta t_z}{\ln \dfrac{\Delta t_s}{\Delta t_z}} \tag{3-37}$$

当 $\dfrac{1}{2} < \dfrac{\Delta t_1}{\Delta t_2} < 2$ 时，可以近似地用算术平均温差代替对数平均温差，其误差不到 4%，即：

$$\Delta t_m = \frac{\Delta t_s + \Delta t_z}{2}$$

对数平均温差 Δt_m：

$$\Delta t_{\mathrm{m}} = \frac{\Delta t_{\mathrm{s}} - \Delta t_{\mathrm{z}}}{\ln \dfrac{\Delta t_{\mathrm{s}}}{\Delta t_{\mathrm{z}}}} = \frac{610 - 90}{\ln \dfrac{610}{90}} = 294(^{\circ}\mathrm{C}) \tag{3-38}$$

式中　Δt_{s}——热源初始端温差，$\Delta t_{\mathrm{s}} = 700 - 90 = 610(^{\circ}\mathrm{C})$；

　　　Δt_{z}——热源终端温差，$\Delta t_{\mathrm{z}} = 270 - 20 = 250(^{\circ}\mathrm{C})$。

在确定出总传热系数 K、传热量 Q、对数平均温差 Δt_{m} 后，由基本传热方程 $Q = KF\Delta t_{\mathrm{m}}$ 可以求得传热面积 F，即，

$$F = \frac{Q}{K\Delta t_{\mathrm{m}}} \tag{3-39}$$

考虑到换热损失等因素，为了达到预期的传热效果，实际的传热面积应为理论计算传热面积的 1.1～1.2 倍，即：

$$F_{\text{实}} = (1.1 \sim 1.2)F \tag{3-40}$$

计算传热面积　　　$F = \dfrac{Q_{\mathrm{y}}}{K\Delta t_{\mathrm{m}}} = \dfrac{600000}{35 \times 294} = 58.3(\mathrm{m}^2)$

3. 热风出口流量

根据低温流体在换热器进、出口的温度要求和流量，计算换热器的换热量

$$H_{\mathrm{h}} = \frac{Q_{\mathrm{F}}}{v} c_{\mathrm{g}}'(t_2'' - t_2') \tag{3-41}$$

式中　H_{h}——换热量，kJ/h；

　　　Q_{F}——低温流体的流量，m^3/h；

　　　v——低温流体的比体积，m^3/kg；

　　　c_{g}'——干空气的比热容，$c_{\mathrm{g}}' = 1.005\,\mathrm{kJ/(kg \cdot {^{\circ}C})}$；

　　　t_2''——冷空气经换热后的温度，$^{\circ}\mathrm{C}$；

　　　t_2'——冷空气进入换热器的温度，$^{\circ}\mathrm{C}$。

计算得低温流体的流量为 $29733.4\,\mathrm{m}^3/\mathrm{h}$，流量取整为：

$$Q_{\mathrm{F}} = 3 \times 10^4\,\mathrm{m}^3/\mathrm{h}$$

在换热器的设计计算过程中应考虑以下两个问题：

① 确定流体流动路径。尽量是两流体呈全逆流流动，增加两流体的对数平均温差，以增加传热推动力，使内外圈螺旋板受力更加合理，即外圈承受较小的压力，内圈承受较大的压力，使螺旋通道易于清洗等。

② 流体流速的选择。尽量增加总的传热系数，减少换热面积及污垢沉积的可能性，同时要达到一个较小的压力降。

一般来说，通道越长所造成的沿程阻力就越大，而螺旋通道相对来说就较长，因此在选择流体流速时，要使通道内流体呈湍流状态，这样既能提高传热效率，也能降低阻力损失，减少动力消耗。下面给出了常用的流速范围经验数据，如表 3-4 所示。

表 3-4　换热器常用流速范围经验数据

介质种类	介质流速/(m/s)	介质种类	介质流速/(m/s)
一般液体	0.5~3	冷却水	0.7~2.5
常压气体	5~30	水蒸气	10~30
气液混合流体	2~6	油蒸气	5~15
低黏度油	0.8~1.8	高黏度油	0.5~1.5

流体流速 v(m/s) 的计算：通道截面积 $F=Hb$，则

$$v=\frac{Q_v}{F} \tag{3-42}$$

式中　Q_v——流体的体积流量，m^3/s；

　　　H——有效板宽，m，其值取决于换热面积和通道长度，设计时可先根据
　　　　　钢板规格选定；

　　　b——螺旋通道间距，m。

旋板式换热器主要设计参数如表 3-5 所示。

表 3-5　旋板式换热器主要设计参数

螺旋板宽度/mm	螺旋板厚度/mm	单台换热面积/m²	螺旋通道间距/mm	螺旋体外径/mm	中心管直径/mm	定距柱直径/mm	设计压力/Pa	设计温度/℃
150~1900	2~6	0.5~300	5~40	<3000	150~300	5~14	<2.5	-90~150

根据经验核算并选取热风流速为：$v_F=8$m/s。

4. 烟气出口流量

根据换热量 H_h 并考虑换热器造成的热损失计算高温流体（烟气）的质量流量 $\dfrac{Q_e}{v_e\eta}$(kg/h)。

$$\frac{Q_e}{v_e\eta}=\frac{H_h}{c_e(\Delta t'-\Delta t'')} \tag{3-43}$$

式中　Q_e——烟气流量，m^3/h；

　　　v_e——烟气的比体积，m^3/kg；

　　　η——换热效率，$\eta=0.8~0.9$；

　　　c_e——干炉气的比热容，取 $c_e\approx c_g'=1.005$kJ/(kg·℃)；

　　　$\Delta t'$——烟气进入换热器的温度，为 700~1000℃；

　　　$\Delta t''$——烟气离开换热器的温度，一般取 $\Delta t''$ 为 90~200℃。

南方地区可取低限，北方则应取高限，以防冬季烟囱里积存硫化物或结冰。

热源烟气主要由助燃空气带来的理论空气量和燃料燃烧后转化的炉气组成。计

算后圆整得：$Q_e = 6000 m^3/h$；根据经验核算并选取烟气流动速度为：$v_y = 13 m/s$。

5. 流路的当量直径 D_e

① 流路断面积。

烟侧流路当量断面积 $S_1 = \dfrac{Q_y}{v_y} = 6000 \div (3600 \times 13) = 0.128 (m^2)$；

风侧流路当量断面积 $S_2 = \dfrac{Q_F}{v_F} = 30000 \div (3600 \times 8) = 1.042 (m^2)$。

② 螺旋板换热器高度 $H = 3m$，共分 3 节，每节高度为 1m，选用规格钢板，便于制造和安装。

③ 计算螺旋通道的宽度。

烟道截面宽度：$b_1 = \dfrac{S_1}{H} = 0.064 (m)$；

风道截面宽度：$b_2 = \dfrac{S_2}{H} = 0.104 (m)$。

螺旋通道当量直径 $D_e (m)$：

$$D_e = 4 r_{水} = 4 \frac{F}{\Pi} \tag{3-44}$$

其中浸润周边 $\Pi = 2(H + b)$，所以通道当量直径 $D_e = 4 \dfrac{F}{\Pi} = \dfrac{2Hb}{H+b}$。

$$D_{e1} = 2b_1 \approx 0.12 (m)$$
$$D_{e2} = 2b_2 \approx 0.201 (m)$$

烟气和热风通道当量直径核算与公式(3-44) 一致。

6. 流体的定性温度

计算烟气 T_c 和热风 t_c：查《化学工程手册》，得温度差的校正因子为 0.215。因此，烟风两介质的定性温度为

$$T_c = 130 + 0.215 \times (700 - 130) = 252.6 (℃)$$
$$t_c = 20 + 0.215 \times (90 - 20) = 35.5 (℃)$$

7. 雷诺数

雷诺数的大小可以判断流体流动的状态，是选择传热系数计算公式的依据。

$$Re = \frac{Gd_s}{\mu} \quad 或 \quad Re = \frac{d_s w \rho}{\mu} \tag{3-45}$$

式中　G——流体的质量流速，$kg/(m^3 \cdot s)$；

　　　μ——流体的黏度，$Pa \cdot s$；

　　　w——流体流速，m/s；

ρ——流体密度，kg/m^3。

普朗特数是表示流体的动黏滞系数与热扩散率的比值，也是评价动量传递与热量传递比例效果的指标。

$$Pr = \frac{c_p \mu}{\lambda} \tag{3-46}$$

式中　c_p——流体的比定压热容，$J/(kg \cdot ℃)$；

λ——流体的热导率，$W/(m \cdot ℃)$。

① 烟气在定性温度252.6℃下的物性，查《简明传热手册》附录Ⅱ得：

黏度：$\eta_1 = 26.2 \times 10^{-6} kg/(m \cdot s) = 0.094 kg/(m \cdot h)$；

热导率：$\lambda = 4.54 \times 10^{-2} W/(m^2 \cdot ℃) = 3.89 \times 10^{-2} kcal/(m^2 \cdot h \cdot K)$；

密度：$\rho = 0.17 kg/m^3$；

比热容：$c = 1.104 kJ/(kg \cdot ℃) = 0.263 kcal/(kg \cdot ℃)$；

烟气质量流速：$G_1 = \dfrac{3624}{0.3317} = 15291 kg/(h \cdot m^2)$。

② 空气在定性温度35℃下的物性：由《农业物料干燥技术》附录查得

黏度：$\eta = v\rho = 0.017 kg/(m \cdot h)$；

$\qquad v = 15.8 \times 10^{-6} m^2/h$；

热导率：$\lambda = 0.0268 W/(m^2 \cdot ℃) = 0.023 kcal/(m^2 \cdot h \cdot K)$；

密度：$\rho = 1.15 kg/m^3$；

比热容：$c = 1.005 kJ/(kg \cdot K) = 0.24 kcal/(kg \cdot ℃)$；

空气质量流速：$G_2 = \dfrac{34055}{0.405} = 84086 [kg/(h \cdot m^2)]$；

综上所得，雷诺数 $Re = \dfrac{D_e G}{\eta}$。

$$Re_1 = \frac{0.16 \times 15291}{0.094} = 26027 [kg/(m^2 \cdot h)]$$

$$Re_2 = \frac{0.28 \times 84086}{0.017} = 1384946 [kg/(m^2 \cdot h)]$$

8. 传热系数

影响螺旋板式换热器传热系数的因素很多，计算公式也很多。大部分都是在圆形直管计算的基础上，用含有当量直径 D_e 的参数对圆形直管做出修正，得到螺旋通道传热系数的计算公式。

螺旋板长度根据流路长度确定为：$L = 10m$。

传热系数

$$\alpha = \frac{\lambda}{D_e} \left[0.0315 \left(\frac{D_e G}{\mu} \right)^{0.8} - 6.65 \times 10^{-7} \left(\frac{L}{\sigma} \right)^{1.8} \right] \left(\frac{c\mu}{\lambda} \right)^{0.25} \left(\frac{\eta}{\mu w} \right)^{0.17}$$

$$= \frac{3.89 \times 10^{-2}}{0.16} \left[0.0315 \times (26027)^{0.8} - 6.65 \times 10^{-7} \times \left(\frac{10}{0.08} \right)^{1.8} \right]$$

$$\left(\frac{0.263 \times 0.094}{3.89 \times 10^{-2}} \right)^{0.25} \left(\frac{\eta}{\mu w} \right)^{0.17}$$

$$= 24 \left(\frac{\eta}{\mu w} \right)^{0.17}$$

$\left(\frac{\eta}{\mu w} \right)^{0.17} = 0.8$，则

$$\alpha_1 = 19.2 \text{kcal}/(\text{m}^2 \cdot \text{h} \cdot ℃)$$

同理，$\alpha_2 = 65.3 \left(\frac{\eta}{\mu w} \right)^{0.17}$，　$\left(\frac{\eta}{\mu w} \right)^{0.17} = 0.7$，则

$$\alpha_2 = 45.7 \text{kcal}/(\text{m}^2 \cdot \text{h} \cdot ℃)$$

9. 管壁温度

$$t_w = t_c + \frac{\alpha_1}{\alpha_1 + \alpha_2} (T_c - t_c) = 35.5 + 0.7 \times 127.5 = 124.5(℃)$$

换热器中流体一般为液体、气体或气液混合物，这些流体一般都含有杂质或有腐蚀性，易形成污垢热阻。污垢对换热器的总传热系数有一定的影响，而螺旋板式换热器由于具有自洁能力，所以其污垢热阻和管壳式换热器相比较小。目前管壳式换热器的污垢热阻研究得较为全面，有了较为完整的参考系数，而螺旋板式换热器却还没有。因此，螺旋板式换热器在选择污垢系数时可参考管壳式换热器，选取略小于管壳式换热器的即可。在实际设计过程中，为了便于计算总传热系数，一般参考《换热器设计手册》预先选择一个传热系数。

10. 流路长度及中心管直径

在求出了传热面积之后，就可以计算螺旋板长度（流路长度），螺旋板长度 L 的计算：

$$L = \frac{F}{2H} \tag{3-47}$$

式中　H——螺旋板宽度（一般为预先选定的），m。

螺旋板流路长度：

$$L = \frac{F}{2H} = \frac{58.3}{2 \times 3} = 9.72(\text{m})$$

圆整得 $L = 10$m。

中心管直径：$D = \left(\frac{10000}{3600 \times 13 \times 3.14} \right)^{\frac{1}{2}} \times 2 = 0.5(\text{m})$。

11. 螺旋圈数及螺旋板外径

螺旋圈数：

$$N_c = \frac{-\left(D_1 + \frac{\delta_1 + \delta_2}{2}\right) + \sqrt{D_1 + \left(\frac{\delta_1 + \delta_2}{2}\right)^2 + \frac{4L}{\pi}(\delta_1 + \delta_2 + 2t_s)}}{\delta_1 + \delta_2 + 2t_s} \tag{3-48}$$

$$= \frac{-\left(0.5 + \frac{0.08 + 0.14}{2}\right) + \sqrt{0.5 + \left(\frac{0.08 + 0.14}{2}\right)^2 + \frac{4 \times 10}{\pi}(0.08 + 0.14 + 2 \times 2.3)}}{0.08 + 0.14 + 2 \times 2.3}$$

$$= 1.5$$

螺旋板换热器的外径:

$$D_{max} = [D_1 + (\delta_1 + t_s) + N_c(\delta_1 + \delta_2 + 2t_s)] \times 2 \tag{3-49}$$

$$= (0.52 + 0.082 + 5 \times 0.2246) \times 2$$

$$= 3.45(m)$$

12. 确定其他尺寸

(1) 冷风进口的口径尺寸

热风出口的流量 $v = 30000 \text{m}^3/\text{h}$;

干空气在 0℃时, $V_0 = 1.293 \text{kg/m}^3$;

$t = 90℃$时, $V = 353/(273 + t)$, 从而得到, $V = 0.973 \text{kg/m}^3$。

热风质量: $m_1 = Vv = 29190(\text{kg/h})$;

则所需进的冷风质量为: $m_2 = 8.11 \text{kg/s}$;

20℃时, $V_气 = \frac{353}{273 + 20} = 1.205(\text{kg/m}^3)$;

即得, $V_冷 = \frac{8.11}{1.205} = 6.73(\text{m}^3/\text{s})$;

据经验数据, 取冷风进口风速 $V_冷 = 15 \text{m/s}$, 所以:

$$S_{冷风口} = \frac{V_冷}{v_冷} = \frac{6.73}{15} = 0.45(\text{m}^2) \tag{3-50}$$

选取冷风进口口径为: $0.5\text{m} \times 0.9\text{m}$。

(2) 烟气出口口径

烟气质量为

$$M_烟 = 3624 \text{kg/h} = 1.007 \text{kg/s}$$

由于烟气在三节换热器中并联流出, 故烟气出口选择 $350\text{mm} \times 350\text{mm}$ 即可。

螺旋板式换热器的结构, 是由钢板焊接而成的具有一对螺旋通道的圆柱体。在设计中选用混合型, 那将螺旋体的一端全部焊死, 而另一端有一个通道也是焊死的, 仅留另一个通道的端面烟气通道敞开, 便于清洗。

为保证两个螺旋通道的间隙一定, 在螺旋通道内加入定距柱, 事先焊在钢板上, 不仅保证螺旋通道间隙一定, 而且还承受操作压力, 并在强化传热方面起明显作用。

（3）换热器的换热效率

根据换热原理，结合焓湿图中热量的转化关系，确定换热过程的状态点，从而
获得热能的增量，计算出实际换热量，并
得出换热效率。

换热前冷空气（1点）$t_1=20℃$，$\varphi_1=70\%$；换热后热空气（2点）$t_2=90℃$。

对1点，空气中湿含量 10kg/kg$_{干空气}$，
由于干空气的含湿量在换热过程中不变，
所以当温度升到90℃时，可在图3-12中找
到2点，得：

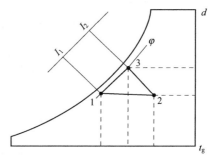

图 3-12　换热过程

$I_1=45\times10^3$（J/kg）；

$I_2=115\times10^3$（J/kg）；

$\Delta I=I_2-I_1=70\times10^3$（J/kg）；

热风量为 30000m³/h。

90℃条件下，热空气密度 $\rho=0.973$kg/m³；

热风质量：$m=30000\times0.973=29190$（kg）；

实际换热量：$Q_实=29190\times70\times10^3\div412=49.59\times10^5$（kcal/h）；

因此，换热器的实际换热效率：$\xi=\dfrac{49.59}{60}=82.65\%$。

13. 旋板式换热器的压力损失

由于旋板式换热器的换热通道截面是矩形弯曲的，且弯曲的直径还是变化的，
因此其传热系数和压力降还没有确切的科学数据。目前所使用的计算公式是综合一
些经验和实验数据的估算式。

旋板式换热器的压力损失包括通道阻力和进出口的局部阻力。流体阻力的大小
和动力消耗相关，阻力过大即表示动力消耗过大，所付出的成本也会相应提升，所
以要控制阻力降。随着近年来对换热器研究的深入，在圆形及方形或长宽比不大的
矩形截面的通道中，其流体压力降已有成熟的算法。但旋板式换热器矩形通道的长
宽比较大，且是弯曲的，曲率半径是变化的，还有定距柱，所以流体在其中的压力
降相应地也比直管道中大，一般只能用试验的方法测定。

由于螺旋板式换热器结构相对复杂，所以一般以通道当量直径作为圆管的直
径，按 Fanning 公式计算之值乘以系数 η。

$$\Delta p=\dfrac{2fLw^2\rho}{d_s}\eta \qquad (3\text{-}51)$$

式中　f——摩擦系数，对于钢管 $f=0.055Re^{-0.2}$，或由 f 和 Re 图查得；

　　　η——系数，与流速、定距柱直径和间距有关，$\eta=2\sim3$；

　　　L——旋板流路长度，m；

w——流体流速，m/s；

ρ——流体密度，kg/m^3；

d_s——当量直径，m。

当考虑黏度影响时，压力降可由下式计算：

$$\Delta p = \left(\frac{4f}{2g}\right)\left(\frac{G^2}{\rho}\right)\left(\frac{L}{d_e}\right)\left(\frac{\mu_w}{\mu}\right)^{0.14} \tag{3-52}$$

或

$$\Delta p = \frac{2fLw^2\rho}{d_e}\left(\frac{\mu_w}{\mu}\right)^{0.14} \tag{3-53}$$

式中 μ_w——流体壁面温度下的黏度，Pa·s；

μ——流体定温条件下的黏度，Pa·s；

G——流体的质量流速，kg/(m^2·s)。

式中，摩擦系数 f 可近似采用流体流经圆管时的摩擦系数，其值可由 f 和 Re 图查得。但在查图时所需的雷诺数 Re 应当以 d_e 带入公式。

大连理工大学等在考虑了定距柱影响因素后，归纳出了流体压力降的计算公式。

① 流体为液体时的压力降计算公式。

$$\Delta p = \left(\frac{L}{d_e}\frac{0.365}{Re0.25} + 0.0153Ln_0 + 4\right)\frac{w^2\rho}{2} \tag{3-54}$$

式中，n_0 为单位面积上的定距柱，个/m^2。

由上式可以看出，流体压力降由弯曲通道、定距柱、进出口管三部分压力降组成。

② 流体为气体时的压力降计算公式。

$$\Delta p = \frac{G^2}{\rho_m}\left(\ln\frac{p_1}{p_2} + 2f_0\frac{L}{d_e}\right) \tag{3-55}$$

式中 ρ_m——流体的平均密度，kg/m^3；

G——质量流速，kg/(m^2·s)；

p_1，p_2——进、出口的压力，Pa；

f_0——系数，当 $n_0 = 116$ 时，$f_0 = 0.022$。

③ 流体作螺旋流动时的压力降计算公式。

湍流范围，当 $Re > Re_1$ 时

$$\Delta p = 0.591\frac{L}{\rho}\left(\frac{W}{bH}\right)\left[\frac{0.55}{b+0.00318}\left(\frac{\mu H}{W}\right)^{\frac{1}{3}}\left(\frac{\mu_w}{\mu}\right)^{0.17} + 1.5 + \frac{5}{L}\right] \tag{3-56}$$

式中 Re_1——临界雷诺数，$Re_1 = 20000$；

b——螺旋通道间距，m；

H——螺旋板有效宽度，m；

W——流体的质量流量，kg/s；

1.5——当定距柱个数 $n_0 = 194$ 个$/\text{m}^2$ 时的值，若定距柱个数变化，则 1.5 也会变化。

层流范围，当 $100 < Re < Re_1$ 时

$$\Delta p = 0.591 \frac{L}{\rho}\left(\frac{W}{bH}\right)\left[\frac{0.55}{b+0.00318}\left(\frac{\mu H}{W}\right)^{\frac{1}{2}}\left(\frac{\mu_\text{w}}{\mu}\right)^{0.17} + 1.5 + \frac{5}{L}\right] \quad (3\text{-}57)$$

式中，1.5 是根据定距柱个数和管子直径确定的值。

当 $Re < 100$ 时，按下式计算：

$$\Delta p = 56.557 \frac{L}{\rho}\left(\frac{W}{bH}\right)\left(\frac{\mu}{b^{1.75}}\right) \quad (3\text{-}58)$$

四、风机选配

（1）风机的选择

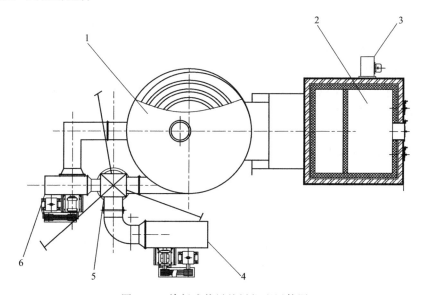

图 3-13　旋板式热风炉风机配置简图

1—旋板换热器；2—燃烧室；3—助燃风机；4—引风机；5—烟囱；6—鼓风机

旋板式热风炉风机配置简图如图 3-13 所示。根据螺旋板式换热器的压力损失，计算气流通过换热器的流体阻力 h。

$$h = K \frac{w_0^2 p}{2}\rho_0(1+\beta_\text{t})\left(\frac{l}{d}\right)\left(\frac{T_\text{q}}{T_\text{b}}\right)^{0.583} \quad (3\text{-}59)$$

式中　K——阻力系数，$K = 0.04\left(\dfrac{1}{d}\right)^{0.25} = 0.02$；

w_0——标态空气流速，$w_0 = 13\text{m/s}$；

ρ_0——标态空气密度，$\rho_0 = 1.293\text{kg/m}^3$；

β_t——气体膨胀系数，$\beta_t = \dfrac{1}{273}$；

t——气体温度，$t = 700\text{℃}$；

l——管长，$l = 10\text{m}$；

d——管道当量直径，$d = 0.16\text{m}$；

T_q——气流在整个管路长度上的平均温度，$T_q = 252.55 + 273 = 525.55(\text{K})$；

T_b——气流在整个管壁上的平均温度，$T_b = 124.5 + 273 = 397.5(\text{K})$。

（2）压力损失

整个风机的压力损失为：$628 + 800 = 1428(\text{Pa})$。

（3）风机选配

① 助燃引风机。助燃风机选型为 4-72-12NO.2.8A，风压为 800mmH$_2$O，风量为 1970m^2/h；电动机选型为 Y90S-2(E35)，功率为 1.5kW。

② 引风机选型。风压为 $1412.5 + 628 = 2040.5(\text{Pa}) = 150\text{mmH}_2\text{O}$；风量为 30000m^3/h，全压 182mmH$_2$O；引风机选型为 4-72-12NO.10C；电动机选型为 Y200L-4，功率为 30kW。

③ 鼓风机选型。风压为 $800 + 624 = 1424(\text{Pa}) = 120\text{mmH}_2\text{O}$；风量为 6000m^3/h；风机选型为 Y5-47NO.6C，全压为 184mmH$_2$O；电动机选型为 Y160M2-2，功率为 15kW，三角皮带为 B5-2273。

五、烟囱的设计

由于烟囱采用鼓风机强制通风，所以烟囱的高度稍高于烘干机即可。在设计过程中，为了满足热风量空气通过烟囱在换热器中串流，烟囱设计为双层，内径为 400mm，外径为 800mm；内部走烟气，外部走空气，空气可以吸收废烟气的余热，有利于提高换热效率。其材质为 Q235 钢，外壁 2mm 厚，内壁 1.5mm 厚。为加强烟囱的稳固性，烟囱上加三道风绳，互为 120°。$H_{\text{烟囱}} = 6\text{m}$，强通风速度 $v = 5.5\text{m/s}$。得：

$$D_{\text{烟囱}} = \sqrt{\dfrac{3624}{3600 \times 10 \times 3.14 \times 0.92}} \times 2 = 0.5(\text{m}) = 500\text{mm}$$

双层烟囱的数值：$D_{\max} = 800\text{mm}$，$D_{\min} = 400\text{mm}$。

第三节　热管式换热器

一、概述

通俗来说，热管就是把金属管抽成真空，注入工作液体，然后封住口，使其能够把热能从其中一端输送到另一端。早期对热管概念的叙述是在 1962 年，特雷费森在向通用电气公司提交的报告中，提出了一种可以在宇宙飞船中应用的无动力传热装置。这个装置由一根空心管组成，其内表面覆盖有一层多孔衬套，利用毛细作用引起连续质量循环，把能量从管子的一端传递到另一端。这段话不仅是对热管概念的一个深刻描述，而且也是一个发明创造。可是这一发明，由于没有及时用试验来证实，结果被悄悄地放置在公司的档案中。1964 年洛斯阿拉莫斯科学实验室的格罗费等人独立地重新提出了类似的传热装置，并给了它一个新的名称叫作热管。接着有人给热管下了一个定义：在一个密闭结构中装有若干工质，借助于液体的蒸发，蒸气的输送和冷凝，然后靠毛细作用使冷凝液从冷凝段返回到蒸发段，用这种办法把热能从结构的一部分传递给另一部分，这样一种结构就构成热管。

现在，我们制造的热管，一般都是采用各种密封金属管的结构，管中装有若干工质，但在装工质以前必须在密封的管子中形成真空，可采用真空泵抽，或是用煮沸法形成真空。工质在输送热能之前要由液态变为气态，否则是不能输送热能的。工质把热能从热管的一端输送到另一端之后，工质重新冷凝成液态，然后靠毛细作用使冷凝液从冷凝段返回到蒸发段，这对于处在水平工作位置和与水平成很小夹角以及冷凝段在加热段下面的热管来说是必要的。但对处于垂直工作位置的热管或者处于与水平位置夹角比较大的热管来说可以没有毛细结构，这时热管内工质的回流要靠重力回流，如图 3-14(a) 所示。目前我国余热利用节能减排中应用的热管大部分是这种热管。虽然没有毛细结构的热管在工质回流的均匀性等方面远不如有毛细结构的热管，但热管的制造工艺性和热管的制造成本等比有毛细结构的热管要优越得多。图 3-14(b) 与 (a) 的不同点是在热管的内壁四周上设有叫作输液芯（也叫吸液芯）的构造，这种热管的工质回流依靠输液芯，不受位置的限制。

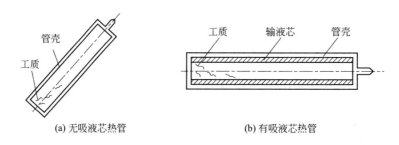

(a) 无吸液芯热管　　　　　　　　　　(b) 有吸液芯热管

图 3-14　热管结构

二、热管的结构

热管从纵向来看可以分为三段，即蒸发段、绝热段和冷凝段，如图 3-15 所示。有时也把热管的加热段叫作蒸发器，冷凝段叫作凝结器，绝热段叫作传送段。传送段作为流体的通道，把蒸发器（热源）与凝结器（冷源）分隔开。热管绝热段的长度可长可短；其材料可以与管壳一样，也可以不一样；材料可以是刚性的，也可以是柔性的。这样使热管能适应布置为任意需要的几何形状，这样的热管称为分离式热管。工业上节能热管和余热利用热管的绝热段是比较短的，只是管壳的一小段，但是，这一小段绝热段仍然把加热段与冷凝段分隔开，而且在此处还得把通过加热段的热流体与通过冷凝段的冷流体分隔开。所以，热管的密封环都放在绝热段里，显然，热管膨胀的相对"死点"也应该在这里。

从热管的径向方向来看也可以将热管分为三个组成部分，即管壳、吸液芯和蒸气空间。对一般热管来说，热流体从热源至热管总要先经过管壳。如果把热管传送能量的过程假设成一条热流线的话，那么这条热流线的途径一定是先经过管壳、吸液芯、蒸气空间，然后再由蒸气空间经吸液芯和管壳离开热管。在气-气热管换热器中的热管为了增加其换热能力一般都是带有翅片的，如图 3-15 所示。

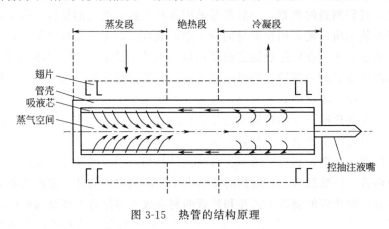

图 3-15　热管的结构原理

1. 管壳

管壳通常被称作"容器"，容器的机械作用是封闭热管中的工作流体，并且增加结构的刚性。因为管壳内的工作压力与管壳外的环境压力之间相差很大，因此，管壳必须能承受压力差而不至于变形或破裂。管壳除了承受压力差之外还是热流体的一段必经之路。因此，管壳热阻的大小也是影响传热的重要一环。从承压角度而言，管壳壁厚一些好；而从传热的角度而言，管壳壁薄一些好。

目前，热管采用金属圆管，一般外径的范围为 25～42mm，管壳壁厚为 1.5～3mm。用相应尺寸的端盖通过焊接封住管子的两端，平时要防止空气漏入管内，以免管内的真空遭到破坏。热管工作时，管内要产生很高的温度，即工质的饱和蒸气温度；相应地产生很高的压力，即工质的饱和蒸气压力，饱和蒸气压力与饱和蒸气温度以一定的关系联系着。如以水为工质的热管，在管内温度为 250℃时，其相应的压力为 40.56kgf/cm² (1kgf=9.81N)，这么高的压力就要由管壳来承受了。管壳材料要根据热管使用的温度范围和工作液体的性质来综合考虑加以选定，一般管壳的材料有铝、铜、钢和不锈钢等。

目前在工业上常用的低、中温范围内以水为工质的热管，其管壳一般常用钢-

铜复合管。这里，铜作衬套，它一般有两个用途：一是用铜作衬套把工质水和管壳钢分隔开来，因为铜与水是化学相容的，而水与钢是化学不相容的；二是在以铜作衬套的内壁上拉毛细结构槽道比较方便。如在较低环境温度工作的热管，其管材可以选为全铜管材，但这时热管管壳的温度一般不超过 220℃。如热管工作的环境温度再低时，可以选用铝为管壳材料。如在以水为工质的工作液体中加入了缓蚀剂，可以使这种水溶液与钢长期在高温接触下不发生或基本不发生化学反应，不产生或基本不产生不凝气体。这时，可以选无缝碳钢管作为管壳材料，使热管的重量和造价等指标有所下降。如热管的环境工作温度很高，这时不仅工质要换，而且相应的管壳材料也要换。如钠热管，其工质为钠，这时的管壳材料就要采用不锈钢了。管壳的材质、薄厚的选择不仅要从承受压力、减小热阻上考虑，还要从价格的高低方面加以综合考虑，对一般工业上应用的热管换热器来说，其成本的高低也是非常重要的。因此，需要选择一个相对满意的材质和厚度。有翅片的热管强度的薄弱环节不是在中间，而是在两端盖的焊接处。因此，管壳可以选得薄一些，在两端盖焊接处可以设法加强。

2. 吸液芯

带吸液芯的热管内工质的流动是利用毛细结构来保证的。在热管管壳内壁安放金属丝网、多孔金属，以及在内壁上面拉槽（轴向槽或周向槽道等），起到毛细泵的作用，都能将工质从冷凝段输送到蒸发段。如以多孔物质作为吸液芯，吸液芯内被许多任意相互连接的毛细管通路充满着；吸液芯通常紧贴或者挤压在容器内壁上，利用液体的表面张力从凝结段将液体送回到加热段。如吸液芯由低热导率的工质浸透，吸液芯与流体层通常在热流线路上出现较大的阻力。因此，在选择吸液芯时，考虑导热性质及流体的传输性质是必要的。

3. 蒸气空间

热管内的蒸气空间是蒸气输送能量的通道。蒸气能否在蒸气通道中高效率地传递能量也取决于蒸气的流动，而蒸气空间里蒸气的流动是很复杂的双相流动。

4. 翅片

在工业上应用的热管，特别是气-气换热器热管，无论是加热段或冷凝段，都在管壳的外表面绕上翅片或串上翅片，这样做是为了增加热管的传热能力。加上中等高度翅片的热管翅化比，即翅片表面积与光管外表面积的比值，一般在 6～10。这样可以大大提高热管的传热能力。

三、热管的工作原理与准则

热管是一种新型传热元件，无论什么形式的热管都是一个换热元件或利用换热进行控制或开关的元件。热管与其他形式的换热元件相比，具有传热系数高、传递热量大、等温性能好、温度范围广的特点。

1. 热管的工作原理

热管是一个封闭容器，为了使热管能够很快地启动和很好地工作，要求管内始终保持一定的真空度，需从封闭容器内抽出不凝结气体，形成真空。管内装有一定量的能够汽化的液体，并装有起毛细作用的吸液芯。管内工作液体在加热段吸热沸腾后汽化，蒸气带着大量的热能进入冷凝段，进行冷凝放热，把大量的热能传递给了冷凝段的冷流体。工作液体完成了把能量从加热段输送到冷凝段之后，以液态形式在吸液芯毛细结构的抽吸下，重新返回到加热段。重复这一过程，形成循环使热管连续不断地工作，不断地传递热能。

2. 热管设计准则

热管构造的三要素是工作液体或工质、吸液芯或毛细结构、管壳。这三要素有机地组合是热管进行正常工作的基础。

（1）工质的选取

确定一种合适的工质之前，首先要考虑蒸气运行的温度范围。为了确定所采用的工质最佳，必须考察其如下特性。

① 工质与管芯和管壳材料的相容性；

② 热稳定性能是否好；

③ 工质能润湿管芯和管壳材料；

④ 在运行温度范围内，蒸气压力不是太高或者太低；

⑤ 汽化潜热大；

⑥ 热导率高；

⑦ 工质液相和蒸气相的黏度低；

⑧ 表面张力大；

⑨ 冰点或凝固点要适当；

⑩ 安全性要高。

除了以上要求，还必须根据与热管内热流所受到的各种限制有关的热力学原理来考虑选择工质。一只热管能否长期运行、能否稳定地工作等问题都直接与材料的不相容性有关，这一点下面要详细地讨论。然而，工质的热性能在使用过程中有可能降低（退化），还要防止工质液体分解，因此，要求工质必须在整个可能运行的温度范围内热稳定性好。

在设计热管时，为了使它能够克服重力，并产生较大的毛细驱动力，希望表面张力大一些。此外，还必须使工质润湿管芯和管壳材料。

在运行的温度范围内蒸气压力必须大，以避免蒸气速度过大。因为蒸气速度大会使温度梯度大，又能把与之反向流动的冷凝液携带走，或者还会由于可压缩性引起流动不稳定。但是，压力也不能太高，太高必须用厚壁管壳。希望工质的汽化潜热大，以便用少量的液流来传递大量热量，从而保持管内的压差小。

工质的热导率越大越好，这是为了减小径向温度梯度，以及减少在管芯与管壳交界面上产生沸腾的可能性。如果热管的工作温度在 1000℃ 以上，通常选用锂作工质，也可以用银作工质。

（2）管芯设计

热管管芯的选择也与很多因素有关，但主要是与工质的性质紧密相关。管芯的主要作用是产生毛细压差，把工质从冷凝段输送到蒸发段，此外，还必须能把液体分布到蒸发段上可能吸热的任何范围内。尤其是在失重的情况下，当冷凝液回流的距离超过 1m 时，常常需要使用不同形式的管芯才能起到这两个作用。

管芯产生的最大毛细压差，随毛细孔的减小而增加；对管芯要求的另一个特性，即渗透率，它随毛细孔的增大而增加，故均匀管芯的最佳毛细孔尺寸是两者折中的结果。从这个意义上讲，管芯有三种主要形式：水平放置的热管和重力辅助式热管采用低性能管芯，它具有较大的毛细孔；在需克服重力的场合下，需要小毛细孔；通常要求热管的传热能力高，故必须采用均匀的管芯或干道管芯，并且用细孔结构来辅助促使液体的轴向流动。

管芯的厚度应适当。增加管芯的厚度可以提高热管的传热能力，但是却增加了管芯的径向热阻，又使传热能力降低，于是蒸发段容许的最大热通量也随之降低。蒸发段的总热阻还与管芯内工质的放热系数有关。管芯还必须具有其他方面的一些重要性能，如与工质的相容性和润湿性、易于制作成和热管内壁一样并且最好是性能稳定的形状。此外，造价也应便宜。

（3）管壳设计

管壳的作用是把工质与外界隔开，因此管壳的作用是防漏、承压、能向工质传热以及把工质的热量传出。管壳材料的选定与以下几种因素有关。

① 相容性：包括与工质以及外界环境两方面的相容性；

② 强度与质量之比；

③ 传热系数；

④ 易于加工，包括可焊性、机械加工性及延展性；

⑤ 润湿性。

热管壳体材料、吸液芯结构材料及工作液体应根据热管的任务和工作条件来选择。因为热管应用的温度范围很广，用于各种场合，结构材料和工作液体的选择范围也很广。热管结构材料和工作液体间的相容性问题对热管长期工作寿命有决定性的影响。因此，正确选择热管的材料十分重要。

（4）相容性原则

不相容引起的后果主要有两个：一是腐蚀材料，二是产生不凝结气体。如果管壳或管芯材料溶解于工质中，则在冷凝段和蒸发段之间可能会发生传质。溶解的固体材料沉积到蒸发段内，将导致产生局部热点或者堵住管芯的毛细孔，产生不凝结气体。这些是热管出故障最常见的迹象。由于不凝结气体趋向于聚集到冷凝段，因此使冷凝段逐渐被气体堵塞。

很多试验室进行过热管寿命试验，但是由于采用不同的组装方法，每个试验室取得的寿命试验数据可能不尽相同。例如采用非标准的材料，就可能得出不同的腐蚀或产生不凝结气体的特性。因此，无论是改变清洗方法或者是改变热管组装方法，都应重新取得相容性的数据，这一点是很重要的。从相容性的观点看，以丙酮、氨和金属为工质时，不锈钢适于作管壳和管芯材料，但其缺点是热导率低。而铜和铝则可用于需要热导率高的地方，铜特别适合于作批量生产的水热管的材料。塑料也可被用来作管壳材料，并且在非常高的温度下采用陶瓷这类耐熔材料作热管管壳已被认真考虑过。为了使管壳产生一定的挠性，采用不锈钢波纹管；在要求电绝缘的情况下，采用陶瓷或玻璃与金属封接材料作管壳。当然，这种管壳必须和不导电的管芯和工质配合使用。

四、热管节能换热器分类

目前，在我国已经开始应用的热管换热器是以新型高效传热元件——热管组成的换热设备。这种热管换热器具有体积小、重量轻、可拆卸、不容易积灰积垢、清洗方便等优点，特别适合于在运输式动力设备上和小型锅炉以及各种小型窑炉尾部烟道中应用。

1. 气-气热管换热器

气-气热管换热器大多数为矩形，其基本构造如图 3-16 所示。其由热管、中间隔板和壳体等部件组成。中间隔板把热管管束分为蒸发段和冷凝段两部分，这两部分的外表面上都装设有翅片，以增大传热面积，尽可能地减小换热器体积。气体流动一般是逆向的，当高温气体流过热管蒸发段时，热管内部工作液体蒸发产生的蒸

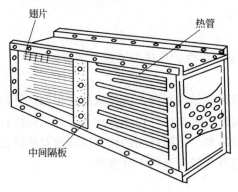

图 3-16　气-气热管换热器基本构造

气流到冷凝段放热，使低温气体获得热量，达到传热的目的，这种热管换热器普遍用于工业炉等的排气热回收系统中。

2. 气-液热管换热器

气-液热管换热器多用于小型锅炉上，作为省煤器回收余热，非常经济。但需注意的是低温腐蚀问题，气-液热管换热器如图 3-17 所示。给水室可以是圆形或矩形的，从排气端把热管插入，每根热管可单独更换。排气端管壁设有翅片，给水室内的管端不设翅片。吹灰装置是在翅片管空间移动的喷出管，使用蒸汽或压缩空气进行吹灰。

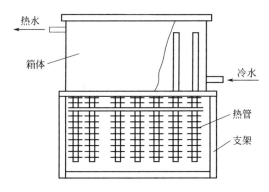

图 3-17　气-液热管换热器基本构造

3. 气-汽热管换热器

气-汽热管换热器的热管冷凝段安装在沸水器内，如图 3-18 所示。热管的蒸发段插入各种锅炉和窑炉等的排烟道中，通过热管进行热量传递。将冷水加热至100℃，从而获得所需要的沸水。也可以把冷水加热到 100℃ 以上，如 125℃ 的蒸汽，相应于 125Pa 蒸汽的压力为 2.5kgf/cm^2（绝对压力）。这时，冷凝段水箱就成为一个压力容器了。

五、热管节能换热器的应用

热力设备在人们的生活和生产中是到处可见的，一般情况下，热力设备越老旧，它的热效率越低；设备越小，它的热效率越低。例如燃气轮机动力装置的热效率一般可以达到 20％ 左右，蒸汽轮机动力装置的热效率可以达到 30％～35％，内燃机动力装置的热效率可以更高一些。但是，最古老的动力装置——蒸汽机的热效率目前最好的水平为 10％，船用蒸汽机的热效率有的可达到 10％，而蒸汽机车的热效率最好的才能达到 8％。另外，像各种窑炉，如锻造炉的热效率也就是 5％～6％。

热力设备热效率低是由其构造形式和工作方式决定的。但从热能浪费的角度来

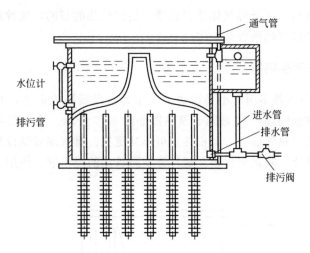

图 3-18　气-汽热管换热器基本构造

看，大部分是通过放气、散热和排烟等渠道把热能浪费掉了。其中，排烟损失热量是最主要的。一般认为热力设备尾部的排烟温度越高，损失的能量就越多，其热效率就越低。

热管是基本换热元件，每只热管都是独立、可拆卸的。壳体的作用是把热管支撑和包围起来，组成通道，一般分为两部分，加热段壳体与冷却段壳体；前者与热流体通道相连接，后者与冷流体通道相连接。热管的排列方式是通过隔板来实现的。隔板把热管分隔成加热段和冷却段，热流体（烟气）从加热段经过，冷流体（空气或水）从冷却段经过，热量通过热管中的工作介质，由热流体传给冷流体。隔板把热流体和冷流体分开，只允许冷、热流体之间热量传递，不允许它们之间掺混。

1. 热管在蒸汽机车上的应用

我国运行的蒸汽机车主要以煤炭为主，且数量多，每台蒸汽机车每年耗煤量约为 3000～5000t，蒸汽机车每年的总耗煤量相当大。因此，在蒸汽机车上节煤具有极其重要的意义。

应用热管空气预热器回收排烟的余热来加热空气，然后通到炉膛里助燃，可以提高燃烧温度和燃烧效率，从而提高蒸汽机车锅炉的出力，这样，可以提高蒸汽机车的技术速度，解决蒸汽机车冬季运行晚点的问题。另外，由于提高了燃烧温度还可以使煤炭燃烧得更完全，基本不冒黑烟、不冒火星、减少二氧化碳的排放，不排黑色灰渣等，不仅节省煤，还大大改善排烟污染环境。

2. 高效热管换热器在氮肥中的应用

氮肥厂能耗高的主要原因是造气炉燃烧时要消耗一部分煤，制气时需要由锅

炉供给蒸汽，锅炉还要消耗一部分煤。而造气炉吹风排烟时温度很高，在 900℃
以上，如将这部分排烟中的余热进行回收，可以获得大量有用的能量。将这部分
热量中的一部分通过热管余热锅炉加热水可产生温度为 120℃ 的饱和蒸汽，然后
去蒸汽过热器，过热到 300℃ 以上，就可以供制气用，省掉一台蒸汽锅炉和锅炉
的用煤，从而实现"两煤变一煤"，解决了氮肥厂造气过程蒸汽自给的问题。

热管余热锅炉具有体积小、重量轻的特点，使用时占地面积小，不需要建造
锅炉房，可节省大量的建筑材料和工时费。热管余热锅炉在氮肥厂燃烧炉排烟中进
行余热回收的工业应用实践证明，由于热管余热锅炉中热管的壁温高，与常规余热
回收装置相比，不易积灰、不易结垢和不易腐蚀。另外，热管表面的积灰和结垢比
较松软，非常容易清理，用风吹或水冲，都可以清除干净。

3. 热管换热器在热风炉中的应用

依据科学分析与试验研究，在热风炉上应用热管空气预热器从排烟中回收热
量，去加热进入炉膛的空气方案是可行的。近年来在粮食干燥领域研制出了一种热
管式热风炉，其炉体为卧式，采用两组换热器串联工作，第一组换热器为热管式，
第二组换热器为列管式。其结构如图 3-19 所示。

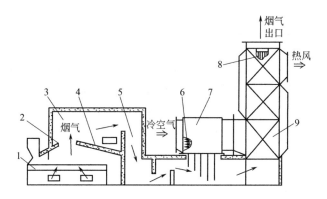

图 3-19 热管式热风炉结构简图

1—往复炉排；2—前拱；3—炉壁；4—后拱；5—沉降室；6—热管；
7—热管换热器；8—碳钢管；9—列管式换热器

热管式热风炉的热效率高于普通热风炉，达到 72% 以上，金属消耗量较少，
但其制造成本较一般热风炉高 1.5～2 倍。在热管式换热器上、下风道中装有若
干根换热的热管（图 3-20），在真空状态下充入该热管内少量工质，热管内的工
质在真空状态极易蒸发。当下风道有热烟流过时，烟气的加热可使管内的水迅速
蒸发并冲向热管的上部，其上部处于冷风道之中，则管内的蒸汽急剧冷凝成水，
以相变潜热和显热向管壁传递热量，使上风道的冷空气迅速加热；此后冷凝水又
流回下部，由于下部的烟气加热又连续蒸发和连续冷凝，如此利用热管内水的循
环相变换热实现烟气与空气的热量交换。由于热管是相变换热，其换热系数较大

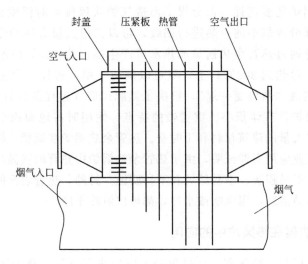

图 3-20 热管式换热器示意图

（为间壁换热的 60 倍），所以称为高效换热元件。该换热器下风道内前、后排热管长度不等，其目的是为了适应烟温逐渐下降而保持各热管接受热量相等的最佳换热参数关系。

4. 热管在省煤器和空气预热器中的应用

省煤器和空气预热器对大型锅炉来说是不可缺少的设备，但是在中小型锅炉上并不常见。在小型锅炉改造的基础上，如排烟中热量的利用还有很大的潜力。小型快装锅炉的排烟温度在 220～280℃，其排烟损失为 0%～15%。利用热管省煤器从排烟中回收放走热量的 20% 左右是可实现的，这样可提高锅炉热效率 2%～3%。热管省煤器已有应用，目前人们为了提高中小型锅炉热效率，开始装置体积小的热管空气预热器。热管空气预热器的优点如下：

① 没有驱动部分，不需要电能；

② 没有驱动部分，故障少，附属设备少，施工、维修方便；

③ 热能回收率高；

④ 压力损失小；

⑤ 无论在送风侧还是排烟侧，都能增大二次传热面积，能够大大地减小体积，而且质量轻；

⑥ 排出烟气和送风流程分开，互不相混；

⑦ 结构简单，能够根据要求选择热管的根数和传热面积。

热管空气预热器，一般管内以水作为工质，管外装有翅片，多根热管按一定方式排列，中间有隔板，两端固定在框架上构成流体回路，流体逆向流动。当高温烟气流入时，通过管壁加热内部流体。产生的蒸汽向低温的送风侧流动，通过管壁向外部空气传热，放出汽化潜热，凝结成水。凝结水回流，形成一次热管循环。通过这种循环使高温烟气向低温送风传热。这时，热管的传热效率非常高，热阻小到可以忽略的程度，犹如隔着一层薄金属板。设计时，可以把它看成是隔着一层薄金属板的热交换器来粗略计算。

为了最大限度地回收余热，把热管空气预热器的容量做得和锅炉最大负荷的蒸发量相适应。锅炉的燃料是煤油和瓦斯气时，计划回收排烟余热的 30％～60％，从而使锅炉效率提高 3％～5％。锅炉装上热管空气预热器后使锅炉效率提高 3％～5％，但烧油的热管空气预热器产生效率下降的问题，因此必须装设除去表面附着物的装置。另外，为了充分做到消除附着物和防止腐蚀，使热管空气预热器的烟气温度不要降得太低，这样对热效率有一定影响。利用热管空气预热器回收锅炉余热是节能对策中一个重要环节，其结果是降低了排烟损失，使锅炉效率提高了 3％～5％。

5. 热管换热器在隧道窑中的应用

日用瓷厂生产过程的原料制备、半成品干燥、产品烧成等需要热能很多，一般采用电加热热风干燥装置，是消耗电能的大户之一。经过调查研究，如果采用热管换热器回收隧道窑烟气废热来加热空气，用于杯子干燥线中既可节约能源，又可使生产线运行稳定。热管换热器用于工业隧道窑回收余热，代替二次能源干燥产品，可节省电能 230kW，一年内就可回收热管换热器的全部投资。

第四节　气相旋转式换热器

黑龙江省每年粮食的产量占全国粮食总产量的 2/3，粮食存储影响国家粮食安全，而存储的质量和成本取决于高效换热技术的应用。据国家统计局的数据，市场上用于粮食干燥的换热装置换热效率为 70％左右，按 1kg 标准煤来计算，理想状态下能够蒸发 5.5kg 的水，实际上仅烘干 3.8kg 的水；若粮食的初始含水率为30％，要烘干到安全状态 13％～14％，每千克煤可以烘干 19kg 的粮食。换热效率若提高 5％，可烘干 4.3kg 的水，在相同的条件下每千克煤就可多烘干 2.1kg 粮食，按我国北方煤炭的价格每吨 800 元来计算，即每烘干 10 吨粮食节省 40 元，如果以 2018 年全国粮食总产量来计算，仅应用高效的换热器就可节省数亿元。随着现代化大农业的快速发展，我国粮食的产量在未来几年将会大幅提升，对干燥系统的生产能力和节能等方面提出了更高的要求。

旋转管壳式换热器是将旋转机构与卧式列管组相结合，利用空气动力学和流体力学原理设计导流叶片，使高温流体围绕列管组旋转运动，起到扰流作用；破坏环管层流，形成湍流效应，保证高温气体与列管充分接触，从而提高换热效率的。

1. 基本结构和工作原理

气相旋转式换热器是针对大宗粮食节能干燥而研制的。该换热器以卧式旋转滚筒为主要设计结构，滚筒内环壁安装有变螺距螺旋叶片，起到扰流作用。直列管固定于滚筒中央区域，采用正三角形排列方式，减少换热器的外径尺寸约 15%。滚筒外固定大齿圈与驱动齿轮啮合，动力由转速 200r/min、额定电流为 1.5mA 的直流电动机提供，通过变频器来控制电动机转速，以满足转速 5~7r/min 的运动条件。换热作业时，高温煤烟气从烟道的入口进入换热器的壳体，烟气由右向左运动。同时空气从与烟道相对的空气入口进入列管，空气由左向右运动。换热器的叶片不断地旋转使高温烟气一直保持均匀地与列管外壁接触，完成热量交换，从而达到较高的换热效率。气相旋转式换热器结构如图 3-21 所示。

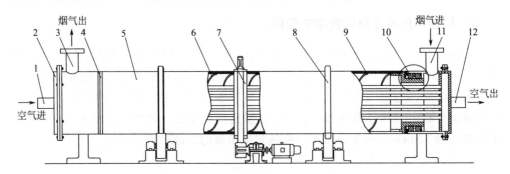

图 3-21　气相旋转式换热器结构

1—进气口；2—端盖；3—烟气出口；4—密封环；5—旋转筒体；6—螺旋叶片；7—驱动齿轮组；
8—支撑滚轮；9—保温层置；10—磁流体密封；11—烟气入口；12—出气口

2. 工艺流程和特性

气相旋转式高效换热器的工艺流程集管壳式换热和滚筒式换热形式于一体。气相旋转式高效换热器的工艺流程图如图 3-22 所示，它具有如下优点：

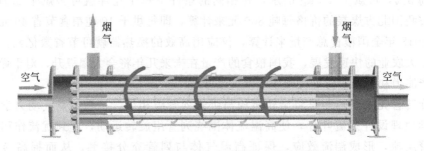

图 3-22　气相旋转式换热器的工艺流程图

① 改变换热机理，强化传热效果好。由于气相旋转式换热器使管程和壳程内

均产生以旋转为主要特征的复杂流动，获得了较强的旋转扰动，从而较大程度地强化了传热过程，而且在实际运行过程中始终能保持较好的强化传热效果。对于中小流量的对流传热可显著提高传热系数。换热器的旋流作用，也使换热介质流动通畅，流阻较小。旋流总传热系数一般可提高20％以上。

② 结构简单，易于拆装和维护。因粮食干燥属于常压工作，换热介质为气相状态，对压力要求不高。而且旋流高效换热器的管束与常规列管或管壳式换热器的管束具有互换性，因而可广泛应用或替代传统换热器，成本较低，易于推广。滚筒外侧装用检视口，方便清洗管束和积垢。

③ 设备可靠性好，可延长使用寿命。由于受换热器的旋流作用，滚筒内气流大致为纵向流动，大大减少了列管束的振动，降低了由于管束振动而造成换热管破裂等失效的可能性；同时消除了列管横向挂灰垢的概率，降低了积垢速率，因此延长了换热器的使用寿命。

3. 气相旋转式换热器的设计

根据换热器的工艺条件来设计气相旋转式换热器。首先初步确定换热器的传热系数，然后进一步确定换热器的传热面积，再根据传热面积和换热管径和管长，初步确定换热器的总体结构尺寸。在此基础上，根据换热量和空气流量以及管内流速，校核并调整换热器的结构尺寸，直至满足设计要求。同时对换热器的管程换热系数和壳程换热系数进行传热计算。最后进行核算。

气相旋转换热器采用正压形式，已燃烧的烟气经炉体沉降室进入换热器烟道入口，在换热器内往返两个回程，由引烟机排入大气；冷空气由换热器一端的进气孔进入换热器；热介质在换热器内经三个回程由热风机排出，输送到烘干机内。

热风炉供热量是热风炉的重要技术参数，必须满足干燥机所要求的热量，可按下式计算：

$$Q_2 = Fu_2(t_2''C_2'' - t_1'C_1') \tag{3-60}$$

式中　u_2——空气速度；

　　　F——出口断面积；

　t_2''，t_1'——空气进出口时的温度；

　C_2''，C_1'——空气出口、入口时的平均比热容。

（1）确定换热器的传热面积和结构尺寸

换热器的传热面积是由换热器的热负荷、传热系数和换热器冷、热介质的对数平均温差确定的。换热面积确定后，可以初步确定换热器的结构尺寸。换热器换热面积计算公式如下：

$$F = \frac{H_h}{K\Delta t_m} \tag{3-61}$$

式中　F——传热面积，m²；

H_h——热负荷，W；

K——传热系数，W/(m² · K)；

Δt_m——对数平均温差，K。

在设计时要考虑热风炉与干燥机之间连接管道的散热，所以空气出口温度要高于工艺温度。设计计算有效供热量为 292.88×10^4 kJ，确定卧式热风炉型号为WRFL-70 型。

(2) 管程换热系数和壳程换热系数计算

① 管程换热系数 (h_i)，可由下式计算：

$$h_i = j_k \frac{k_f}{d}\left(\frac{c\mu}{k}\right)\Phi^{0.14} \tag{3-62}$$

式中　j_k——传热因子；

　　　d——换热管内径，m；

　　　k_f——管束内换热介质平均温度下的热导率，W/(m · K)；

　　　k——管束内流体的热导率，W/(m² · K)；

　　　c——管束内换热介质工作压力下的比热容，J/(kg · K)；

　　　μ——管束内换热介质平均温度下的黏度，mPa · s；

　　　Φ——管束内换热介质的黏度校正系数。

② 换热器壳程换热系数 (h_0)，可由下式计算：

$$h_0 = bD_e^{0.6}\frac{k_0}{d_0}Re_0^{0.6}Pr_0^{\frac{1}{3}}\Phi^{0.14} \tag{3-63}$$

式中　b——常数；

　　　D_e——换热器壳程当量直径，m；

　　　d_0——换热管外径，m；

　　　k_0——壳程内换热介质平均温度下的热导率，W/(m · K)；

　　　Re_0——壳程内换热介质的雷诺数；

　　　Pr_0——壳程内换热介质的普朗特数。

通过对换热器管程和壳程换热系数的计算，若 $h_i = (1.1 \sim 1.2)h_0$，说明换热器初步结构设计是合理的。在此基础上，对换热器的管程、壳程压力降，管壁温度等进行核算，如果满足设计要求，说明换热器的设计满足工艺流程要求；反之，需要重新调整换热器的结构，直到满足换热器的工艺流程条件。

(3) 换热器传热系数 K 的计算

管程、壳程换热系数都是以换热器传热系数的经验数据为基础的，若换热器传热系数的经验数据与经过理论计算得到的换热器的传热系数相吻合，并且换热器的主要性能参数（如壳程、管程的压力降，换热介质的出、入口温度等）满足工艺流程条件，说明换热器的整体设计是合理的；反之，需要重新调整结构尺寸，重新进行设计计算，直至满足设计要求。换热器传热系数 K 可由下式计算：

$$\frac{1}{K}=\frac{1}{h_i}+\frac{1}{h_0}+r_0+r_i+r_m \tag{3-64}$$

式中　r_0——换热器管束外壁热阻，$m^2 \cdot K/W$；

$\quad\quad r_i$——换热器管束内壁热阻，$m^2 \cdot K/W$；

$\quad\quad r_m$——换热器管束管壁热阻，$m^2 \cdot K/W$。

（4）磁流体密封结构的设计

磁流体密封结构为三级密封，第一级为弹性密封套，材质为全氟醚橡胶（Garlast），具有耐高温、耐化学溶剂性能及高洁净特性，最高耐受温度达 327℃。第二级为 4 个四氟格莱密封圈，具有耐高压、高温的特性。第三级为磁流体密封，由磁靴、永磁铁和甬道磁流体组成，安装在支撑套筒和气流分配室套筒之间形成多级"液体 O 形密封圈"；该密封结构长寿命，无磨损，具有极佳的工作可靠性。其极限真空度为 10^{-6}Pa，泄漏率为 $10 \sim 12$(Pa·m^3)/s，耐受温度达 300℃。磁流体密封结构如图 3-23 所示。

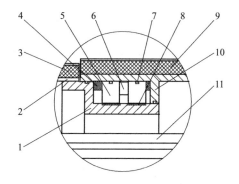

图 3-23　磁流体密封结构

1—支撑套筒；2—旋转筒壁板；3—旋转筒外保温层；4—弹性密封套；5—磁靴；
6—永磁铁；7—四氟格莱密封圈；8—甬道磁流体；9—气流分配室保温层；
10—气流分配室壁板；11—烟气列管

第五节　电磁加热式换热器

一、概述

电磁加热换热器通过智能控制电路及电磁感应、高频电磁加热技术产生涡电流，较强的涡电流产生大量的焦耳热，达到不同温度的两种或两种以上流体间热量传递的目的，是一种国家提倡的、环保的加热方案。

1. 电磁加热工作原理

利用电磁感应加热原理，将铁质换热器本体加热，同时利用风机将冷风引进换热器内，冷风经过高温换热体接触之后变成热风。电磁加热换热器的原理是采用电磁感应加热，同时利用风机通过智能控制电路，将两种或两种以上流体引进换热器内；热风和冷风温度可根据所需温度自动变频调节功率，控制温度及风量。之后利用电磁感应原理将电能转换为热能的能量转换方式（图 3-24），由整流电路50Hz/60Hz 的交流电压转变成直流电压，再经过功率智能控制电路将直流电压转换成频率为 20~40kHz 的高频电压。当高速变化的交流电流通过线圈时，线圈会产生高速变化的交变磁场。当置于磁场中的铁磁导体不动，而磁场随时间变化时，铁磁导体中的载流子将在涡旋电场作用下运动而形成电流，这种电流呈涡旋状，因此称为涡电流。因为铁磁导体的电阻很小，所以磁场在铁磁导体中产生较强的涡电流。涡电流使物体内部的原子高速无规则运动，原子互相碰撞、摩擦而产生热能。涡电流产生大量的焦耳热，铁磁导体温度迅速升高，达到加热和换热的目的，从根本上杜绝了明火在加热过程中的危害和干扰。

图 3-24　电磁感应转换示意图

电磁加热换热器利用电磁感应加热原理（图 3-25），将电能转化为磁能，再由磁能转化为热能。

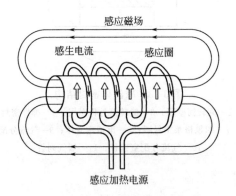

图 3-25　电磁感应加热原理

感生电动势 E：

$$E=-\frac{\mathrm{d}\varPhi}{\mathrm{d}t} \tag{3-65}$$

导体的发热量 Q：

$$Q=I^2Rt \tag{3-66}$$

式中　Q——导体的发热量，J；

I——通过导体的电流强度，A；

R——导体的电阻，Ω；

t——电流通过导体的时间，s。

2. 电磁加热换热器结构

电磁加热换热器由智能控制柜、列管换热器、电磁控制器和感应线圈等部分组成，其结构如图 3-26 所示。智能控制柜将 220V、50Hz/60Hz 的交流电压转变成直流电压，再将直流电压转换成频率为 $20\sim40\text{kHz}$ 的高频电压；换热器列管采用 20 钢管，在钢管外层敷设感应线圈并设置保温层，钢管内层置挡流板，这样设置的目的是利用能量之间的交换；智能控制柜中可调频电源通过单片机控制程序，使电路稳定、安全、可靠性高；单片机实现冷热空气流量大小和温度的高低控制；电磁控制器接收高频电压，利用电磁感应原理形成涡电流，使感应线圈加热。

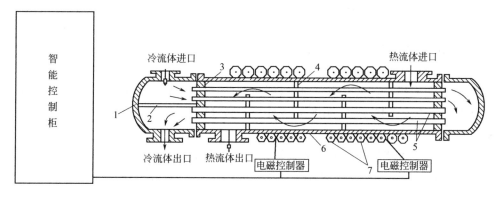

图 3-26 电磁加热换热器结构

1—封头；2—隔板；3—管板；4—挡板；5—管子；6—外壳；7—电磁感应加热装置

3. 电磁加热换热器的技术特点

电磁感应加热速度快，对周边环境无干扰，极大地改善了工作人员的工作环境，节省资金，降低能耗，具有很强的应用价值。

由图 3-27 可以看出，电磁感应加热迅速，加热器在 20min 内达到 280℃以上；在控制器的作用下，稳定性能高，满足快速干燥的要求。

4. 电磁加热换热器的优势

① 高效节能，节电率可达 35%～70%。由于电磁感应加热技术采用内部发热，并在管道外表包裹一层隔热保温材料，可大大减少热量的散失，提高热能利用率，因此节电效果可达 35%～70%。

② 热效应好，热能利用率高达 95%以上。电磁感应加热技术可以使金属料筒直接变成发热源，增加散热面积，吸收热能更直接，温度加热均匀，没有局部温

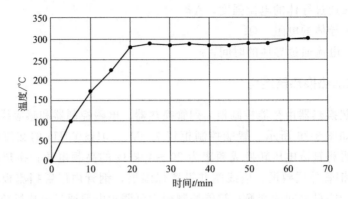

图 3-27 电磁感应加热时间与温度关系图

差；同时，电磁加热技术在金属发热材料筒外表覆盖有绝缘隔热保温材料层，基本无热量散失，热能利用率较高，可达到95％以上。

③ 提高生产效率，提高产量达30％以上。采用电磁加热方式，升温快，例如25℃冷风吹进去经过30kW电磁加热管，出来的风温可达130℃，3min后可升温到150℃，同等时间可比发热丝、发热圈加热方式产量提高30％。

④ 占用面积小。电磁感应加热装置无需建设占用较大面积的锅炉房，无烟道尾气浪费，无需燃料运输、存储，因此更加高效低能、安全方便，可长期运行，行业适用范围广泛。

⑤ 生产工况优良，工艺性能更好。电磁感应加热只需要很短的加热时间和距离就可以感受到高频电流在容器底部形成涡流，使冷风加热至高温状态，热风还不带铁锈、杂质，缩短了2/3的预热时间。

⑥ 寿命长，维修成本低。因电磁加热圈本身并不发热，而且是采用绝缘材料和高温电缆制造，具有使用寿命长、升温速率快、无须维修等优点，现已被广大的企业使用，大大地降低了企业的生产成本。

二、电磁感应加热基础理论与分析方法

1. 电磁感应加热集肤效应与透入深度

（1）集肤效应

直流电流通过一个导体的时候，直流电流将在导体的横截面上呈现均匀的分布；然而当电流为交变电流的时候，电流在导体横截面上的分布不再是均匀分布而是从导体表面向内呈现出递减的现象，表面的电流密度高而内部的电流密度低。频率对电流的降低幅度有影响，频率越高降低的幅度越大，集肤效应越明显。

导体中一旦有电流通过时，导体周围便会产生电场。假想导体由许多非常细的导线构成，电流流过各导线便会在周围产生电场叠加。图 3-28(a) 表示导体中三条

电流线的情况，b、c 在 a 处的电场强度大于 a、b 在 c 处的电场强度，也大于 a、c 在 b 处的电场强度。因此，可以得到图 3-28(b) 所示的三种电场分布情况。从中可以看出总电场强度同时受电源电场与感应电场两方面的作用，电源电场均匀分布，感应电场呈现由外向内递增的趋势，复合作用之后总电场呈现出由外向内递减的趋势。电流密度与电场强度在导体内是一一对应的关系，从而导体内的电流密度分布也将是由外向内逐渐递减的趋势，即集肤效应。

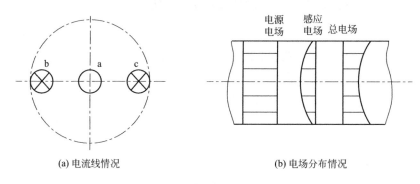

(a) 电流线情况 (b) 电场分布情况

图 3-28　电流线情况及电场分布情况

同样在换热器的电磁感应加热过程中，通有交变电流的感应器（螺旋线圈）内的钢管也具有集肤效应。假设设备介质是均匀的且各向同性的，涡流密度的分布如下：

$$J_z = J_0 e^{-z/h} \tag{3-67}$$

式中　h——集肤深度；

　　　J_0——金属表面涡流密度；

　　　J_z——金属表面距离 z 处的涡流；

　　　z——垂直距离金属表面的位置。

实际中，常常可以认为电磁感生涡流只分布于工件一定厚度的层面上，而工件内层并没有分布，即集肤效应的实际应用假设。

（2）透入深度

在感应加热中，电流密度降低为表面电流密度 $1/e$（即 36.8%）时的深度称为"趋肤深度"，又可以称为"透入深度"。在圆柱形工件中，将表面电流设为 I_0，于是可得沿着圆柱件径向的电流密度为：

$$I_r = I_0 e^{-x/\delta} \tag{3-68}$$

感应加热通过透入深度释放出来的能量为 86.5%，内层工件依靠热传导而加热。电流趋肤深度 $\delta(\text{cm})$ 计算公式如下：

$$\delta = 5030 \sqrt{\frac{\rho}{f\mu}} \tag{3-69}$$

式中　ρ——工件的电阻率，$\Omega \cdot \text{cm}$；

  f——电源频率，Hz；

  μ——工件的相对磁导率，I；

  x——圆柱件径向距离，mm。

从式(3-69)可知，电流的趋肤深度取决于相对工件的磁导率 μ、电阻率 ρ 和电源频率 f；ρ 和 μ 一定时，f 越大，透入深度越浅，电流更趋向于表面分布。

2. 电磁感应的圆环效应、端部效应与邻近效应

(1) 圆环效应

当圆环截面的导体或者螺旋形线圈被交变电流流过时，在导体线圈内侧会出现电流密度最大值的现象就叫作圆环效应。该效应对零件外表面的加热是有利的，但是对内孔之类的表面，会由于电流远离加热表面而遇到问题。在钢管的电磁感应加热过程中，内壁与外壁的温度由于圆环效应的影响会发生差别，为了避免圆环效应带来的弊端，在工艺上应该尽量延长钢管均温的时间。

(2) 端部效应

端部效应是工件感应加热时，其端部温度常常会出现高于或者低于非端部温度的情况。具体表现为：高于居里温度点时，端部温度可能低于非端部的温度；而低于居里温度点时，端部温度可能高于非端部的温度。在工件端部通过感应器的过程中，感应器与工件的阻抗不断发生变化从而产生了端部效应，用调整端电压法可以消除端部效应。端部效应会使钢管电磁感应加热时产生温度分段的现象，为了避免这个现象的发生，可以将钢管首尾相接地通过感应炉进行加热。在一般情况下，将端头的 30mm 视为端部盲区。

(3) 邻近效应

感应加热时，相邻的两导线中通过交变电流时，由于电磁场的相互作用使得导体上的电流重新分布。两导线通过大小相等、方向相反的交变电流时，电流分布在两导线的内侧表面；当两导线通过大小相等、方向相同的交变电流时，电流分布在两导线的外侧表面。该现象就是邻近效应。

3. 电磁感应加热数值模拟的理论与模型

电磁感应加热数值模拟是使用各类数值模拟的方法计算感应线圈与工件构成的体系在不同的工况下涡流场的分布与强度，其实质是计算磁热耦合场的分布与强度。下面将分别介绍电磁感应加热过程中电磁场与磁热耦合场在数值模拟研究中涉及的理论与模型。

(1) 电磁场理论

电磁场的基本理论主要由麦克斯韦方程组来体现，研究电磁场从了解麦克斯韦方程组开始。麦克斯韦方程组主要是由以下定律构成：法拉第电磁感应定律、安培环路定律、高斯磁通定律与高斯电通定律。

① 法拉第电磁感应定律。法拉第电磁感应定律表述如下：闭合回路中，感应电动势与通过该回路的磁通量随时间的变化成正比，积分公式为：

$$\int_r E \mathrm{d}t = -\iint_\Omega \left(J + \frac{\partial B}{\partial t} \right) \mathrm{d}s \tag{3-70}$$

式中　E——电场强度，V/m；

　　　B——磁感应强度，Wb/m²。

② 安培环路定律。不管磁场强度 H 和介质分布的状态，沿着任意一条闭合回路线积分的磁场强度与通过该积分回路而确定的曲面的电流总和相等。这里所说的电流包括位移电流（由电场变化所产生）和传导电流（由自由电荷而产生）。积分公式为：

$$\int_r H \mathrm{d}t = \iint_\Omega \left(J + \frac{\partial D}{\partial t} \right) \mathrm{d}s \tag{3-71}$$

式中　J——传导电流密度矢量，A/m²；

　　　D——电通密度，C/m²；

　　　$\dfrac{\partial D}{\partial t}$——位移电流密度。

③ 高斯磁通定律。在磁场中，无论磁介质和磁通密度矢量如何排列，通过任意一个闭合曲面的磁通量恒为零，这里点明的磁通量也就是磁通矢量与该闭合曲面的有向积分。积分形式如下：

$$\iint_\Omega B \mathrm{d}s = 0 \tag{3-72}$$

④ 高斯电通定律。在电场中，不管电介质与电通密度矢量的分布情况如何，通过任意一个闭合曲面的电通量恒与此闭合曲面范围内的电荷量相等，所说的电通量即电通密度矢量与该闭合曲面的积分，积分形式如下：

$$\iint_\Omega D \mathrm{d}s = \iiint_v \rho \mathrm{d}V \tag{3-73}$$

式中　ρ——电荷体密度，C/m³；

　　　V——闭合曲面 S 所包围的体积范围。

上述各式都有微分的形式。麦克斯韦方程组的微分形式表示如下：

$$\begin{cases} \nabla E = 0 \\ \nabla H = 0 \\ \nabla B = 0 \\ \nabla D = 0 \end{cases} \tag{3-74}$$

结构方程如下：

$$\begin{cases} J = \sigma E \\ D = \varepsilon E \\ B = \mu H \end{cases} \tag{3-75}$$

式中　　J——传导电流矢量，A/m；

$\qquad$ H——磁场强度矢量，A/m²；

$\qquad$ D——电位移矢量，C/m²；

$\qquad$ E——电场强度矢量，V/m；

$\qquad$ B——磁通密度矢量，Wb/m²；

$\qquad$ μ——磁导率，H/m；

$\qquad$ σ——电导率，1/(Ω·m)；

$\qquad$ ε——介电常数，F/m。

对于电磁场的计算，往往简化以上的偏微分方程，从而便于解出电磁场的解析解，该解析解的形式为三角函数的指数以及某些特殊的函数。但在工程领域中，要想精确地得到所求问题的解析解通常是很困难的，只能根据具体情况下的初始条件和边界条件，用数值解法进行求解。

（2）数学模型

对于电磁场的数学模型求解计算，通过定义矢量磁势 A（磁矢位）与标量电势来分解电场和磁场的变量，各自构成一个单独的电场或者磁场的偏微分方程式。它们的定义表示如下。

① 矢量磁势的定义如下：

$$B = \nabla A \qquad (3\text{-}76)$$

式中　　A——矢量磁位，并无直接的物理意义。

其中，磁势的旋度与磁通量的密度相当。将矢量磁势的定义式代入麦克斯韦方程组后可以得到：

$$\begin{cases} \nabla \dfrac{1}{\mu} \nabla A = J \\[2mm] \nabla E = -\nabla \dfrac{\partial A}{\partial t} \end{cases} \qquad (3\text{-}77)$$

可以得到：$\nabla (\nabla_\varphi) = 0$。

可取：

$$E + \frac{\partial A}{\partial t} = -\nabla \varphi \qquad (3\text{-}78)$$

式中　　φ——标量电势。

② 标量电势定义如下：

$$E = -\nabla \varphi \qquad (3\text{-}79)$$

可以通过 φ 与 A 来进行电场方面的描述。按照以上两式界定的矢量磁势和标量电势均能够符合法拉第电磁感应定律和高斯磁通定律。在安培环路定律和高斯电通定律的应用中，通过演变后能够得到磁场的偏微分方程和电场的偏微分方程：

$$\nabla^2 A - \mu\varepsilon \frac{\partial^2 A}{\partial t^2} = -\mu J \qquad (3\text{-}80)$$

$$\nabla^2 \varphi - \mu\varepsilon \frac{\partial^2 \phi}{\partial t^2} = -\frac{\rho}{\varepsilon} \tag{3-81}$$

式中 μ 和 ε——介质的磁导率和介电常数；

∇^2——拉普拉斯算子。

$$\nabla^2 = \left(\frac{\partial^2}{\partial x^2} + \frac{\partial^2}{\partial y^2} + \frac{\partial^2}{\partial z^2} \right) \tag{3-82}$$

磁场偏微分方程和电场偏微分方程显然是对称的，表明它们的求解方法是相同的。因此，通过对上式的数值求解得到磁势和电势的场分布后再通过后处理可以得到电磁场的其他物理量。

4. 耦合场理论与数学模型

（1）耦合场理论

耦合场涉及两个或多个物理场。耦合场分析在工程上的应用包括感应加热即磁-热分析、磁体成型即磁-结构分析等。耦合场的分析范例有：直接分析、间接分析即载荷传递分析。

直接分析方法是指使用一个包括所要求自由度的耦合单元，对包括所要求物理量的单元矩阵或者单元载荷向量直接进行求解的耦合方法。

间接分析方法是包括两个或者多个负载的传递分析方法，任意一个剖析均为一个相异的物理场，将任一分析的结果当作负载加载到其他分析上来进行两个物理场的耦合。负载剖析的种类有：多场求解器、物理文件与单向载荷传递。电磁感应加热的耦合场采用间接方法即序贯耦合法，其数值模拟的计算流程如图 3-29 所示，图中 t_{em}——稳态电磁场的计算时间步；t_{th}——瞬态温度场的计算时间步。且电阻率与磁导率的计算公式为：

$$\begin{cases} \dfrac{\rho(T_{\max}^{n+1}) - \rho(T_{\max}^{n})}{\rho(T_{\max}^{n})} \leqslant 5\% \\[3mm] \dfrac{\mu(T_{\max}^{n+1}, |H|) - \mu(T_{\max}^{n}, |H|)}{\mu(T_{\max}^{n}, |H|)} \leqslant 5\% \end{cases} \tag{3-83}$$

式中 $T_{\max}^{n+1}$——时间为 $t + \mathrm{d}t_{th}$ 的情况下，各网格单元中最大的温度值，℃；

$T_{\max}^{n}$——时间为 t 的情况下，各网格单元中最大的温度值，℃。

（2）数学模型

在磁热耦合场的数学模型描述中，需要引入上述的两个位函数，标量电势 φ 与矢量磁势 A。两者的规范变换可以表示如下：

$$A^* = A + \nabla\psi \tag{3-84}$$

$$\varphi^* = \varphi - \frac{\partial\psi}{\partial t} \tag{3-85}$$

每组的电磁位函数组（A^*, φ^*）或者（A, φ）称为一种规范。经过和矢量恒

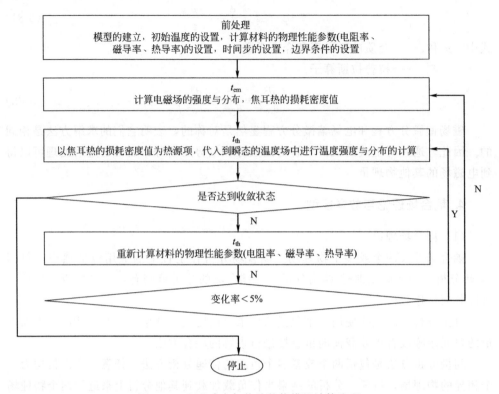

图 3-29　电磁感应加热的数值模拟计算流程

等式的结合，E 和 B 可以表述为：

$$E = -\nabla\varphi - \frac{\partial}{\partial t}A = -\nabla\left(\varphi^* + \frac{\partial\psi}{\partial t}\right) - \frac{\partial}{\partial t}(A^* - \nabla\psi) = -\nabla\varphi^* - \frac{\partial}{\partial t}A^* \quad (3\text{-}86)$$

$$B = \nabla A = \nabla(A^* - \nabla\psi) = \nabla A^* \quad (3\text{-}87)$$

可以看出，磁热耦合场的两个位函数（A^*, φ^*）或者（A, φ）对应了同一个磁热耦合场中的 E 和 B，而 E 和 B 是磁热耦合场中最基本的物理参数，即磁感应强度与电场强度。由于它们的可测量性，所以这个变换是具有切实物理意义的，并且其余的物理量都可以用它们表示；从而在规范变换的情况下，所有的磁热耦合场的规律在磁不变的前提下保持恒定。

由于规范恒定，在使用位函数（A, φ）来描述磁热耦合场的时候，可以选取不与磁热耦合场规律相矛盾的规范，这样能使场方程得以简化。

当 A 符合库伦规范的前提时，有：

$$\begin{cases} \nabla A = 0 \\ \nabla^2\varphi = 0 \end{cases} \quad (3\text{-}88)$$

当电标量势 φ 符合拉普拉斯方程时，有：

$$\psi = \int_{-\infty}^{t}\varphi\,\mathrm{d}t \quad (3\text{-}89)$$

因此，可以推出另一组磁矢量式与电标量式：

$$A^* = A + \nabla \psi = A + \int_{-\infty}^{t} \varphi \, dt \tag{3-90}$$

$$\varphi^* = \varphi - \frac{\partial \psi}{\partial t} = \varphi - \frac{\partial}{\partial t} \int_{-\infty}^{t} \varphi \, dt = 0 \tag{3-91}$$

进而可得：

$$\nabla \frac{1}{\mu} \nabla A^* = -\sigma \frac{\partial A}{\partial t} \tag{3-92}$$

定义电流密度为 J_s，从而可得：

$$J = J_s + \sigma E \tag{3-93}$$

进而：

$$\nabla \times \frac{1}{\mu} \nabla A = -\sigma \frac{\partial A}{\partial t} + J_s \tag{3-94}$$

当要计算随时间的变化规律时，可用复矢量表示，得到涡流场的复矢量微分方程：

$$\nabla \times \frac{1}{\mu} \nabla \times A = -J \omega \sigma A + J_s \tag{3-95}$$

式中　ω——角频率。

三、电磁感应加热技术应用

现阶段电磁加热节能设备主要应用在石油管道行业和塑料加工行业中，如拉丝机、注塑机、造粒机等。随着企业在节能、产品质量方面关注程度的提高，电磁加热技术将会慢慢取代传统的电阻丝加热，成为主流的加热产品。现如今，由于国家大力地推行绿色理念，以达到节能减排、减少污染并提高技术水平的目的，在我国粮食烘干领域中，电磁感应加热技术已逐渐开始应用。

1. 电磁感应加热技术研究现状

赵前哲等人采用 Flux 软件，研究了以 PC 钢棒为工件的电磁感应加热过程并辅以试验验证；对 PC 钢棒电磁感应加热过程中模型的建立、频率的选择、线圈参数的设计、磁场强度的设计、电气参数的验算等内容提出了自己的见解；研究表明线圈的结构参数对电气参数影响较大，其中线圈内径决定品质因数，线圈匝数决定等效电阻，线圈内径与匝数共同决定等效电感、线圈长度，电气参数同时也被磁场强度影响；开发出了高强度预应力钢棒生产线的电磁感应加热计算机辅助系统与设计方法，成功实现了提高生产效率、降低能源消耗与降低生产成本的目的。美国普渡大学 Wang 等人通过数值模拟的方法研究了圆柱件在两种不同工况下的电磁感应加热情况，在线圈与等长工件相对静止地进行电磁感应加热的情况下，模拟计算出了圆柱工件感应加热淬火后的组成与分布和残余应力的分布特性；对单匝圆线圈沿着长圆柱件作相对移动的感应加热过程进行模拟，并设计出了一种新型的网格重新划分的有限元程序，该有限元程序使得磁场网格能够随着线圈位置与材料内热源而移动，其结果与经过格林方程计算得到的解析解相近。

Levacher 等使用电磁加热在带式输送机上加热扁平状产品可节省 50％的能源，加热液体产品可节省 20％的能源。电磁杀青农产品过程中，热效率可达 50％～60％，能耗比传统杀青降低 40％。用电磁感应加热技术从柑橘中提取果胶，发现感应加热时间比水浴加热时间显著缩短了 60min，制备的果胶产量更高，并且两种方式提取的果胶理化性质基本一致。纪俊敏等对大豆油、花生油、玉米油进行电磁加热，发现酸价、过氧化值随着加热时间的延长而升高，丙二醛值则呈先升高后下降的趋势，并且发现电磁加热对 3 种油品质的影响都小于常规加热产生的影响。据推测，感应加热可以在油炸过程中提供电子，从而形成一个减少油脂氧化的环境。蒋静用电磁感应加热鲫鱼汤，发现在电磁加热过程中，蛋白质含量不断增多，总氨基酸、必需氨基酸以及呈味氨基酸含量不断升高，必需氨基酸占总氨基酸的比例也显著上升，必需氨基酸指数（essential amino acid index）值不断增大，鱼汤蛋白质的营养更加均衡。

综上所述，国内外在使用电磁感应加热处理应用中，对食品、工件的加热与数值模拟预测分析方法均开展了一定程度的研究，获得了一些成果。研究表明电磁感应加热技术应用前景广阔。

2. 电磁加热式粮食负压烘干机

现在烘干机的加热方法主要是通过煤、天然气等燃料燃烧产生热量来进行工作，煤等可燃物在燃烧后会给环境带来极大的污染，在能源的消耗方面不能很好地进行控制，能量的利用率较为低下。同时，在用燃料燃烧加热的时候，部分燃料燃烧后产生的物质会被吸进被烘干的物料里，使物料内夹杂异味，降低了产品品质。在使用石化燃料进行加热时，需要工作人员对燃料量进行控制，通过控制燃料的量来达到控制加热温度的目的，难以长时间将温度控制在稳定的范围内，所需要的人工成本较大，同时工人的身体健康与安全难以得到有效的保障。另外，通过燃料燃烧进行加热，其加热速度缓慢，升温与降温过程需要浪费大量的热量；同时在降温时由于发热体有余热，导致其降温速度难以简单控制。电磁感应加热技术弥补了现有烘干技术的不足，热效率可达 60％以上，能耗比传统加热减少 40％。自"煤改电"工程实施以来，它成为一种绿色节能的技术手段。

（1）基本结构与原理

电磁感应加热式负压烘干机由竖箱式烘干塔、双联引风机、提升机、套筒式电磁加热装置、自主控制柜、热量均衡风机和吸气装置等构成，如图 3-30 所示。

外界空气经过吸气装置进入第 I 级套筒式电磁加热装置进行初级集热过程，由电磁感应原理可知，当交变电流通过管式电磁加热器线圈时，在管式电磁加热器线圈周围会产生极速变化的交变磁场；这种变化的磁场会在内层管表面产生很多个小

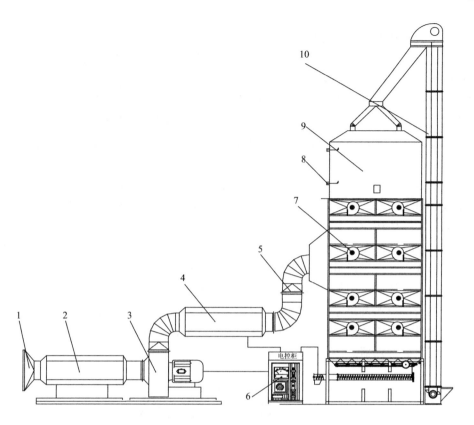

图 3-30　电磁感应加热式负压烘干机示意图

1—吸气装置；2—Ⅰ级套筒式电磁加热器；3—热量均衡风机；4—Ⅱ级套筒式电磁加热器；

5—导风管；6—自主控制柜；7—双联引风机；8—竖箱式烘干塔；

9—料位传感器；10—提升机

涡流，使金属管壁自行极速发热。当空气流在换热器管道内部流动时，会带走金属管壁本身发出的热能。集热空气在短时间内达到 100℃ 左右，集热时间受到热量均衡风机的控制。均衡风机的风压低于烘干塔上双联引风机的压力，这样可以优化调控集热空气的加热时间。一级集热空气受双联引风机的负压吸力作用，经过第Ⅱ级套筒式电磁加热装置进行二次快速升温处理，集热空气迅速达到合适的烘干温度（150～170℃）。在各烘干段上安装的双联引风机作用下，使热空气均匀进入粮食干燥塔内对谷物颗粒进行干燥。由于供风系统无需设置燃烧炉及换热器，大大减少了干燥系统的基础成本。而且整个系统是负压形式，利用微压原理，可以解决部分干燥过程的内控问题。负压利于收集籽粒产生的粉尘，创造优良生产环境，实现安全生产。负压送风过程的静压和动压损失较小，节省电能消耗，且更易于控制风量和调整热风介质参数以实现智能化控制。通过本技术研发的粮食烘干机系统，节能率和良品率显著提高，烘干成本大幅度降低，达到我国干燥行业节能领先水平。

（2）关键技术与核心部件

电磁感应加热式负压烘干机结构紧凑，设计合理，适用于大宗粮食烘干作业。通过两级套筒式电磁加热装置的集热作用，使得管道内流动空气加热质量再现性与重复性好；多组电磁加热线圈设置于热风套筒内，将冷空气进行转换输出，热风输送均匀，满足烘干热量需求。换热套筒采用高密度、耐高温陶瓷片，陶瓷圈传热性能好，提高空气热转换效率，耐风力磨损，控制操作方便，热效率高，对环境无污染。

如图 3-31 所示，核心工作部件套筒式电磁加热器包括外筒体和内筒体；内筒体上设有电磁加热线圈装置，外筒体套于内筒体之上。外筒体由外层筒、中层筒、内层筒三层筒体构成，其一端开口，另一端设有固定端盖。中层筒和外层筒与固定端盖相接处之间的位置开有多个等距离成圆周分布的进风口，这样外层筒与中层筒之间就形成空气进风通道。内筒体是热风输出通道，筒体下端具有底座，内筒体的筒体插入外筒体的中层筒与内层筒之间。电磁加热线圈置于内筒体外壁侧，由内到外设有高密度玻璃纤维毡，高密度玻璃纤维毡外套设陶瓷片，在陶瓷片外绕上线圈，线圈外套上陶瓷圈。Ⅰ级加热电磁器出风口连接均衡风机吸风口，风机出风口连接Ⅱ级电磁加热器。

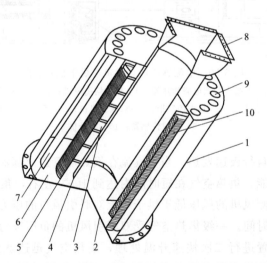

图 3-31　套筒式电磁加热器结构示意图

1—外筒体；2—内筒体；3—散热片；4—内层筒；5—陶瓷片；6—内筒底座；

7—中层筒；8—方形接盘；9—进气孔；10—感应线圈

电磁感应加热式负压烘干机在实际生产中体现了诸多优点。高频数字式电磁感应加热器和自主控制系统的综合应用，使得该技术优势更高效、更节能、更环保、更安全、更实用。

3. 电磁加热有机杂粮节能烘干机

随着人们对高品质有机杂粮的需求，对烘干设备的性能、功效和运行成本等也提出了更高的要求。燃煤式烘干设备因环境污染严重而逐渐被其他方式取代，燃气式烘干设备存在初期投资较高、温控稳定性差等缺点。燃油式烘干机是在产业应用中反响较佳的一种新设备，但部分区域采集燃油的便捷性存在一定问题。电热式烘干设备虽干净、清洁、操作方便，但是传统加热式烘干设备采用电热管式加热，热效率低，运行成本较高，一般生产加工企业难以承受。针对现有技术存在的问题，如电热管式加热烘干机热效率低、温控不准等缺点，国家杂粮中心（大庆）研制出一种新型的电磁加热有机杂粮烘干设备用于特色有机杂粮的生产。该设备采用电磁加热方式结合油-空气热能交换装置形成热风，通过热风对在制品进行干燥作业。同时借助对烘干机机箱结构、控温系统、进风模式等关键技术的优化，实现干燥工序的节能、简便、高效、优质化作业，是一种具有控温精准、热效率高、操作简便、生产量大等特点的新式电热烘干设备。

（1）烘干机特点

新型电磁加热有机杂粮烘干机通过电磁加热热风发生系统获得稳定温度的热风，电磁加热热风发生系统通过电磁加热的方式首先对导热油进行加热，再通过油-空气热能交换装置加热空气获得热风。由于采用了电磁加热和导热油传输热能的组合方式，一方面利于提高热能利用率，另一方面利于温度的稳定调控。温度控制系统采用先进的红外温度测量反馈系统，速度快、精度高，有助于提高对设备温度的精准调控，降低温度波动带来的能耗损失。优化烘干机主箱体结构，缩短热风进入烘干机箱体的路线，提高箱体内部透气性，采取分层进风方式提高对流换热系数，减少能耗损失。上进风模式可以保证箱体的第一层风量充足。烘干机融入电磁加热方式，并结合油-空气交换管式加热，以获得较高的热效率，并能迅速完成设备升温。同时借助多层网板结构、保温材料和温度测量反馈系统实现烘干温度的精准调控和节能化加工，缩小温度波动，提高有机杂粮干燥品质。加工成品明显优于传统烘干机型，适合小规模生产且性能高的有机杂粮烘干设备。

（2）结构组成

电磁加热有机杂粮节能烘干机，包括烘干机主箱体、烘干机上料及输送系统、电磁加热热风发生系统和温度控制系统四部分，如图3-32所示。烘干机主箱体设计工艺采用多层网孔板输送带干燥方式，烘干机主箱体中设置电磁加热热风发生系统，电磁加热热风发生系统包括导热油泵、电磁加热装置、油-空气交换器和风扇机箱室。上料及输送系统包括上料输送带、分料装置、网孔板输送层与出料口。温度控制系统由出油温度传感器、进油温度传感器、红外温度传感器、电磁加热控制器和电控柜组成。风扇机箱室中设有与油-空气交换器相对的轴流风扇和驱动轴流风扇的运转电动机，导热油泵通过进油管路连接油-空气交换器，油-空气交换器通

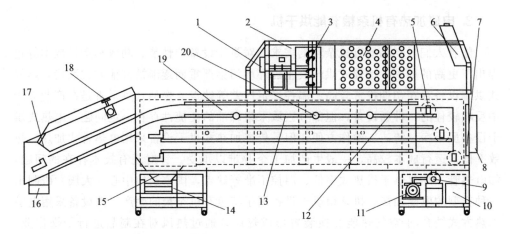

图 3-32　电磁加热有机杂粮节能烘干机结构示意图

1—电动机；2—机箱室；3—轴流风扇；4—油气交换器；5—传动装置；6—油箱；
7—导流板；8—观察口；9—电磁加热器；10—加热控制器；11—油泵；12—支撑板；
13—网孔板输送层；14—出料输送带；15—出料口；16—余料存储口；
17—上料输送带；18—分料装置；19—保温门板；20—红外传感器

过设置的出油管路连接电磁加热装置，电磁加热装置与导热油泵连接。

（3）工作过程

首先打开烘干机电控柜的总电源，设置好烘干机所需要的温度；再先后启动电磁加热运行电源和上料及输送系统电源，电磁加热装置随即开始对导热油进行加热作业，通过油-空气交换器加热空气，并由轴流风扇鼓风至烘干机主箱体内。保持温度达到设定值时，有机杂粮从上料及输送系统均匀进入烘干机箱体，杂粮先运行至网孔板输送层的第一层网孔板上进行干燥作业，当在制品走到第一层网孔板末端时落到下面运动方向相反的第二层网孔板上进行第二次干燥，再经第二层网孔板落到最下层运动方向和第二输送带相反的网孔板上，如此反复直至最后一层，并经冷却后送出主箱体。有机杂粮在电磁加热热风发生系统产生的热风作用下蒸发水分和提升品质。作业完成后随出料输送带运至烘干机外部，完成干燥作业。此外，作业时整个主箱体的温度在由红外温度传感器、进油温度传感器、出油温度传感器以及电控柜、电磁加热控制器组成的电器及温度控制系统以及电磁加热热风发生系统的综合作用下，基本保持烘干温度稳定不变。也可以根据杂粮品种自主调控多层输送系统的速度，以达到最佳的烘干效果。

四、电磁感应加热在干燥应用中的发展前景

在电磁感应加热技术领域中，有些将电磁感应加热技术应用于换热器，也有的将电磁加热技术应用到大宗粮食烘干系统中。在对谷物或食品干燥的过程中，电磁感应加热与传统干燥技术相比，其干燥效率和品质呈线性增加趋势，电磁加热食品

干燥的食味值、口感等有显著提升。

　　尽管电磁感应加热在干燥系统应用中好处众多，但是仍然存在一些问题，比如：电磁感应加热对食品物料的干燥温度控制精度不高，存在加热不均匀现象；具有局限性，只能加热铁质容器；加热功率控制不稳定，受电压力影响较大，当操作不当或负载不合适时，会烧坏内部芯片；有些电磁感应加热系统在有雷电时不能正常工作，还会干扰周围其他电器，具有一定的辐射，对小孩和孕妇产生危害。这就需要今后进一步研究，不断改进，开发具有灵活性和热分布均匀的多输出功率转换器，并不断完善控制系统。

第四章

粮食干燥供热设备的应用研究

第一节 固体燃料机烧式热风炉

一、机烧式热风炉的特性

热风炉是粮食干燥机的主要辅助设备之一，热风炉性能的好坏直接影响干燥设备的技术指标。热风炉按加热热风的方式可分为直接加热热风炉和间接加热热风炉。直接加热热风炉就是只有燃烧器，燃料在经过一段时间的燃烧后，直接利用烟道气为加热介质的热风炉。燃料经过燃烧反应后得到的高温烟气进一步与外界空气接触，混合后当达到某一温度后直接进入干燥室，进而与被干燥物料接触，达到干燥物料的目的。间接加热热风炉主要包括燃烧器和换热器两大部分，该炉在总体布局上，采用燃烧器与换热器相对独立的分置式配置。燃料燃烧后得到的高温烟气不直接与被干燥物料接触，而是经由换热器对空气加热，被加热的空气与物料直接接触，达到干燥物料的目的。在干燥谷物时，由于烟气会影响谷物的品质，因此直接加热热风炉一般已不予采用。

固体燃料机烧式热风炉以块煤为主要燃料，其燃烧方式主要为层燃，即煤在炉排上保持一定的厚度进行燃烧，其供热量为 $60 \times 10^4 \, \text{kcal/h}(2520 \text{MJ/h})$ 以上；采用机械上煤（链板或链斗式）、机械填煤（链条炉排或往复推动式炉排等）和机械除渣（搅龙式或链板式）。与手烧式热风炉相比大大提高了供热的稳定性，同时也改善了司炉工的操作难度和工作环境。几种典型的块煤燃烧方式如图 4-1 所示。

二、机烧式热风炉的应用

1. 往复推动式炉排燃烧炉

往复推动式炉排在运行时，燃煤经煤斗进入炉排。由于炉排不断往复运动，煤层由前向后缓慢移动，进入炉膛后受前拱和高温烟气的热辐射，逐渐预热干馏，析

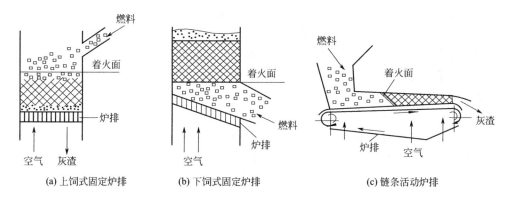

| (a) 上饲式固定炉排 | (b) 下饲式固定炉排 | (c) 链条活动炉排 |

图 4-1　典型块煤燃烧方式

出挥发物，着火燃烧。燃烧反应中产生的可燃气和黑烟，从前拱向后流经中部的高温燃烧区和燃烬区，在离开炉腔之前绝大部分燃尽，其基本结构如图 4-2 所示。

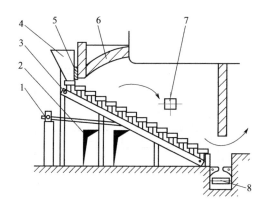

图 4-2　倾斜往复推动式炉排燃烧炉

1—传动机构；2—风室；3—往复推动式炉排；4—煤斗；
5—煤闸门；6—炉拱；7—检查窗；8—除渣机

往复推动式炉排具有较好的着火条件，炉内煤层的着火燃烧除了炉拱和烟气的高温热辐射外，还有机械着火，即当炉排往复运动时将未着火的煤层推至后方已燃烧的煤层上，使煤直接受热着火燃烧，因而能适应水分较高、灰分较多的煤。煤种不同，着火温度亦不相同。挥发分较多的煤着火温度低，且焦炭孔含率高，因而增大了焦炭与氧气接触的燃烧面积，使煤的燃烧速度加快，燃烧程度提高。表 4-1 列出了不同煤在空气中的着火温度。此外，活动炉排片的耙拨作用还能击碎焦块，使包裹在焦炭上面的灰壳脱落，并增强了煤层间的透气性，有利于燃料的燃烧。

表 4-1　不同煤在空气中的着火温度

种类	焦炭	无烟煤	烟煤	褐煤(风干)	泥煤(风干)
着火温度/℃	600~700	500~600	325~400	250~450	225~280

倾斜往复推动式炉排为倾斜阶梯形，并具有 15°～20° 的倾角，如图 4-2 所示。炉排由相间布置的活动和固定炉排片组成，活动炉排片的尾端部嵌在活动横梁上，其前端放置在相邻的固定炉排上，固定炉排片的尾端部嵌在固定横梁上。各排活动炉排片的横梁与两根槽钢连接成一个活动框架，活动框架与推拉杆相连，由电动机带动，使炉排片作往复运动。

然而，倾斜往复推动式炉排燃烧炉由于炉排倾斜布置、炉体高大等，存在着主燃烧区温度高、炉排片易被烧坏、烟气容易蹿入煤斗引起煤斗着火以及炉排前段漏煤等多种缺点。同时，煤层沿炉排长度方向分段燃烧使炉膛内气流前、后区段空气过量，而中间区段空气量却不足。因此，为了加强炉膛内气流的混合，往复式炉排应设计合理的炉拱和布置二次风。

2. 链条炉排燃烧炉

链条炉排燃烧炉的示意简图如图 4-1(c) 所示，其基本结构如图 4-3 所示。国内使用的链条炉排，主要有链带式、横梁式和鳞片式三种。

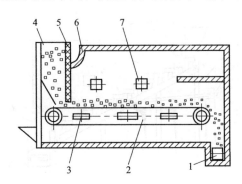

图 4-3　链条炉排燃烧炉基本结构

1—除渣机；2—链条炉排；3—风室；4—煤斗；5—煤闸门；6—炉拱；7—检查窗

（1）链条炉排主要形式

① 链带式链条炉排。链带式链条炉排属于轻型结构。链带式炉排由主动炉排片和从动炉排片串联在一起，形成一条宽阔的链带，围绕在主动链轮和从动轮上。主动炉排片组成主动链环，直接与固定在主动轴上的主动链轮啮合，担负传递整个炉排运动的拉力；其厚度较从动炉排片厚，由可锻铸铁制成。从动炉排不承受拉力，可分为薄片型、大块型、大块活络芯片型及拔柏葛炉排片四种主要形式。

a. 薄片型链带炉排。薄片型链带式炉排的优点是：结构简单、重量轻（600～700kg/m²）、成本低、制造相对容易、安装较为方便；缺点是：炉排片直接接触高温燃料，且炉排片较薄，导致炉排片易断裂；由于炉排片的数量较多，加工、拆装工作较为繁重。薄片型链带式炉排基本结构如图 4-4 所示。

b. 大块型链带式炉排片。针对薄片型链带式炉排存在的缺点，将原来多片的

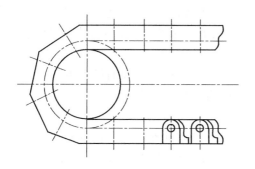
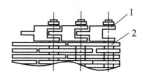

图 4-4　薄片型链带式炉排
1—主动链环；2—炉排片

薄片型从动炉排片沿横向合并成一个整体，其结构如图 4-5 所示。

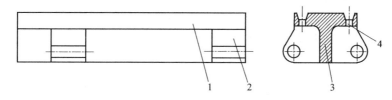

图 4-5　大块型链带式炉排片
1—炉排片工作面；2—炉排片环脚；3—加强筋；4—通风孔

　　炉排工作面上均匀布置了两排通风孔，炉排的背面有强筋，以提高炉排的刚性与强度，同时还增加了冷却表面，改善了炉排的工作条件。大块型炉排片的优点是：运行可靠、材料消耗少、制造检修较为方便；缺点是：炉排的自清洁能力较差，炉排上的熔渣不易脱落。

　　c.活络芯片型炉排片。活络芯片型炉排片较好地解决了大块型链带式炉排片易堵灰的问题。它由两部分组成，即炉排壳体和活络芯片，如图 4-6 所示。

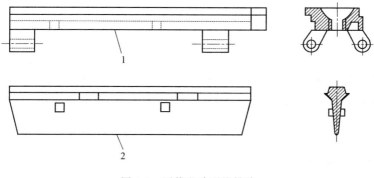

图 4-6　活络芯片型炉排片
1—炉排外壳；2—活络芯片

芯片及壳体上均开有连接孔，通过销将两者连接在一起，且芯片在壳体内活动不受限制，并在空行程内时可自动清理灰渣。活络芯片型链带式炉排优点是：炉排片不易烧坏、运行安全可靠、漏煤量少。

d. 拔柏葛炉排片。拔柏葛炉排片与之前三种炉排片的最大不同点在于：它没有主动和从动炉排片之分。其优点是结构合理、受力均匀、使用寿命长。其缺点是：由于炉排通风截面大，易漏煤。

② 横梁式链条炉排。横梁式链条炉排是用刚性很强的横梁作支架，炉排片嵌于支架（横梁）的槽内，横梁搁置在链条的大链环上，横梁与传动链条固定在一起，当主动轴上的链轮带动链条转动时，横梁及其上的炉排便随之移动。

横梁式链条炉排最常使用的是 Coxe 型链条炉排，其结构如图 4-7 所示。其优点：炉排的刚性较好，炉排由于本身不受拉力，经久耐用；通风间隙分布均匀，炉排冷却条件好；通风截面比小，漏煤相对较少；炉排片更换简单方便，检修工作量小。其缺点：炉排较笨重，金属消耗量大；结构复杂，加工难度大；当有受热不均匀现象发生时，横梁容易出现变形。

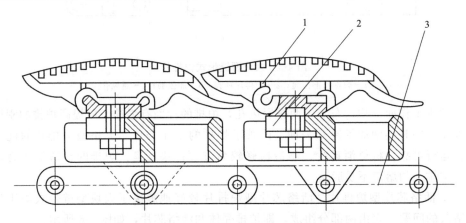

图 4-7　Coxe 型横梁式链条炉排结构
1—炉排片；2—支架（横梁）；3—链条

③ 鳞片式链条炉排。鳞片式链条炉排的炉排片嵌在炉排夹板之间，炉排夹板用销钉固定在链条上。鳞片式炉排采用前轴传动的方式，为保证炉排面的平整，在后轴下方有一段下垂炉排，使工作炉排面始终处于拉紧状态。鳞片式炉排片通过夹板组装在炉链上，前后交叠，漏煤很少，冷却性能好，运行安全可靠，检修性较好。其缺点是当炉排较宽时，容易发生炉排片脱落或卡住等故障。

（2）燃料燃烧过程

燃料在链条炉中的燃烧过程示意如图 4-8 所示。块煤的燃烧主要分为 4 个阶段。

① 预干燥区段。当煤随炉排进入炉膛后，一边随炉排缓慢前进，一边煤层受炉拱和炉膛高温烟气的辐射及相邻燃烧层的直接传导，进行水分蒸发，预热干燥。

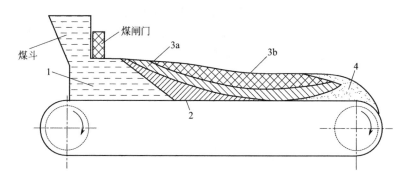

图 4-8　链条炉燃烧过程示意

1—预干燥区段；2—燃烧区段；3a—焦炭燃烧区段；3b—焦炭还原区段；4—灰渣形成区段

② 挥发物析出并燃烧区段。在该区段内挥发物与从下而上穿过煤层的一次风充分混合，穿出煤层进入炉膛并在高温下着火燃烧，挥发物边析出边燃烧，燃料的温度也随之升高。

③ 焦炭燃烧区段。挥发物的燃烧热使析出挥发物后的焦炭剧烈燃烧，温度在1200℃以上，这就是煤层在炉膛内的主燃阶段。由于氧化层厚度较薄，燃烧层的厚度一般都超过氧化层的厚度，因此该区段可分为两个部分，首先是当一次风从下而上穿过炽热的焦炭层时，空气中的氧便与碳分子进行氧化反应生成二氧化碳，并产生大量热，此区段也称为氧化层（3a）；然后为焦炭还原区（3b），在该区段经氧化反应后的一次风再继续向上穿过焦炭层，由于空气中的氧在氧化反应时已基本耗尽，所以在其穿越焦炭层时，二氧化碳中的氧便被焦炭层中的碳夺取，产生还原反应，并在穿出焦炭层时在炉膛内燃烧，由于还原反应吸热，因此还原层温度略低于氧化层温度。

④ 灰渣形成区段。该区段是块煤燃烧的最后一个区段，链条炉由于采用单面引火，最上层的燃料首先燃烧，因此灰渣也在此较早形成。此外，因空气从下层进入，最底层的燃料氧化燃尽也较快、较早地形成灰渣。随着燃烧反应的进行，焦炭层已基本成为炉渣，随着炉排往后移动，进入炉膛后部的余燃区内燃烧，炉渣落在灰斗内排出炉外。

（3）链条炉的合理配风

链条炉内的气体沿炉排长度方向分布是不均匀的，前后两区段上升的气流多为空气和二氧化碳，而中间主要燃烧区段上升气流多为一氧化碳和氢气等可燃气体。

沿炉排长度方向分段送风和沿炉排宽度的均匀送风是合理配风的基本内容。

① 分段送风。链条炉的燃烧过程是沿长度方向分区段进行的，各区段所需的空气量是不同的。前部燃煤的预热、干燥区段基本上不需要空气，中部挥发分和焦炭燃烧区段需要大量的空气，最后燃烬区段所需的空气量也较少。如果不对空气量进行必要的控制，则会使燃料层空气量供需不平衡，即前、后两端空气大量过剩，

而中间主燃烧区段空气量却明显不足，使得挥发分不完全燃烧，导致燃烧热损失。所以一般将统仓风室分为 4～6 个区段，通过分段调节风门，供给燃料燃烧所需的空气量。链条炉空气分配示意如图 4-9 所示。

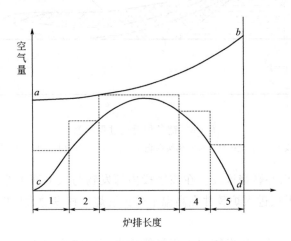

图 4-9　链条炉空气分配示意
ab—仓送风时的进风量；*cd*—燃烧所需空气量；虚线—分区段送风时的进风量

② 均匀送风。均匀送风指沿链条炉排宽度方向的送风而言。试验表明，风仓横向配风的均匀性与进风口结构、小风仓的宽度比、风室内空气的轴向气流和风仓密封性等多种因素有关，其中以进风口尺寸的影响最为显著，随风口与风室的截面比增大而趋于均匀。

（4）链条炉的炉拱及二次风

① 炉拱。炉拱的主要作用：一是加强炉内空气气流的混合，使还原区产生的可燃气体等与空气充分混合燃烧，以减少热损失，提高热效率；二是合理组织炉内热辐射及烟气流动，保证燃煤能及时着火和稳定燃烧。对于烟煤，大量的挥发分在煤层中还没有及时燃烧而进入燃烧空间，则炉拱的主要作用应该是增强气流混合，使可燃物充分与氧气接触而充分燃烧。

燃烧炉的炉拱分为前拱和后拱。

a. 前拱。燃烧炉的前拱具有一定的长度和足够的敞开度，其主要作用是将燃烧火床面的辐射热和部分高温烟气辐射热，传递给着火区的块煤，加速燃煤达到着火点。

b. 后拱。燃烧炉后拱的主要作用：一是与前拱组成喉口，加强气流的扰动作用，促进可燃物与空气的充分混合，为燃煤的燃烧创造有利的条件，同时还可以延长气流在炉内的停留时间，有利于燃料的充分燃烧；二是将高温烟气、过量的空气等传送到燃料燃烧区，使燃料进一步燃烧，从而达到更高的燃烧温度；三是对燃烧的最后区段起到保温促燃的作用，从而进一步提高燃烧炉的整体热效率。

② 二次风。二次风是指在燃烧层上方借助空气喷嘴送入炉膛内的高速气流

（一次风是指从燃料层的下部送入的空气）。二次风装置的结构相对简单、布置灵活、调节方便，在链条式炉排燃烧炉中应用较为普遍，其结构示意如图 4-10 所示。

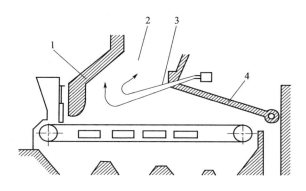

图 4-10 二次风示意

1—前拱；2—喉口；3—二次风；4—后拱

二次风的作用：一是加强燃烧炉内气流的扰动，增强挥发分与空气的充分混合，减少气体不完全燃烧产生的热损失和燃煤不完全燃烧产生的热损失；二是有利于新进入燃烧炉内的块煤燃烧；三是可以改善炉内气流的充满程度，控制燃烧中心，减少炉膛死角的涡流区，以防止炉内积灰。

二次风的布置可以分为单面布置和双面布置，它与燃料的种类、燃烧方式和炉膛的形状及大小有关。

3. WRFL-320 型无管式热风炉

该热风炉采用往复推动式炉排，由燃煤炉和换热器两部分组成，如图 4-11 所示。

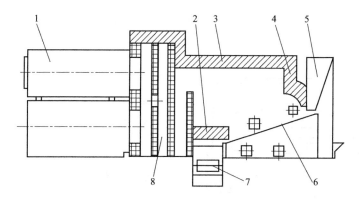

图 4-11 WRFL-320 型无管式热风炉

1—无管换热器；2—后拱；3—上拱；4—前拱；5—煤斗；

6—往复推动式炉排；7—除渣机；8—沉降室

工作时，先调整炉排的往复运动速度，然后启动上煤机使燃煤均匀散落到炉排上。通过调整上煤机进煤口的大小及改变往复炉排运动速度，即可随时调整单位时间的燃煤量。当燃煤铺满炉排后，点燃燃煤，同时启动出渣机、热风机及燃煤炉进风风机，使燃煤迅速燃烧。炉排上部的燃煤在炉前拱辐射热作用下能及时燃烧，并在往复炉排的作用下，使燃煤均匀地向下运动，同时上拱的辐射热加速了燃煤的燃烧。当燃煤到达炉排尾部时，在后拱的辐射作用下使剩余的燃煤得以充分燃烧，避免了燃煤的浪费，产生的煤渣则由除渣机排出。

燃煤燃烧产生的高温烟气在助燃风机负压作用下，通过沉降室的沉降后进入换热器内，经过两个往返回程由烟囱排出机外；而冷空气则在热风机作用下由换热器一端的进气孔进入换热器内，经过三个回程与高温烟气间接换热后，由换热器的端面通过热风管道供给热风使用设备。

为了减少换热器的体积及增大换热面积，在换热器内壁上焊有许多小散热片。此外，根据干燥物料的热风温度要求，可以通过控制换热器上的温控仪来控制助燃风机的启停，进而控制热风温度要求。表 4-2 所示为 WRFL-320 型热风炉技术参数。

表 4-2　WRFL-320 型热风炉技术参数

技术参数	供热量 /(10⁴kcal/h)	燃煤量 /(kg/h)	热风风温 /℃	排烟温度 /℃	配套动力 /kW	热效率 /%
WRFL-320	309.6～329.5	＜950	80～190	＜180	158.6	＞70

4. JLG 系列列管链式热风炉

JLG 系列列管链式热风炉采用机械化链条炉排、上煤机、出渣机等设备。供应设备具有结构简单、煤种适用性广、热效率高等特点。

图 4-12 所示为 JLG 系列列管链式热风炉，其工作原理如下。

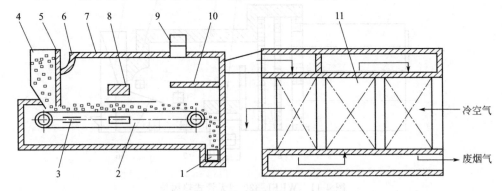

图 4-12　JLG 系列列管链式热风炉

1—除渣机；2—链式输送机；3—风道；4—煤斗；5—煤闸门；6—前拱；
7—炉顶；8—中拱；9—生火烟筒；10—后拱；11—列管式换热器

JLG 系列链式热风炉，利用上煤机将燃煤加入煤斗，燃煤靠自重下落炉排上，并随炉排的转动进入炉内燃烧。炉排上煤层的厚度由煤闸板控制，煤闸板可以上、下调节高度。燃烧炉的前拱起到预热及点火引燃的作用。后拱（压火拱）可以提高整个炉膛的温度，并促使烟气中的煤粉尘尽可能充分地燃烧，从而提高热效率。随着炉排的转动，被燃尽后的煤渣从尾部落入除渣机内，并及时被除渣机排出。

在燃煤充分燃烧后产生高温烟气，烟气经过沉降室后进入列管式换热器内，以三个回程的热交换，将换热管加热。在换热器内，烟气的温度由750℃左右降到135℃左右（低于此温度就会有煤焦油出现），被加热的管子把热量传给管外的空气，最终烟气由引风机引出并通过烟囱排出；洁净的热空气作为干燥介质引入干燥设备，进而达到干燥物料的目的。

JLG 系列机械热风炉，其运行成本低，高温烟气在换热器内两次折流换热，换热效率提高。燃煤热风炉的热效率不低于75%。热风炉输出热风的温度可控、稳定，正常使用时其波动不超过±5℃。JLG 热风炉参数如表4-3所示。

表4-3　JLG 热风炉参数

型号 \ 技术参数	供热量 /(10⁴kcal/h)	炉排面积 /m²	换热面积 /m²	燃煤量 /(kg/h)	装机容量 /kW	占地面积 /m	热效率 /%
JLG-1	60	1.4	70	107	10	13×16	70～75
JLG-2	120	3.0	135	214	13	13×16	70～75
JLG-3	180	3.6	205	312	23	13×16	70～75
JLG-4	240	4.6	260	429	27	14.6×18.5	70～75
JLG-5	300	6.2	340	537	33	14.6×18.5	70～75
JLG-6	360	7.6	490	643	41	16×20	70～75
JLG-8	480	9.3	640	857	55	16×20	70～75
JLG-10	600	11.2	800	1070	74	20×25	70～75
JLG-12	720	15.0	980	1286	74	20×25	70～75
JLG-14	840	17.0	1220	1500	81	22×26	70～75
JLG-16	960	18.1	1600	1751	101	22×26	70～75

5. WRF 系列热风炉

WRF 系列热风炉为间接加热热风炉，冷空气经鼓风机自换热器入口加压进入换热器，通过换热器内排管壁与高温烟气以对流传导的方式置换能量，再由换热器出口排出具有一定温度、风压、流速的热空气，并通过管道送至干燥机内实现物料干燥；换热器排管中高温烟气由下炉体产生，经换热器后由烟道引风机烟囱排出，实现换热全过程。其结构示意如图4-13所示。

WRF 系列热风炉在结构上具有以下特点。

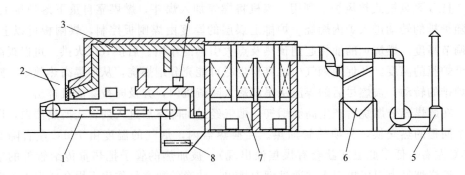

图 4-13　WRF 系列热风炉结构示意图

1—链式输送机；2—煤斗；3—炉拱；4—检查窗；5—烟囱；

6—除尘器；7—换热器；8—除渣机

a. 换热管采用立式结构，增大了管径，防止传统热风炉发生堵管现象。

b. 换热管外壁采用耐高温翅片缠绕，增大了换热面积，降低制造成本。

c. 炉拱采用浇筑，避免了砌筑带来的使用寿命短、裂纹多、塌顶的弊病。

d. 炉体与换热器采用分装的形式，便于长途运输和维修。

e. 使用寿命比传统热风炉提高 2 倍以上。

f. 送冷风经过多次循环，热效率提高 10%。采取了耐高温换热措施，使用寿命长。

g. 换热部位不积灰尘，换热热传导性能稳定。

h. 燃烧炉可用煤、柴或其他固体燃料，配有二次进风装置，燃烧更加充分。

i. 炉体升温快，热效率高，可达到 85% 以上。

j. 操作安全简单可靠，无爆炸危险，设备耐用性好，使用寿命长。

k. 温度自动控制，控制温差范围不大于 5℃，热风温度在 60~550℃，可分为低温、中温和高温三种不同规格。

WRF 系列热风炉参数如表 4-4 所示。

表 4-4　WRF 系列热风炉参数

技术参数 型号	供热量 /(10⁴kcal/h)	热风风温 /℃	额定燃烧量 /(kg/h)	装机容量 /kW	热效率 /%
WRF-60	30~60	60~550	100	7.5	>85
WRF-80	40~80	60~550	120	7.5	>85
WRF-100	40~100	60~550	150	11.0	>85
WRF-120	60~120	60~550	200	15.0	>85
WRF-150	80~150	60~550	250	18.5	>85
WRF-180	80~180	60~550	250	22.0	>85
WRF-220	100~220	60~550	300	22.0	>85

续表

技术参数 型号	供热量 /(10⁴kcal/h)	热风风温 /℃	额定燃烧量 /(kg/h)	装机容量 /kW	热效率 /%
WRF-300	200~300	60~550	450	30.0	>85
WRF-360	200~360	60~550	500	45.0	>85
WRF-400	200~400	100~550	600	55.0	>85
WRF-600	300~600	100~550	900	75.0	>85

此外,热风炉还有 JL、WR、RFL 系列等多种型号。

为了使燃煤获得更好的燃烧效果,应根据煤的燃烧特性,设计制造出质量、性能完善的燃烧设备,创造有利于块煤燃烧的良好条件。因此,对燃烧设备提出如下要求:一是要保持炉膛的高温,尤其是燃煤着火区,以便能产生剧烈的燃烧反应;二是在燃料燃烧过程中要保持充足的且适量的空气;三是采取适当的措施以保证空气与燃料充分接触、良好混合,并提供燃烧反应所必需的时间和空间;四是及时清除炉渣等燃烧产物。

热风炉燃烧排放的大气污染物对周围环境造成较大的危害,降低热风炉运行过程中产生的污染物对环境的影响也是一个关键问题。因此可以采用相应配套的烟气除尘设备,如采用干湿组合式除尘装置等。除尘器的配合使用可以更好地增加除尘效果,降低烟气排放对大气的污染程度。

第二节 秸秆颗粒燃烧炉

一、秸秆颗粒燃烧方式

秸秆颗粒燃烧特性与燃烧方式和燃烧器有密切关系,目前的燃烧方式主要有以下几种。层状燃烧又称火床燃烧,仅适用于固体燃料,是小型锅炉的主要燃烧方式,层状燃烧适应范围广;但空气与燃烧物混合不良,燃烧反应较慢,有时出现冒黑烟现象。悬浮燃烧又称火室燃烧,适用于固体、液体或气体燃料,是大中型锅炉的主要燃烧方法。悬浮燃烧不用炉排,燃料与空气接触面积大,着火迅速,燃烬率高,燃烧效率和锅炉热效率高,可实现自动控制;但设备多、系统复杂、能耗大。沸腾燃烧是燃烧物被粉碎成小于 2mm 的颗粒后送入炉膛,空气从布风板上的风帽进入,使燃料上下翻滚,呈类似液体沸腾状态燃烧。沸腾燃烧设备的蓄热量大,燃烧反应强烈。这种方式燃烧温度在 900℃以下,可大大减少严重致癌物质氮氧化物的生成,并可方便地采取脱硫措施,有利于环境保护,大有发展前途。

以上三种燃烧方式中,秸秆颗粒机压出的秸秆块可用于层状燃烧、悬浮燃烧的设备。秸秆颗粒机粉碎后的颗粒可用于沸腾燃烧。

二、秸秆颗粒的特点

① 生物质颗粒燃料发热量大，发热量在 3900～4800kcal/kg 之间，经炭化后的发热量高达 7000～8000kcal/kg。

② 生物质颗粒燃料纯度高，不含其他不产生热量的杂物，其含碳量为 75%～85%，灰分为 3%～6%，含水量为 1%～3%，绝对不含煤矸石、石头等不发热反而耗热的杂质，为企业降低成本。

③ 生物质颗粒燃料不含硫磷，不腐蚀设备，可延长设备的使用寿命。

④ 由于生物质颗粒燃料不含硫磷，燃烧时不产生二氧化硫和五氧化二磷，因此不会导致酸雨产生，不污染大气，不污染环境。

⑤ 生物质颗粒燃料清洁卫生、投料方便，也不需要破碎及筛分等设备，减少工人的劳动强度，极大地改善了劳动环境，企业将减少用于劳动力方面的成本。

⑥ 生物质颗粒燃料燃烧后灰渣极少，极大地减少堆放灰渣的场地，降低出渣费用。

⑦ 生物质颗粒燃料燃烧后的灰烬是品位极高的优质有机钾肥，可回收创利。

⑧ 生物质颗粒燃料是大自然恩赐于我们的可再生能源，它是响应可持续发展的政策号召，是创造节约型和谐社会的途径。

秸秆颗粒燃料是一种典型的生物质固体成型燃料，具有高效、洁净、容易点火、CO_2 近零排放等优点，可替代煤炭等化石燃料应用于炊事、供暖等民用领域和锅炉燃烧、发电等工业领域，近几年来在欧盟国家、北美、中国得到了迅速发展。生物质颗粒燃料的另一优点是能够应用于小型生物质锅炉、热风炉、采暖炉中，通过采用颗粒燃料燃烧器实现自动控制以及连续自动燃烧。

经过多年的研究，生物质颗粒燃烧器已经得到了迅速发展，尤其是在瑞典，仅 2006 年生物质颗粒燃烧器（<25kW）年保有量达到 32000 台。

根据进料方式不同，燃烧器可分为 3 种类型：上进料式、下进料式、水平进料式，目前欧洲市场上多采用上进料式颗粒燃烧器。这些燃烧器主要采用木质颗粒作为燃料，木质颗粒具有热值高、灰分低、灰熔点较高、燃烧后不易结渣等优点，因此国外燃烧器在设计方面没有专门的破渣、清灰机构，多采用人工清灰，间隔为 1～2 周。

三、典型秸秆颗粒燃烧炉的应用

秸秆压块颗粒燃料是利用新技术及专用设备将各种农作物秸秆、木屑、锯末、花生壳、玉米芯、稻草、麦秸糠、稻壳、甘草等压缩炭化成型的现代化清洁燃料，无需任何添加剂和黏结剂。它既可解决农村的基本生活能源问题和提高农民收入，又是新兴的生物质发电专用燃料；秸秆压块燃料也可以直接用于城市传统的燃煤锅炉设备，代替传统的煤炭。据国际可再生能源组织的预测，地下石油、天然气及煤的储量，按目前的开采利用率仅够使用 60 年左右。因此秸秆压块燃料是未来可再生能源的一个重要发展方向。随着世界性的能源匮乏加剧，秸秆压块颗粒燃料的市场需求和利润空间将不可估量。近年来我国在生物质燃烧器方面进行了一些研究，虽然燃煤炉与生物质燃烧炉的机理有类似之处，但是在生物质固体成型燃料燃烧特性、燃烧效率等方面的研究还待进一步开展。

1. 双层燃烧筒式秸秆颗粒燃烧装置

我国的生物质成型燃料以农作物秸秆为主，与木质颗粒燃料相比，秸秆类颗粒燃料中的灰分高、灰熔点低、碱金属含量较高，燃烧过程中易出现结渣、碱金属及氯腐蚀、设备内积灰严重等问题，研究表明现有燃烧器大多不适合秸秆类生物质颗粒燃料。因此针对秸秆类生物质颗粒燃料的特性，采用多级配风原理，设计出高效双层燃烧筒装置，实现三级配风，同时研究螺旋清灰破渣装置，并在此基础上设计双层燃烧筒式秸秆颗粒燃烧装置。

（1）基本结构与工作原理

双层燃烧筒式秸秆颗粒燃烧装置主要应用于秸秆类生物质颗粒燃料，采用多级配风原理，设计出高效双层燃烧筒装置，实现三级配风，以保证颗粒燃料的充分燃烧；同时，在燃烧室内设有螺旋清灰破渣装置，由燃料推进螺旋、燃烧搅动螺旋和灰渣排出螺旋 3 部分组成。

工作时，生物质颗粒从落料管进入燃烧内筒之后，在燃料推进螺旋的作用下，快速、平稳地推进到燃烧室，即燃烧内筒中间位置。在颗粒燃料燃烧过程中，燃烧搅动螺旋能够将燃烧的燃料搅动，有效防止燃料结渣。整机结构如图 4-14 所示，主要由落料管、清灰破渣装置、燃烧内筒、燃烧外筒、电动机、风机、自动控制装置等部分组成。

燃烧过程中，颗粒燃料从落料口进入到高效双层燃烧筒装置，该装置由燃烧内筒、燃烧外筒组成，通过风机实现三级配风；一次空气和自动点火所需的热空气由燃烧内筒后端直接进入，二次空气通过双层套筒夹层预热后由燃烧内筒壁上的小孔进入，燃烧室顶端设有配风孔，作为三次风。螺旋清灰破渣装置安装在燃烧内筒中，通过电动机带动，转速可调，在颗粒燃料燃烧过程中，颗粒燃料通过螺旋装置向前输送，同时燃烧后的灰分、灰渣由螺旋推出。该燃烧器采用电阻丝加热点火，不仅能够用于木质颗粒燃料，而且能够应用于玉米、小麦、棉花、水稻等秸秆类颗粒燃料，外形尺寸（长×宽×高）为 525mm×285mm×520mm，额定功率为 20～35kW，燃烧效率大于 90%。

（2）关键部件的设计

① 清灰破渣装置。为解决秸秆类生物质颗粒燃料燃烧后灰分多、易结渣等问题，在燃烧室内安装了螺旋清灰破渣装置，如图 4-15 所示，由燃料推进螺旋、燃烧搅动螺旋和灰渣排出螺旋 3 部分组成。另外燃烧搅动螺旋上安装破渣齿，破渣齿

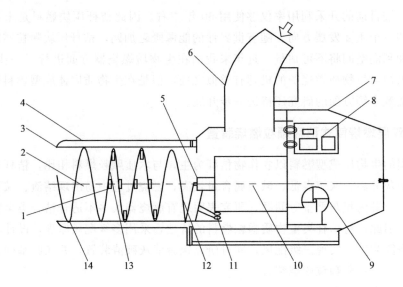

图 4-14　双层燃烧筒式秸秆颗粒燃烧装置结构简图

1—破渣齿；2—清灰破渣装置；3—燃烧内筒；4—燃烧外筒；5—活动接口；6—落料管；

7—外壳；8—自动控制装置；9—风机；10—电动机；11—点火装置；

12—燃料推进螺旋；13—燃烧搅动螺旋；14—灰渣排出螺旋

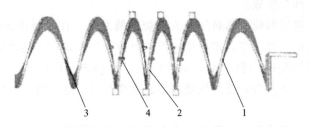

图 4-15　燃烧器螺旋清灰破渣装置

1—燃料推进螺旋；2—燃烧搅动螺旋；3—灰渣排出螺旋；4—破渣齿

上有锋利的锯齿，既防止螺旋上结渣，又防止燃烧内筒上结渣。

螺旋清灰破渣装置安装在燃烧内筒中，在整个输送长度的任一对应点都产生相同的轴向推力和离心力，其形式类似于弹簧螺旋输送机。螺旋清灰破渣装置的转速对物料的输送、燃烧、灰渣的排出有较大的影响，速度过大，导致燃烧不充分；速度过小将导致灰渣堆积在燃烧筒内，影响燃烧性能。该螺旋装置的输送能力为

$$Q = 0.06\pi r K n s \left[\left(\frac{D_1}{2} \right)^2 - \left(\frac{D_0}{2} \right)^2 \right] \tag{4-1}$$

式中　Q——输送能力，kg/h；

　　　r——颗粒密度，g/cm^3；

　　　n——螺旋转速，r/min；

K——系数；

s——螺旋螺距，cm；

D_0——螺旋内径，cm；

D_1——螺旋外径，cm。

不同种类的秸秆颗粒燃料燃烧后产生的灰分、灰渣差异较大，试验表明，玉米秸秆颗粒燃料燃烧后的灰渣量为 $65\sim250g/kg$、小麦为 $68\sim180g/kg$、棉秆为 $216.2\sim430g/kg$、水稻为 $60.9\sim157g/kg$。该燃烧器设计的最大进料量为 $15\sim20kg/h$，由于燃烧过程中，存在于燃烧器内筒中的是灰渣与未燃尽燃料的混合物，因此，燃烧器运行时，清灰破渣装置的输送能力应在 $0.75\sim13kg/h$。

颗粒密度能够影响燃烧特性，颗粒密度越大，燃烧持续时间越长。不同种类的秸秆颗粒燃料的密度差异较大，而且不同批次的燃料，其密度也存在差异，一般在 $1\sim1.3g/cm^3$。

不同用途的弹簧螺旋系数 K 不同，垂直和倾斜输送时 $K=0.8$，水平输送时 $K=1.6\sim1.8$，本装置中取 $K=1.7$。

在燃烧内筒中螺旋清灰破渣装置的直径越大，越容易将燃烧后的灰渣排出，对燃烧器的进风影响越小；燃烧器内筒直径为 125mm，考虑到螺旋的安装空间以及加工精度，本螺旋的直径为 120mm。

螺旋装置的转速与其直径、螺距有关，螺旋螺距越大，燃料、灰渣的输入速度越快。为保证颗粒燃料的快速输送、燃烧充分以及燃烧后灰渣的快速排出，燃料推进螺旋、燃烧搅动螺旋、灰渣排出螺旋的螺距分别为 7.5cm、6.0cm、9.0cm。将各参数代入式（4-1）可得出不同颗粒密度条件下螺旋转速与螺距的对应关系，如表 4-5 所示。

表 4-5 不同颗粒密度条件下螺旋转速与螺距的对应关系

颗粒密度 $r/(g/cm^3)$	螺距 S/cm	转速 $n/(r/min)$
1.0	6.0	0.58
	7.5	0.46
	9.0	0.39
1.2	6.0	0.48
	7.5	0.39
	9.0	0.32
1.3	6.0	0.45
	7.5	0.36
	9.0	0.30

由此可见，由于燃烧过程中螺旋的输送量比较小，螺旋的转速较低。虽然燃料推进螺旋、燃烧搅动螺旋、灰渣排出螺旋在轴向螺距不同，但转速相同，根据试验

分析结果，设计螺旋的转速为 0.5r/min 时可满足要求。螺旋清灰破渣的电动机为齿轮减速电动机，功率为 15W，电压为 220V，固定转速为 7r/min，额定转矩为 1.18kg·cm（1kg·cm＝0.098N·m），配上调速装置，电动机的输出转速可在 0～7r/min 无级变速。螺旋清灰破渣装置需要在高温下工作，因此材质选择耐热不锈钢，并进行相关调质处理，最高耐受温度达到 1200℃以上。

② 双层燃烧筒。针对秸秆颗粒燃料挥发分高的特性，本燃烧器的燃烧筒采用多级配风原理，设计了双层燃烧筒结构，如图 4-16 所示，由燃烧内筒和燃烧外筒组成。燃烧外筒套在内筒上，有 3～5mm 间隙，但在燃烧外筒最外端有倒角，与内筒紧密连接，也保证配风从燃烧内筒的进风口进入，同时也能预热二次风。其中在燃烧内筒后端、低端和圆筒周围开有不同的进风孔。

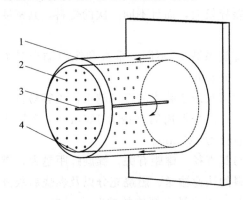

图 4-16　双层燃烧筒结构
1—燃烧外筒；2—进风孔；3—螺旋推运主轴；4—燃烧内筒

在燃烧内筒的后端开有一排进风孔，截面形状是 5mm×10mm 的长方孔，能够提供自动点火时所需的热空气，同时也提供一次进风，与挥发分发生反应。在燃烧内筒低端开有 6 列进风孔，间隔为 25mm，其中每列 5 个进风孔，间隔为 20mm。二次空气通过双层套筒夹层预热后由这些小孔进入，与燃料中析出的挥发分、未燃尽的固定碳等发生燃烧反应。在燃烧筒前端设有配风孔，呈圆周排料，作为三次风与挥发分充分混合在燃烧筒外燃烧，从而提高燃烧效率。

③ 其他部件。燃烧器的进料采用螺旋输送原理，设计了可调式进料装置，通过料仓能够将颗粒燃料平稳地输送到燃烧器的落料口，然后进入燃烧内筒。

燃烧器采用离心式风机，具有工作可靠、运转平稳、噪声小、操作简单等特点。采用电阻丝加热点火；同时，初步设计了进料量、燃烧温度以及进风量等参数的自动控制系统，能够根据不同的进料量、燃烧温度来控制进风量。

2. 生物质高效传热节能热风炉

生物质颗粒燃烧特性决定了生物质颗粒燃烧机的结构、燃烧方式和进料机的送料方式。结合现有热风炉的结构缺陷，通过炉排、清灰和送风等结构改进，并引进自动控制设备，研发出一种生物质燃烧不易结焦、燃料燃烧充分、热效率高及操作简单、可靠的生物质高效传热节能热风炉。

（1）生物质高效传热节能热风炉的结构

新型生物质高效传热节能热风炉由炉体、炉膛组件、炉门组件、炉算组件、给料组件、换热组件、烟道组件、鼓风机、冷风进口、烟囱出口和热风出口等构成。生物质炉体为方形结构，由耐火砖砌筑而成，炉体包括双层炉顶板和炉体框架，双层炉顶板和炉体框架内有保温层，炉体侧面安装有炉门组件。炉体内部是炉膛部分，炉膛包括上炉膛、中炉膛和下炉膛，炉膛周边设有保温层；由于上炉膛内温度高，因此额外砌筑耐高温材料。在上炉膛上方是燃烬室，下炉膛侧炉体上设有一次进风调节口，一次进风口为均布排列在下炉膛外圆周表面上的多个进风通孔。在下炉膛和中炉膛外表面上设置有二次进风口和三次切向进风口，三次切向进风口为上下两层与中炉膛外表面切线方向呈 45°的多个切向进风孔。炉膛下部设有炉算组件，炉算由机械机构驱动转动，防止生物质颗粒结焦。炉算下方设有倒锥形积灰槽，在炉膛组件的一侧设有倒锥形二、三回程落灰膛，积灰槽和落灰膛底部均设有自动排灰装置。在炉体内炉膛正上方安装有列管换热组件；在换热组件上方设有烟道，炉体产生的烟气由炉顶烟囱排出。炉膛外侧设有给料组件，给料组件采取螺旋式结构，将生物质颗粒物料从出料口推送进上炉膛；炉体外侧设置有鼓风机，鼓风机通过管道与炉体上方列管换热组件连接，换热后的热空气由炉体另一侧的热风出口输送给干燥机。换热组件的换热管内设有自动除灰装置，防止挂灰降低传热效率。自动除灰装置包括安装在每个换热管内的除尘弹簧，除尘弹簧上端挂在多排弹簧钩片上，通过电动驱动安装在悬臂上的传动轴带动弹簧钩片运动，多排弹簧钩片联动除尘弹簧自动清除管壁挂灰，具体结构如图 4-17 所示。

（2）生物质高效传热节能热风炉的工作原理

在炉体一侧设置自动送料装置，便于将生物质燃料自动送到炉膛内；在炉膛内设置有可转动的炉排，以防止燃料结焦；燃烧的余灰由炉算下方的扫灰板扫至积灰槽，在积灰槽下侧设置一个自动排灰装置，将灰自动排出室外；燃料在炉膛燃烧室内经过三次配风后，又在燃烬室内充分完全燃烧；燃烧的热量及烟气经过不锈钢三回程换热器排出炉外，换热管内设置弹簧，能自动除灰，在炉旁设置鼓风机把换热管的热量带走。

（3）生物质高效传热节能热风炉的优点

炉算组件含有炉算转动机构，炉算由不锈钢材料制成并且时刻转动，解决了固定炉排不动、燃料结焦的问题；上炉膛上方设有燃烬室，下炉膛上设有一次进风口和二、三次进风口，保证生物质燃料完全燃烧，且燃烧时无黑烟，利于环保；积灰槽和二、三回程落灰膛底部同时设有自动排灰装置，且炉算下面设有扫灰板将炉算落下的灰扫入积灰槽中，由螺旋组件把灰排到炉外，实现了自动排灰，操作简单、方便，降低了工人劳动强度；换热组件的换热管内设有自动除灰装置，解决了传统

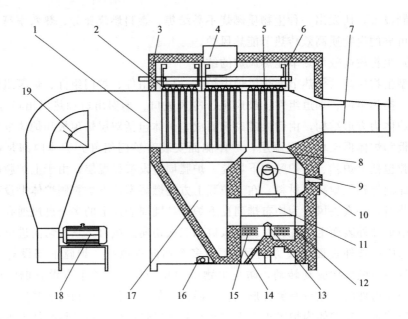

图 4-17　生物质高效传热节能热风炉结构示意图

1—冷风进口；2—自动除灰装置；3—炉体；4—烟囱出口；5—换热组件；6—烟道组件；

7—热风出口；8—燃烬室；9—螺旋给料组件；10—炉门；11—炉膛；12—炉箅组件；

13—二、三次调节进风口；14—积灰槽；15—一次进风口；16—自动排灰装置；

17—回程落灰腔；18—鼓风机组；19—调风门

热风炉换热管不能自动除灰的问题，提高了传热效果及热利用率。换热管采用不锈钢材料制成，相对于传统热风炉换热管采用碳钢材料容易烧坏，提高了换热管的使用寿命；烟道组件分设有烟道弯管及耐火层和内烟道，以及含有分烟闸板和分烟调节杆。这样一来，当用户需的热风不是纯净的热风时，可以通过烟道组件利用一部分烟气，进一步提高热风炉的热利用率。炉体框架内设有保温层，炉膛周边设有保温层和耐高温层，炉门内外层钢板内设保温层，炉门内表面设有耐高温层等，有助于提高热利用率。综上，该生物质高效传热节能热风炉生物质燃烧不易结焦，燃料燃烧充分，热效率高，且操作简单、方便，换热管使用寿命提高，应广泛推广实施。

3. 双螺旋推送式生物质燃烧装置

为了提高生物质燃料的燃烧效率，设计了双螺旋推送式生物质燃烧装置，该装置主要分为进料和燃烧两部分。进料部分包括进料筒和安装板，进料筒上部设有进料口，进料筒的内部设有对称布置的燃料放置槽，燃料放置槽内部设有螺旋推运叶片，进料筒与衔接筒之间安装有固定板。燃烧部分包括燃料放置板、通气管道、推渣板和 T 型丝杆传动机构。远离固定板的一端设有燃料放置板，燃料放置板为 U 形结构，其顶端设有凹槽；凹槽的中间位置设有分隔板，凹槽底部设有位于分隔板两侧的波浪形结构底板，如图 4-18 所示。波浪形底板有利于秸秆颗粒燃料的堆积空隙生成，便于空气与颗粒燃料的混合燃烧效果。底板的上层设有位于分隔板两侧的推渣板，在进料筒的底端安装 T 型丝杆，用于带动推渣板运动。在推料筒的外侧靠近固定板处设有若干个通气管，用于补充燃烧氧气。

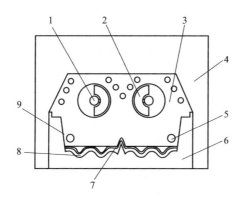

图 4-18　双螺旋推送式生物质燃烧装置结构示意图

1—转轴；2—叶片；3—衔接筒；4—固定板；5—通气孔；6—燃料放置板；

7—分隔板；8—底板；9—凹槽

生物质燃烧装置工作原理：生物质颗粒燃料由进料口进入进料筒中的燃料放置槽内，由电动机驱动的双螺旋式推运器将燃料推至燃料放置板上，点火系统将燃料点燃，同时通气管与外界的氧气装置连接助燃燃料充分燃烧。在此过程中，推运器转轴和 T 型丝杆传动机构均与外界的正反转电动机连接，通过设置计时器精确地控制时间，使得计时器与正反转电动机开启，进而准确地向进料口中投入燃料，使得燃料进入燃料放置槽中；同时电动机带动转轴旋转从而带动叶片旋转，使得叶片推动燃料进行移动，进而使得燃料依次进入推料筒中而进入燃料放置板的内部，氧气通过通气管先进入衔接筒并通过通气孔进入燃料放置板中，使得空气和燃料充分混合，为燃料的燃烧提供氧气。同时启动正反转电动机，正反转电动机带动 T 型丝杆作往复运动，T 型丝杆带动推渣板推动燃烧之后的燃料渣在底板的顶端移动，进而实现了燃料渣的自动除渣功能。双螺旋推送式生物质燃烧装置结构示意图如图 4-19 所示。

综上所述，通过设计的双螺旋式推运器的转轴和螺旋叶片，便于实现对燃料的有效推送作用。由于转轴为前粗后细式，有效地解决了燃料在给料过程中的卡料、阻料和胀料的情况；同时通过设置两组转轴和叶片，实现了叶片旋转平推给料方式，使得给料均匀，有效地加快了燃料燃烧的进度，提高了工作效率。通过设置的 T 型丝杆与推渣板的作用，便于推动燃烧后的废料，进而实现了自动除渣功能；通过设置波浪形结构的底板，提高了底板的耐高温性，降低了底板变形的可能，同时提高了装置的使用寿命，从而减少了资金投入。

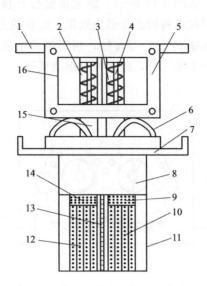

图 4-19　双螺旋推送式生物质燃烧装置结构示意图
1—安装板；2—燃料放置槽；3—螺旋叶片；4—转轴；5—进料筒；6—通气管；7—固定板；
8—衔接筒；9—渣板通孔；10—底板；11—燃料放置板；12—底板通孔；
13—分隔板；14—推渣板；15—推料筒；16—进料口

4. 链条炉排式生物质燃烧装置

该装置与燃煤炉结构类似，是在燃煤炉基础之上改装的生物质燃烧装置。其主要结构包括气化室、混合燃烧室、链条式炉排、上料机和出渣机。在气化室的进料口下方设有布料器，气化室的下部与混合燃烧室连通，链条式炉排置于气化室和混合燃烧室的下方与气化室和混合室连通，减速器分别与电动机和链条式炉排主轴连接，布料器主轴上的链轮与链条式炉排主轴上的链轮相对，在气化室和混合燃烧室的两侧壁上设有配风口与风机的出风管连通。

其工作原理为：将生物质压块燃料通过上料机送入气化室，当气化室的燃料达到一定高度时，布料器的叶片将压块燃料向两侧拨开，使燃料均匀放在炉排上，确保燃料能均匀气化和稳定燃烧。当燃料上匀后，打开点火炉门，取适量的易燃物料装入点火炉门内进行点火后，开启锅炉引风机，3min 后关闭点火炉门，开动链条式炉排转动，开启鼓风机，调整各配风机的风量，使燃料处于最佳状态；同时调整炉排主轴转速，使燃料到达炉排末端前完全燃尽，然后调整上料机的上料速度，使上料速度与炉排速度相同，保持气化室内的燃料高度保持一致，实现燃料的气化和燃烧的稳定运行。需要停炉时，先停止上料，待气化室内的燃料完全气化后，再停鼓风机和引风机，锅炉停止运行，其结构如图 4-20 所示。

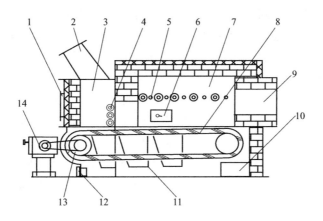

图 4-20　链条炉排式生物质燃烧装置结构示意图

1—点火炉门壳体；2—气化室上部进料口；3—气化室；4—一次配风口；5—二次配风口；

6—观察口；7—混合燃烧室；8—链条式炉排；9—出烟通道；10—出渣机；11—沉降箱；

12—出灰门；13—炉排主轴；14—电动机与减速器

5. 全自动增氧型生物质燃烧装置

在生物质燃烧反应初期阶段，进入炉膛内的空气并未与燃料充分混合发生反应。为了使焦炭和挥发性物质充分燃烧，炉膛中需要加入大量的空气，但如果空气中氧气量不足，使得以挥发性可燃气体为主的化学反应进行不完全，产生不完全燃烧损失。而在燃烧的后半程，可燃物质的燃烧不需要过多的氧气，供入过多的空气会导致生物质成型燃料不能够完全燃烧，降低了热风炉的经济性。因此，要进行合理的氧气供给才能保障秸秆成型燃料的充分燃烧，进一步提高生物质成型燃料热风炉的经济性。

研制的全自动增氧型生物质燃烧装置，包括外壳体、燃烧室、风门调节器、增氧管、旋流喷火嘴、保温层、进风系统、送料机构、鼓风机、底座、清灰门、炉箅等。炉体布置在外壳体内，在外壳体的一侧设置进料系统；在炉体内设置燃烧室，在燃烧室和炉体之间设置除灰室，在炉体的底部与燃烧室的底部之间设置积灰仓，在燃烧室内设置点火板；在进料仓的下方设置螺旋送料机，螺旋绞龙的进料端连接储料仓的下端，螺旋绞龙的出料端设置在燃烧室内，螺旋绞龙的外端连接减速电动机；在点火板与燃烧室之间设置箅板，箅板的一端连接在燃烧室上，另一端连接在点火板上，在箅板上设置通风孔；在炉体外侧设置风机，风机的出风口设置在炉体内的箅板下方；在炉体的上部设置烟筒，烟筒的出口端布置在外壳体的外侧；在外壳体的侧壁设置散热器，在外壳体上设置微电脑控制系统进行实时控制运行。

生物质增氧燃烧器工作原理：将生物质颗粒投放到料斗内，经螺旋送料机自动送到特定的下段燃烧室气化。该燃烧器设有开机自动点火装置，当生物质燃料输送至点火板，点火板感应到一定的重量后，开始点火；然后风机开始向燃烧室内通风，空气经预热后通过进风管与风门配合进入燃烧室，生物质燃料在燃烧室内燃烧。与此同时，由炉箅子底下不断送入经预热到100℃的热空气进行热裂解。在热裂解作用下迅速产生900℃以上高温，此时燃烧室内进入到高温缺氧状态，生物质颗粒在高温缺氧条件下进行高温裂解，在裂解同时产生一种含CO、CH_4、H_2等的混合可燃气体分子。当混合可燃气体分子流动至上段燃烧室时，在鼓风机作用下进行补充氧气并预热到100℃；当混合可燃气体分子得到充足的氧气助燃后得以充分燃烧，此时温度达到1000℃左右；经由耐高温旋流喷火嘴释出时再增加100℃氧气旋流助燃，这时释放出的温度高达1200℃以上。大部分热量以辐射的形式向外散热，另一部分通过散热器向外散热。燃烧产生的灰和烟，烟通过烟筒送到室外，燃尽的灰落进除灰室，进入除灰室的灰再落进除灰仓。

生物质燃烧器具有智能自动化电控系统，设有自动输送机，全程自动进行燃料输送；设有温差保护控制器进行全程温差监测和智能故障保护及报警装置。本装置无需人工加燃料，干净、快捷、无污染；全自动送料、配风，可达到最佳燃烧效果；智能化温度控制；全自动清灰。增氧型生物质燃烧器结构如图 4-21所示。

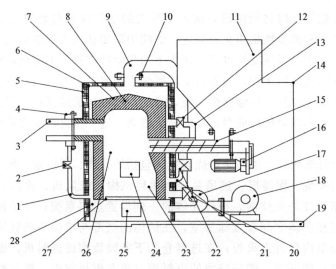

图 4-21　增氧型生物质燃烧器结构

1—第一增氧管；2—第一风门调节器；3—旋风挡板；4—旋流喷火嘴；5—外壳体；6—保温层；

7—内套；8—耐火墙；9—进风管；10—空气预热层；11—料斗；12—第四风门调节器；

13—第四增氧管；14—外罩；15—送料机；16—减速马达；17—第二增氧管；

18—鼓风机；19—底座；20—第二风门调节器；21—第三增氧管；

22—第三风门调节器；23—下段燃烧室；24—检查口；25—清灰口；

26—上段燃烧室；27—炉箅子；28—积灰仓

6. 多出料管生物质燃烧炉

该燃烧炉为一种多出料管生物质燃烧炉，具体构造有机身外壳，机身外壳的中部安装有内置燃烧筒，内置燃烧筒的外表面套设有外置保温筒；机身外壳的上端固定安装有渐窄式排气壁，排气壁的窄口处覆盖安装有出气板；外置保温筒上方至排气壁以下形成集热区，集热区内覆盖式设置有集热板；外置保温筒的下方设置有出料箱，出料箱的下端面开设有若干组漏斗式开口的出料管，出料管的下端固定安装有收集箱；收集箱的一侧设置有进气机，进气机的输出端固定连接有进气管。该多出料管的生物质燃烧炉，有助于燃料灵活燃烧使用，且操作方便、设计巧妙、制造成本低，便于推广使用。

（1）基本结构

如图 4-22 所示，多出料管生物质燃烧炉包括机身外壳、内置燃烧筒、外置保温筒、渐窄式排气壁、出气板、集热区集热板、出料箱、漏斗式出料管、收集箱、进气机、进气管、入料管口、分级旋转驱动机构和操控电气柜等。

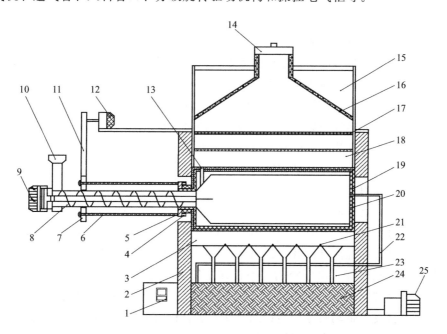

图 4-22　多出料管生物质燃烧炉结构示意图

1—操控电气柜；2—机身外壁；3—出料箱；4—卡块；5—固定环；6—螺纹转杆；7—转盘；
8—进料管；9—进料机；10—进料口；11—传动皮带；12—驱动电动机；13—出气孔；
14—出气板；15—预热应用箱；16—排气壁；17—集热板；18—集热区；
19—外置保温筒；20—内置燃烧筒；21—尖头凸块；22—进气管；
23—出料管；24—收集箱；25—进气机

（2）内置燃烧筒的设计

内置燃烧筒由分级旋转驱动机构驱动，可以单独旋转一定圈数或同时旋转内置燃烧筒与外置保温筒。分级旋转驱动机构包括固定安装于机身外的驱动电动机、套于进料管表面旋转的转盘、连接驱动电动机的输出轴与转盘的连接皮带以及贯穿转盘的螺纹转杆，螺纹转杆的一端固定安装有卡块。内置燃烧筒的入料管口长于外置保温筒的入料管口，内置燃烧筒的入料管口长于外置保温筒的入料管口部分固定套有固定环，外置保温筒的入料管口固定套有凸环，固定环与凸环均设置有滑槽，卡块插入固定环与凸环的滑槽中带动内置燃烧筒与外置保温筒同时旋转，卡块退出凸环滑槽后带动内置燃烧筒旋转。

内置燃烧筒的内表面靠近入料管口的位置设为渐宽漏斗式，靠近入料管口处为窄口，其渐变处开设有贯穿内置燃烧筒与外置保温筒的出气孔。内置燃烧筒与外置保温筒的外表面均开设有出灰孔。外置保温筒表面开设的出灰孔孔径大于内置燃烧筒表面开设的出灰孔孔径，外置保温筒与内置燃烧筒同时旋转时，外置保温筒与内置燃烧筒表面的出灰孔位置错开。

（3）进料机构与控制

入料管口的入料端设置有进料机构，进料机构包括进料口、位于进料口下方的绞龙式进料管，进料管的输出端口与入料管口的入料端固定连接；进料管的外表面固定安装有进料机，进料机驱动进料管内绞龙旋转，进料机的电源输入端与操控电气箱的控制输出端电性连接；出料箱的底端布满出料管，出料管的进料端口之间均设置有尖头凸块；出气板处设置放气阀门，渐窄式排气壁与机身外壁之间设为预热应用箱；集热板为蓄热体，机身外壳的内壁贴设有隔热膜层。机身外壳的一侧固定安装有操控电气箱，可以分别控制分级旋转驱动机构与进气机运行。

（4）工作过程

在使用时，首先通过操控电气箱控制进料机启动，使用者可以通过进料口放料，绞龙式进料管会将燃料运输至内置燃烧筒内燃烧。此时，内置燃烧筒表面开设的出灰孔与外置保温筒表面开设的出灰孔处于错开状态，燃料与燃料燃烧产生的灰尘不易从出灰孔处落入出料箱内，外置保温筒处于保温状态。为了加速燃料的消耗，可以转动螺纹转杆，将卡块卡于固定环与凸环的卡槽内，控制驱动电动机输出，通过连接皮带带动转盘旋转；同时使螺纹转杆与卡块带动内置燃烧筒与外置保温筒同时旋转，使燃料在内置燃烧筒内旋转，加速燃烧，此状态为保温燃烧状态。确保一定时间的高质量燃烧后，停止驱动电动机；旋转螺纹转杆带动卡块退出凸环的卡槽后，再次启动驱动电动机，单独使内置燃烧筒旋转，此时由于内置燃烧筒的出灰孔小于外置保温筒的出灰孔，燃烧后的灰尘会从较大的外置保温筒的出灰孔排入出料箱内，此状态为排出状态。为了充分燃烧，通过操控电气箱启动进气机，通过进气管向内置燃烧筒内通入空气，确保内置燃烧筒内氧气充足。在保温燃烧状态中，出气孔位置恒定，在燃烧时产生的烟气大部分会通过出气孔排入集热区内，另一部分通过出灰孔之间的细小间隙向筒外发散；当进入排出状态时，内置燃烧筒旋转，出灰孔会帮助将燃料燃烧后的灰尘排至出料箱内。出料箱内设置多组出料管，多组出料管之间还设置有尖头凸块，尖头凸块是圆锥状。出料箱的底板均为尖头凸块的尖头与漏斗式出料管的漏斗式口，可以有效地防止灰尘累积。进气管通过收集箱与进料管，其灰尘余温会帮助进气管内的空气升温，辅助气体进入内置燃烧筒内燃烧；集热区内设置有集热板，用于收集热量，在排气壁与机身外壁之间形成的预热应用箱内可以放置需要预热的燃烧材料或是其他需要加温的工具等，进一步利用散发出来的余热。进气管的输出端口与双筒相接，其表面可以安装耐高温轴承，或进气管的输出端设置为光滑耐高温金属。

7. 生物质燃烧炉

该燃烧炉是一种工业用生物质燃烧炉，包括炉体和供料机构，炉体设有二次进风口，所述炉体的侧壁设有预热室，预热室与炉体之间不设保温层，二次进风口连通至预热室，预热室设有与外部连通的进气口；所述供料机构包括料仓，料仓底部设有连接至炉体的送料螺旋，所述料仓与送料螺旋之间设有预热仓，预热仓位于预热室的侧部，且预热仓和预热室之间设有热交换器。本方案的生物质燃烧炉在炉体侧壁设置预热室，预热室的作用一是对二次进风进行预热；二是利用预热室的热量，可以在预热仓对料仓供应的生物质燃料进行预热，起到烘干作用。在上述作用下，促进生物质燃料充分燃烧，满足热量供应。

工业用生物质燃烧炉包括炉体和供料机构，炉体内壁是由耐火砖砌筑的耐火层，耐火层的外部再由轻质保温砖砌筑成保温层，保温层外部是钢质的壳体。炉体内部设有炉膛底板，炉膛底板的下方设有一次进风口，炉体还设有二次进风口，二次进风口位于炉膛底板的上方。相对于现有技术的改进部分是，本实施例在炉体的侧壁设有预热室，预热室与炉体之间不设保温层；不设保温层可以增加该区域炉体侧壁的散热性能，也就是利用炉体侧壁的散热对预热室进行加热。二次进风口连通至预热室，预热室设有与外部连通的进气口，在炉体内负压作用下，外部空气先经过进气口进入预热室内，在预热室中温度升高后再经过二次进风口进入炉体内，作为补氧促进炉体的不完全燃烧产物进一步燃烧；由于炉体侧壁的散热客观存在，增加保温层会降低侧壁散热速度，但不能完全避免。预热室的作用是对该部分热量进行收集，用于加热二次进风，进行回收利用。更重要的是，对二次风进行预热可以明显提高燃料的燃烧充分度。

该燃烧炉的供料机构在常规结构的基础上，在料仓与送料螺旋之间增设了预热仓，预热仓位于预热室的侧部；并且在预热仓和预热室之间设有热交换器，热交换器的作用是将预热室的一部分热量传递至预热仓内，利用预热室的热量对经过预热仓的生物质燃料进行预热。预热仓和预热室相互隔离开，可以避免燃料进入相对高温且有进氧条件的预热室中提前燃烧，如图 4-23 所示。

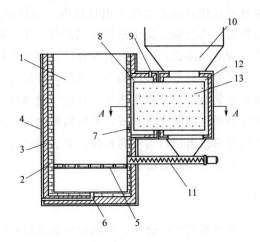

图 4-23 生物质燃烧炉的结构示意图
1—炉体；2—耐火层；3—保温层；4—壳体；5—炉膛底板；6——次进风口；
7—二次进风口；8—预热室；9—进气口；10—料仓；11—送料螺旋；
12—预热仓；13—导热板

四、生物质能干燥中心系统

生物质能干燥中心系统利用资源回收再利用，把生物质垃圾变成黄金。例如，像稻谷碾米后剩下的稻壳，玉米脱粒后剩下的玉米穗轴，木材加工后剩下的下脚料，或是废树枝、椰子壳等，这些都是宝贵的燃烧能源，用于谷物干燥，很快就可以回收投资干燥机的成本。生物质能干燥中心系统如图 4-24 所示。

图 4-24 生物质能干燥中心系统

生物质能干燥中心系统以粗糠（稻壳）为供热燃料，干燥设备由装糠方仓、粗糠炉和串联循环式干燥机组成。装糠方仓用来存放粗糠，粗糠炉用来烧粗糠，油箱连接粗糠炉用来点燃粗糠。鼓风机用来向炉内输送热空气，促进燃烧。炉内底部是粗糠燃烧区，粗糠炉左侧是灰烬仓，用来排出糠炉内燃烧的灰烬。装糠方仓和粗糠炉顶部分别有排烟管道，向外排出烟尘。粗糠（稻壳）炉原理：利用抽风机的进谷口抽取粗糠，通过抽风管道的运输，使粗糠进入粗糠方仓，进入粗糠炉前级控制系统。打开电源开关，开启风机按钮，先让风机把上一次干燥时残留的粗糠吹走，以便于本次入糠过程操作顺利。经过一段时间后，再打开送料阀按钮，开始向粗糠炉内送料。在粗糠炉操作面板上，打开电源开关，按下空炉入粗糠按钮。此时，粗糠炉开始自动计时入粗糠。粗糠经过管道，被输送到粗糠炉底部的燃烧区，经过一段时间入粗糠后，会自动停止入粗糠。粗糠炉燃烧作业：在完成干燥谷物的数据设定后，在粗糠炉操作面板上按下自动燃烧按钮，粗糠炉就开始自动点火燃烧运转，向干燥机内输送热风，并自动排出灰烬。

第三节 圆捆秸秆燃烧炉

生物质秸秆主要由可燃类碳水化合物组成，几乎不含硫。当秸秆类生物质高效燃烧时，由于其燃烧后无污染，因此，它无疑是最简便可行的高效利用生物质资源的方式之一。

一、圆捆秸秆燃烧方式

几种常见生物质秸秆的元素分析如表 4-6 所示。

表 4-6 生物质秸秆的元素分析

燃料类型	C/%	H/%	N/%	S/%	P/%	K_2O/%
小麦秸秆	41.28	5.31	1.05	0.65	0.33	20.40
水稻秸秆	38.32	5.06	0.63	0.11	0.15	11.28
玉米秸秆	42.17	5.45	0.74	0.12	2.60	13.80

圆捆秸秆燃烧炉可分为两种类型，一是直接将圆捆秸秆作为燃料；二是将圆捆秸秆先进行拆包或切片后再作为燃料燃烧，为其他设备提供能量。相对于秸秆成型燃料来说，圆捆秸秆燃料耗能最少、成本最低，这也使得大量荒废、无处安置的圆捆秸秆得以充分利用。圆捆秸秆如图 4-25 所示。

二、圆捆秸秆燃烧特性

1. 圆捆秸秆燃烧过程

圆捆秸秆燃烧过程是强烈的化学反应过程，又是生物质燃料和空气之间的传

图 4-25　圆捆秸秆

热、传质过程。生物质圆捆秸秆整个燃烧过程可分为 4 个阶段。

① 预热与干燥阶段。在该阶段，生物质秸秆表面在外界辐射热流量的作用下，温度逐渐升高，当温度达到约 100℃时，生物质表面和秸秆缝隙的水分逐渐被蒸发出来，秸秆燃料内的水分由液态变为气态，扩散到大气中，生物质秸秆被干燥。

② 热分解阶段。随着温度继续增高，到达一定温度时便开始析出挥发分，挥发分的主要成分包括一氧化碳、氢气等。这个过程实际上是一个热分解反应，一般认为，生物质燃烧时的热分解是一个一级反应，析出挥发分的速度随时间的增加按指数函数规律递减。

③ 挥发分燃烧阶段。随着温度的继续升高，挥发分与氧的化学反应速度进一步升高。当温度达到一定温度时，挥发分开始着火。着火开始时有轻微的爆燃，以后持续燃烧。当挥发分中的可燃气体着火燃烧后，释放出大量的热能，使得气体不断向上流动，边流动边反应形成扩散式火焰。在这个过程中，由于空气与可燃气体的配比不同，燃烧的效果也不同。挥发分中可燃气体的燃烧反应速度取决于反应物浓度和温度。生物质燃料挥发分燃烧放出的热能逐渐积聚，通过热传递和辐射向生物质内层扩散，从而使内层的生物质也被加热，挥发分析出，继续与氧混合燃烧；同时放出大量的热量，使得挥发分与生物质中剩余的焦炭温度进一步升高，直至燃烧产生的热量与火焰向周围传递的热量形成平衡。

④ 固定碳燃烧阶段。由于挥发分的燃烧消耗了大量的氧气，减少了碳表面氧气的含量，因此抑制了固定碳的燃烧。随着挥发分的燃烧，固定碳开始发生氧化反应，直至燃尽，形成秸秆灰。

虽然将生物质圆捆秸秆的燃烧分为 4 个阶段，但每个阶段的边界不明显，存在重叠现象，各个阶段相互影响。

2. 圆捆秸秆燃烧速度的影响因素

① 生物质秸秆的种类。不同生物质秸秆燃料具有不同的燃烧速度，但呈现相

似的变化规律；在燃烧前中期燃烧速度较快，后期燃烧速度较慢且趋于平稳。

② 生物质秸秆初始含水率。由于在生物质秸秆燃烧的第一阶段秸秆处于被干燥状态，生物质秸秆表面和秸秆缝隙的水分逐渐被蒸发出，所以较高水分的秸秆在此阶段会耗时较长。

③ 圆捆秸秆的密度及尺寸。秸秆打捆机将田间的秸秆（直立、铺放或散状）自动切割捡拾，通过揉碎、输送喂入、压缩成型以及打捆结扎等作业工序，把秸秆捆扎成外形整齐的草捆。圆捆秸秆捆的尺寸普遍为直径 1.25m、宽度 1.2m 左右，但其在打捆时的压缩密度不完全一致。当采用圆捆秸秆直接燃烧方式时，随着圆捆秸秆燃料密度增大，在燃烧过程中氧气及热量由外向里扩散及传递量减少，同时燃烧挥发分由里向外扩散速度减慢，从而降低了燃料的化学反应速度。

④ 温度对燃烧速度的影响。温度是通过对秸秆燃烧过程中的化学反应速度影响而起作用的。随着炉温升高，化学反应变得剧烈，燃烧速度加快，两者之间的关系符合以下规律：

$$K = K_0 e^{-\frac{E}{RT}} \tag{4-2}$$

式中　K——表征化学反应速度的常量；

　　　K_0——与化学反应有关的系数；

　　　E——化学反应活化能，kJ/(kmol·K)；

　　　R——通用气体常数，8.314kJ/(kmol·K)；

　　　T——热力学温度，K。

⑤ 空气扩散速度。生物质秸秆燃料在燃烧过程中需要适量的空气量，其主要影响成分是空气中的氧气，空气量太大、太小都会使燃烧速度降低。空气气流的扩散速度与氧气浓度的关系遵循如下关系式：

$$M = C_k(c_{gl} - c_{jt}) \tag{4-3}$$

式中　M——气流扩散速度的量；

　　　C_k——扩散速度常数，主要取决于气流速度，与温度基本无关；

　　c_{gl}，c_{jt}——空气气流和碳表面的氧气浓度。

根据温度和空气扩散速度对生物质秸秆燃烧的影响程度不同，可将燃烧过程分为 3 个区段。

a. 动力燃烧区段。当燃烧温度较低时，秸秆燃烧过程的化学反应不剧烈，燃烧速度主要由温度决定。

b. 扩散燃烧区段。当燃烧温度升高到一定温度时，秸秆燃烧过程的化学反应剧烈，速度加快。在此过程中，通过增加空气扩散速度，可以加快生物质秸秆的燃烧速度。

c. 过渡燃烧区段。此区段在动力燃烧区段与扩散燃烧区段之间，与燃烧温度和空气扩散速度都有关。

三、圆捆秸秆燃烧炉的应用

1. 圆捆秸秆直接燃烧炉

由丹麦生产的 Cigar 燃烧炉，如图 4-26 所示。连续的圆捆秸秆被液压活塞装置由进料通道推进炉膛，圆捆秸秆进入燃烧室并被点燃，空气由引风机和安置在倾斜炉膛入口处的喷嘴喷入炉膛；圆捆秸秆先经过预热干燥阶段，燃料被加热，温度逐渐升高，随后秸秆开始析出挥发分并开始燃烧，固定碳随后燃烧；燃尽的灰分沿着倾斜的炉排滑入炉膛的最底部，由除渣机等设备进行排出，干净的空气经由换热器后提供给相应设备，废烟气最终经过除尘设备后由烟囱排出。

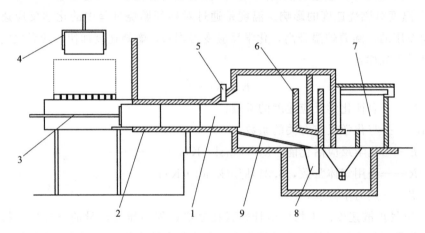

图 4-26　Cigar 燃烧炉
1—圆捆秸秆；2—进料通道；3—液压推杆；4—起重机；5—空气喷嘴；
6—炉拱；7—换热器；8—除灰装置；9—炉排

温度控制对秸秆燃烧很重要，因为水分含量较低的秸秆燃烧时易引起高温，因此，燃烧室必须采取相应的降温措施。

由于圆捆秸秆是将原来松散、无定形的生物质秸秆，通过打捆机制成的圆捆，因此其密度大于杂乱无序堆积的秸秆密度，在燃烧炉内点火性能不如散乱的秸秆。圆捆秸秆燃料与散乱生物质秸秆燃料相比，圆捆秸秆燃烧初期挥发分产生较慢，其处于燃烧动力区时间相对较长；随着圆捆秸秆温度升高，当到达一定温度时，化学反应剧烈，挥发分燃烧进入过渡区与扩散区。

对比逐个放入圆捆秸秆的燃烧设备，由于逐个放入圆捆秸秆的燃烧设备在圆捆秸秆燃烧后每次都需打开炉门放入新的圆捆秸秆，炉内温度和一氧化碳等的含量发生波动，导致燃料燃烧不稳定。而如 Cigar 燃烧炉的设备，其采用连续圆捆秸秆喂入的方式，就较好地避免了这些问题。

在圆捆秸秆燃烧过程中，要使圆捆秸秆充分燃烧，必须满足三个条件：一是一定的温度；二是合适的空气量及与燃料良好地混合；三是足够的反应时间和空间。

① 一定的温度。温度是充分燃烧的首要条件，温度的高低对生物质圆捆秸秆的干燥、挥发分析出和点燃有着直接的关系。温度高，则圆捆秸秆的干燥、挥发分的析出和达到秸秆着火温度的时间也会相对变短，也更容易点火。要使圆捆秸秆着火燃烧，必须使温度达到着火点。

② 合适的空气量及与燃料良好地混合。当一定数量的生物质秸秆完全燃烧时，其需要一定的空气量（此空气量称为理论空气量）；由于空气与秸秆燃料混合不完全等多因素的存在，实际供给的空气量（此空气量称为实际空气量）一般都大于理论空气量。实际空气量与理论空气量的比值则称为过量空气系数，即

$$\alpha = \frac{V}{V_C} \tag{4-4}$$

式中　V——单位质量燃料燃烧时实际供给的空气量（标准状态下），m^3/kg；

　　　V_C——单位质量燃料完全燃烧时的理论空气量（标准状态下），m^3/kg。

在合适空气量情况下，影响秸秆燃烧的主要因素取决于空气与秸秆燃料的良好混合，一般由空气气流流速决定。气流扩散大时，空气与燃料混合充分，圆捆秸秆燃烧较好。但是，如果过量空气系数过大，进入燃烧室的冷空气多，其会降低燃烧室内的温度，影响整体的燃烧进程。

③ 足够的反应时间和空间。生物质秸秆燃烧需要一定的时间，通常指化学反应时间和空气与秸秆燃料混合的时间，化学反应的时间较短。在秸秆燃料燃烧过程中，若燃烧空间过小，燃料的滞留时间则较短，燃料还没有充分地燃烧就提前进入炉内低温区，从而使气体秸秆燃料不完全燃烧热损失增加。因此，为了保证生物质秸秆的充分燃烧时间，就要有足够的燃烧空间。此外，若燃烧空间存在死角，即使空间再大，燃烧时间仍可能不够，因此需要设置合理的炉拱，改变气流的流动方向，使之更好地充满燃烧空间、延长停留时间，并加强气流扰动。

2. 圆捆秸秆解捆燃烧燃烧炉

对于圆捆秸秆，可以通过先解捆、再通过燃烧炉燃烧的方式为其他设备提供热量。对于此燃烧方式的燃烧炉，其包含圆捆秸秆解捆机、秸秆输送机、生物质供热交换炉三大部分。圆捆秸秆解捆燃烧燃烧炉的基本结构如图 4-27 所示。此燃烧炉还可以将燃煤作为燃料，因此其包含上煤机等。

工作过程：秸秆圆捆经起重机械被放置在拆捆机上，被自动拆捆后的生物质秸秆以层状的形态由秸秆输送机送入燃烧炉内。燃烧炉多采用链条炉和往复推式炉排炉，其中炉膛的前半部分主要由炉排构成，后半部分的炉膛分为上下两部分；上层为燃料产生的烟气通道，下层为炉排炉渣的运输通道。由于生物质秸秆中碱性物质含量较高，在高温燃烧环境下，碱性物质及其相关无机元素可能在炉膛内形成熔渣或以飞灰颗粒的形式沉积于受热面，影响燃烧炉的热效率，因此在燃烧炉的设计中

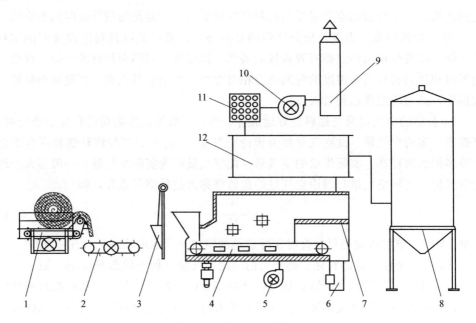

图 4-27　圆捆秸秆解捆燃烧燃烧炉
1—拆包机；2—秸秆输送机；3—上煤机；4—链式输送机；5—引风机；
6—除渣机；7—炉拱；8—干燥设备；9—水膜除尘器；10—引烟风机；
11—干式除尘器；12—换热器

要给予重视。由于被拆包后的生物质秸秆仍具有一定的压缩密度，其密度大于散乱堆积秸秆的密度，其结构与组织特征就决定了挥发分的溢出速度与传热速度都有一定程度的降低，点火温度也有所升高。层状形态的生物质秸秆在燃烧炉的输送链耙被点燃，与一次进风相混合，逐步地进行干燥、热解、燃烧及还原过程；可燃气体与二次进风在炉排上方的空间充分混合燃烧，燃烧产生的灰尘和炉渣最终落入沉积箱，由除渣机排出。高温烟气经换热器将干净的空气加热，最终烟气经过除尘设备后排出。

　　圆捆秸秆解捆燃烧燃烧炉工作流程示意如图 4-28 所示，其工作过程如下。

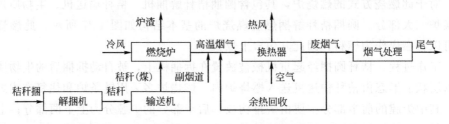

图 4-28　圆捆秸秆解捆燃烧燃烧炉工作流程示意图

　　此燃烧炉的换热器选用横纵交叉组合的列管式换热器，下端采用横式列管，主要是防止烟气温度过高、腐蚀管口。为减轻腐蚀，因此选用管壁与烟气最先接触再通过竖式列管。冷介质经过换热器横式列管为直通加热,在经过竖式列管时,列管内有交错分布的隔板,使冷介质进行曲线运动,其目的为增大换热面积,提高介质温度。烟气处理系统采用了干湿组合式除尘装置,其中干式除尘器采用立式陶瓷管装置,烟气在通过立式陶瓷管时,会形成环绕内壁的气流,从而使较大的灰尘颗粒通过管壁落下。湿式除尘器采用了水膜除尘装置,该装置会从水池将水抽到较高的喷头处,从而形成一层紧挨管内壁的水膜;而从立式陶瓷管中通过的烟气会进入到水膜除尘装置中,烟气由下向上运动,与水膜充分混合,将细小的烟气灰尘颗粒吸附水中再流到水池中,使烟气达到较高的清洁度再排放到大气中。

拆捆机主要结构组成如图 4-29 所示。通过输送链耙的带动向前运动,拆包机两侧的护栏与输送链耙上的钉齿可以限制圆捆秸秆移动,输送链耙带动圆捆秸秆运动后旋转。当刀轴工作时,因为刀轴对秸秆捆的作用力与输送链耙对圆捆秸秆的作用力方向相反,从而刀轴的刀片对圆捆秸秆进行拆包,刀轴的转速和输送链耙的速度可通过调速电动机调节。圆捆拆捆与喂入设备如图 4-30 所示。

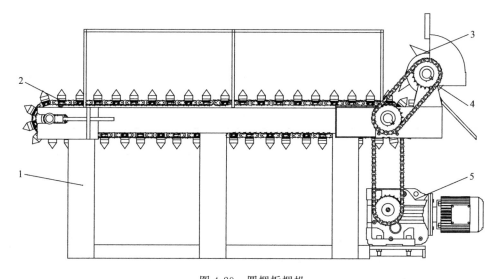

图 4-29 圆捆拆捆机
1—机架;2—输送链耙;3—刀轴;4—出料口;5—动力装置

圆捆秸秆解捆燃烧炉,在秸秆燃烧过程中,要使秸秆充分燃烧,仍然需要满足温度要求,空气量合适及与燃料良好混合,以及有足够的反应时间和空间。

在生物质圆捆秸秆燃料燃烧过程中,其产生的热值除了与它们的种类相关外,与秸秆的含水率也有较大的关系;含水率较高的秸秆,燃烧前期所需的热量也较多,即其燃烧的热值也就越低。含水率较高的生物质秸秆在燃烧过程中不但损失热量,同时还可能导致秸秆的不完全燃烧,产生大量黑烟,污染环境。对于放置时间过久的圆捆秸秆,其圆捆内部由于发热和腐朽等,使秸秆的热值降低。常见的生物质秸秆低位热值与含水率的关系见表 4-7。

图 4-30　圆捆拆捆与喂入设备

表 4-7　生物质秸秆低位热值与含水率的关系　　　单位：kJ/kg

项目	含水率							
	5%	7%	9%	11%	12%	14%	16%	18%
水稻秸秆	14183	13832	13481	13129	12594	12602	12251	11899
玉米秸秆	15422	15041	14661	14280	14092	13711	13330	12949
豆类秸秆	15723	15338	14949	14568	14372	13991	13606	13221
麦类秸秆	15438	15053	14681	14301	14154	13732	13355	12975
谷类秸秆	14795	14426	14062	13694	13514	13146	12782	12456

　　生物质圆捆秸秆燃料燃烧克服了散乱生物质秸秆单位体积能量低、燃烧速度过快、挥发分不完全燃烧，导致热损失较大的缺点以及生物质秸秆成型燃料成本高、点火性能较差的不足。生物质圆捆秸秆燃料燃烧速度适中、温度波动小和燃烧稳定性较好，其热效率可达 73% 以上，同时其具有成本低、耗电少、低污染等优点。圆捆秸秆燃料在一定的领域内可以较好地代替传统燃煤燃料，生物质秸秆是易于实现高效利用的洁净燃料，生物质圆捆秸秆燃烧利用是一个重要的发展方向。

第四节　生物质方捆燃烧炉

一、生物质捆烧过程

　　生物质捆烧过程不仅是强烈的化学反应过程，又是燃料和空气间的传热、传质过程。整个燃烧过程可分为 5 个阶段：

　　① 预热干燥阶段。打捆燃料表面在外界辐射热流量的作用下，温度逐渐升高，当温度达到约 100℃ 时，燃料表面和缝隙的水分逐渐被蒸发出来，燃料被干燥。

　　② 热分解阶段。到达一定温度约 200℃ 时，燃料内的部分半纤维素、纤维素和

木质素开始分解成为挥发分析出，挥发分的主要成分包括 CO、H_2、CO_2、C_nH_m 等。

③ 挥发分燃烧阶段。随着温度的继续升高，达到约 260℃ 时，挥发分开始着火、燃烧，释放出大量热能，形成扩散式火焰。热能逐渐积聚，通过热传递和辐射向燃料内层扩散；内层挥发分析出，继续与氧混合燃烧，放出热量，使内层焦炭的温度进一步升高。

④ 固定碳燃烧阶段。燃烧进一步向打捆燃料内更深层发展，当挥发分的燃烧快终了时，固定碳已被加热到很高的温度，一旦与氧气接触，就发生燃烧反应。

⑤ 燃烬阶段。随着焦炭的燃烧，燃烬灰层逐渐加厚，可燃物基本燃尽，至此打捆生物质燃料完成整个燃烧过程。

以上 5 个阶段的燃烧过程分界线不明显，存在交叉现象且相互影响。

二、生物质捆烧特性

由于打捆生物质燃料是将原来松散、无定形的秸秆等生物质原料，通过打捆机械的作用形成具有一定形状的固体燃料，其密度大于原生物质的密度，其结构与组织特征决定了挥发分的溢出速度与传热速度都有很大降低，点火温度有所升高，点火性能变差，但比型煤的点火性能要好，从点火性能考虑，仍不失生物质点火特性。燃烧开始时挥发分分解较慢，燃烧处于动力区，随着挥发分燃烧逐渐进入过渡区与扩散区，燃烧速度适中能够使挥发分放出的热量及时传递给受热面，使排烟热损失降低。同时挥发分燃烧所需的氧与外界扩散的氧匹配较好，挥发分能够燃尽，又不过多地加入空气，炉温逐渐升高，减少了大量的气体不完全燃烧损失与排烟热损失。挥发分燃烧后，运动的气流使骨架炭能保持层状燃烧，能够形成层状燃烧核心。炭燃烧所需要的氧与外界扩散的氧相当，燃烧稳定持续，炉温较高，减少了固体与排烟热损失。总之生物质捆烧速度均匀适中，燃烧所需的氧量与外界渗透扩散的氧量能够较好地匹配，燃烧波浪较小，燃烧相对稳定。

三、国外生物质捆烧研究现状

欧盟许多成员国具有丰富的可再生能源，生物质秸秆捆烧技术发展迅速，丹麦、比利时、法国的生物质草捆燃烧技术发展最为成熟。美国、日本等国也已开始发展生物质捆烧技术，并形成产品系列化，在一些区域得到推广应用。丹麦具有各种小型、中型及大型打捆机，能生产各种型号的生物质秸秆捆，适应不同层次的燃烧设备。生物质锅炉型号也比较齐全，主要有以下三种锅炉系统：

① 以片状草捆为燃料的系统。整个草捆被液压切片机切成片后由活塞式输送机推入锅炉。在切片之前，将草捆举至与液压切片机垂直的位置，然后从草捆底部开始切片。

② 连续燃烧整个草捆的系统。此类锅炉没有把草捆切碎，而是将多个完整草

捆排成一列连续不断地推入炉膛内。首先起重机把草捆置于料箱中，由液压驱动的活塞式输送机将其推入通道中，然后再把草捆推至位于炉墙上的燃烧器处。秸秆在此释放出挥发分，并通入大量的二次空气将其完全燃尽。此时仍然向前推进草捆，没有燃尽的秸秆和产生的灰分落在了水冷炉排上最后燃尽。

③ 燃烧整个草捆的锅炉系统。起重机将秸秆放入防火通道中，将其运至料箱中，随后预热室的炉门打开，草捆进入预热室。预热室几乎是一个"气化室"，草捆在预热室内被已有的燃料点燃。根据引入空气位置的不同，草捆的前部或顶部开始部分燃烧。根据烟气温度和浓度来控制空气量。安装在预热室底部的传输设备将正在燃烧的草捆运送至灰室出口处。

丹麦、比利时、法国的生物质草捆燃烧技术发展最为成熟。丹麦早在 20 世纪 70 年代就已开始燃用整捆秸秆，第一批燃烧整捆秸秆锅炉的性能较差，效率只有 30%～40%，且烟气中 CO_2 浓度较高。1990 年，丹麦政府制定能源计划以减少 CO_2 的排量，由于生物质能源 CO_2 零排放，丹麦开始鼓励用生物质锅炉代替小型燃用化石燃料的锅炉。1995 年，丹麦制定了秸秆锅炉补贴计划，秸秆锅炉应用规模显著提高。2002 年，丹麦政府又颁布新补贴制度，锅炉要获得补助就必须通过型号核准测试，各项指标达到排放标准，测试结果越好得到补助就越多，这大大刺激了制造商的研发积极性，使得各类高效率低 CO_2 排放浓度的生物质锅炉迅速发展起来。现今，丹麦具有各种小型、中型及大型打捆机，能生产各种型号的生物质秸秆捆，生物质锅炉型号也比较齐全。德国、日本等国也已发展起生物质捆烧技术，并形成产品系列化。如德国 REKA 开发带有秸秆解捆设备的自动化燃烧系统，在一些区域得到推广应用，如图 4-31 所示。

图 4-31　带有秸秆解捆设备的自动化燃烧系统

四、国内方捆与捆烧设备

中国对生物质秸秆捆烧技术理论及应用研究才刚刚起步，燃烧打捆生物质的设备还很少，很多技术问题还有待解决。但我国已经具有了发展生物质秸秆捆烧锅炉技术的基础条件。各种型号的打捆机已经市场化，设备也已定型，专业化秸秆打捆机生产厂家也很多，如山东省广饶石油机械股份有限公司、中收农机股份有限公司新疆分公司、上海电气集团现代农业装备成套有限公司、石家庄农牧机械厂等。打捆机的种类也很多，有小麦秸秆打捆机、玉米秸秆打捆机、牧草打捆机等多种类型。打捆的秸秆一部分用作畜牧厂的饲料，但由于秸秆资源量大，除作畜牧饲料外，还有较多的剩余，必有一部分打捆秸秆用作燃料。

我国研发的机型主要集中于小方捆打捆机，开发小方捆打捆机的单位主要有中国农业机械化科学研究院呼和浩特分院、现代农装科技股份有限公司、中国收获机械总公司以及中日合资上海世达尔现代农机有限公司。主要机型有中国农机院呼和浩特分院研制的 9YFQ-1.9 方草捆打捆机，现代农装公司研制的 9YFQ-1300、1600 系列方草捆打捆机，中国收获机械总公司研制的 9YFQ-1.5 型方草捆打捆机以及上海世达尔公司研制的 THB 系列小方捆打捆机。打捆机的种类也很多，有小麦秸秆打捆机、玉米秸秆打捆机、牧草打捆机等多种类型。打捆的秸秆一部分用作畜牧厂的饲料，一部分送往秸秆生物发电厂切碎燃烧。我国对直接燃烧整捆秸秆的研究不多，河南农业大学的刘圣勇于 2010 年设计制造生物质捆烧锅炉，秸秆打捆燃料（$250mm \times 250mm$）经进料口进入炉膛，在炉排上层状燃烧，炉排上未完全燃烧的生物质屑和灰渣大部分落到灰室里继续燃烧，产生的热量用来加热锅炉的给水，小部分灰渣落入炉排的下方经进风口排出。打捆燃料在炉排上燃烧后形成的部分可燃气体在炉膛中二次风的作用下充分燃烧上升并与燃料产生的烟气一起，经炉膛后墙的出烟口流向降尘室和后面的对流受热面。这种燃烧方式实现了打捆生物质的分步燃烧，缓解了生物质燃烧速度，达到燃烧需氧量与供氧量的匹配，热负荷达 35kW，热效率达 73.13%。此锅炉间歇式进料，燃烧不太稳定，效率也不高。目前，我国燃烧打捆生物质的设备很少，很多技术问题也有待解决。

五、方捆燃烧炉的应用

1. 方捆秸秆燃烧炉

随着化石能源消耗导致温室气体效应加剧，寻找替代型清洁可靠的能源已迫在眉睫，生物质能被广泛认为是一种"CO_2 零排放"的环境友好型可再生能源，因此，生物质能应用得到全世界范围内的广泛重视，而且生物质燃烧技术是目前最为成熟的生物质应用技术。由于农作物秸秆来源分散，收集、运输、储存等都需要一定的成本，目前主要以打捆（包）送生物质电厂打散后燃烧发电，或干燥后加工为成型燃料。由于成型燃料每吨 800～1000 元，经济性差，一般企业难以承受，而打捆生物质的水分一般高达 35%～45%，直接燃烧会着火困难、燃烧不尽、燃烧效率低。如果打捆生物质在燃烧前干燥，将水分降至 25% 以下，然后成捆生物质直接送入炉内燃烧，那么这种方式无疑是最经济的、最值得推广的先进生物质燃烧技术。但目前捆烧生物质技术存在诸多不足。含水率为 35%～45% 的打捆生物质，着火困难，同时烟气流程较短，造成生物质燃烧不充分，热效率低。

(1) 燃烧特点

采用间歇式进料，半气化逆向燃烧，燃烧装置内部配有烘干预热装置和二次进风系统，秸秆捆燃料通过干馏气化充分燃烧，燃烧装置对秸秆物料的水分要求不严格，正常情况下自然环境产生的秸秆都可以充分使用，秸秆含水量 35% 以下可以充分燃烧。对于秸秆打捆期间所携带的泥土和沙粒无需经过处理，显著降低了秸秆燃料的综合成本。本装置采用人工送料装置，物料的外型尺寸：长度 300～850mm、宽度 450mm、高度 350mm，适用于秸秆、稻草捆状物料，不能使用燃煤、生物质压块等物料。

(2) 结构特点

方捆秸秆燃烧炉由底座、进风口、燃料支架、进料口、炉排、辐射换热板、炉膛、降尘室、对流换热板、二次风管道、烟道、烟囱等部分组成，其结构布置如图 4-32 所示。

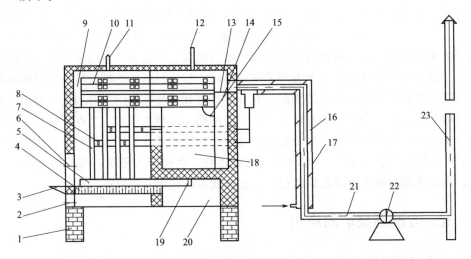

图 4-32　生物质方捆秸秆燃烧炉结构简图

1—底座；2—进风口；3—燃料支架；4—炉排；5—下集箱；6—进料口；7—辐射换热板；
8—二次风喷口；9—前烟箱；10—对流换热板；11—出水口；12—排气口；13—烟气挡板；
14—后烟箱；15—排气管；16—二次风夹层；17—肋板；18—降尘室；19—进水口；
20—灰室；21—烟道；22—引风机；23—烟筒

该燃烧炉采用可转动炉排的固定炉排结构，该炉排根据所需气化或逆向燃烧位置的要求，可以自身转动炉排调节轮控制，这种炉排可以减小进料阻力。进料口作为进燃料之用；进风口用于供给空气和排除炉排下面的灰烬。二次风进管与主烟道布置在一起，两者之间为二次风夹层，二次风夹层周围环绕有肋片，这样既防止二次风在夹层内产生短路，又增加二次风在夹层内的停留时间，便于预热二次风，最终通过二次风支管进入二次风喷口助燃秸秆捆二次燃烧。二次风干管和支管外面都要敷设保温材料，尽量避免二次风与外界过多散失热量。炉膛设计成四面体结构，两侧是辐射换热板，底部为炉排及集灰箱，上部是保温层。在两侧墙体内布置二次风喷口，为了避免炉膛中的高温火焰烧坏喷口，二次风喷口不宜伸进炉膛。后墙上设有烟气出口。烟气出口靠上方，以保证可燃气体的燃烧和火焰充满炉膛。

（3）方捆秸秆燃烧炉工作原理

放在燃料支架上的截面方形（350mm×450mm）的打捆生物质燃料经进料口进入炉膛，在炉排上层状燃烧，炉排上未完全燃烧的秸秆和灰渣大部分落到灰室里继续燃烧，产生的热量用来加热锅炉的给水，小部分灰渣落入炉排的下方经进风口排出。在炉膛负压的作用下，外界空气进入二次风夹层，二次风在烟道周围一边被加热一边被肋片引导向上流动，被加热后的二次风经二次风喷口进入炉膛中。打捆生物质燃料在炉排上燃烧后形成的部分可燃气体在炉膛中二次风的作用下充分燃烧上升并与燃料产生的烟气一起，经炉膛后墙的出烟口流向降尘室和后面的对流受热面。这种燃烧方式，实现了打捆生物质燃料的分步燃烧，缓解生物质燃烧速度，达到燃烧需氧与供氧的匹配，使生物质燃料稳定、持续、完全燃烧，充分利用了热量，起到消烟除尘作用。

2. 小方捆秸秆气化燃烧炉

小方捆秸秆气化燃烧炉属于农村区域做饭取暖使用秸秆炉，如图4-33所示。它包括秸秆气化炉和气化灶。具体结构包括气化炉体、筒盖、气化室、投料口、投料半活门、保温夹水层、炉箅、环形集气室、放水口、出灰口、搂灰耙、筒底、气孔、鼓风机、气化燃烧室、集火板、聚火孔、气化灶灶台、耐火层、注水管炉。气化炉筒腔为气化室，圆周为夹层水包，投料口以下的筒体内通过弹簧铰链连接投料半活门。倒锥台形筒底中心为栅状。筒体底部具有一圈环形集气室，内壁设小孔。气化灶内设有倾斜的集火板，中间设有聚火孔，集火板的下方是气化燃烧室，其前端与环形集气室之开口相对接。集火板之上为灶台，集火板和灶台为夹层水包结构。气化炉产生的可燃性气体富集于环形集气室，然后输向灶台气化燃烧室燃烧，无中间停留环节，直接被燃烧，不会产生焦油污染和气味。炉体夹层水包与灶台水包和集火板水包连通，构成高效水暖加热系统，对外供暖效果好、效率高。

如图4-33所示，首先，小方捆秸秆由圆柱筒气化炉顶部一侧的投料口进料，秸秆小方捆在投料半活门之上的空间可以停留数分钟，一方面进行预热秸秆捆，另一方面可以作为接续燃烧的缓存仓。筒体内下部为气化室，当定时打开活门后，将秸秆捆投入气化室进行燃烧。气化炉筒体底部设炉箅，炉箅下部是倒锥台形筒底，筒底中心底部为栅格状，用于排泄灰烬残渣。鼓风机的鼓风口安装在筒底空间内炉箅底部，用于通入助燃空气增氧燃烧。此燃烧方式使灰烬颗粒充分沉降在炉内，为烟气处理减轻负担，倒锥台形筒底内设有清渣用的钩耙，方便清除灰烬。气化炉和

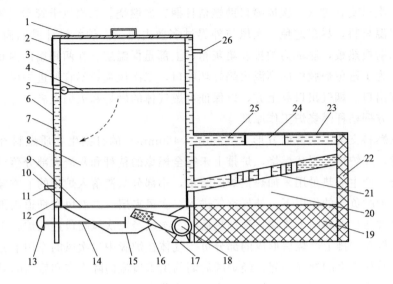

图 4-33　小方捆气化秸秆炉主视图

1—筒盖；2—投料口盖；3—投料口；4—投料半活门；5—弹簧铰链；6—气化炉体；
7—保温夹水层；8—气化室；9—炉箅；10—环形集气室；11—放水口；12—灰口；
13—手柄；14—钩耙；15—栅状；16—筒底；17—气孔；18—鼓风机；
19—聚火孔；20—气化燃烧室；21—集火板；22—气化灶；23—灶台；
24—灶口；25—耐火材料；26—注水管

气化灶设计成一体式结构，在圆柱筒体底部设计一圈环形集气室，集气室内壁与气化灶的气化燃烧室相通。气化灶呈方台形，下部具有倾斜的集火板，中间设有对应的聚火孔；集火板之下为气化燃烧室，集火板之上为灶台，其中心为灶口。该气化炉产生的可燃性气体富集于环形集气室内，然后输向灶台气化燃烧室燃烧，可燃性气体直接被燃烧，不会产生焦油污染和气味。可燃性气体富集进入炉灶燃烧室，集火板的聚火孔使可燃气体具有一定压力，燃烧火焰呈喷出状态，燃烧猛烈且火力旺盛。筒体圆周为夹水层，集火板和灶台也为夹水层结构，气化炉炉体夹水层与灶台、集火板水层连通，构成高效水暖加热系统。由于此燃料不含添加剂，炉温控制良好，使秸秆灰渣不产生过烧现象，便于秸秆灰渣生成有机肥还田，减少二次污染。

3. 秸秆兼用型热风炉

（1）热风炉特点

本热风炉应用小方形秸秆捆和燃煤分程混合燃烧工艺。炉体中布置秸秆和燃煤两种炉排。燃煤炉排在秸秆炉排的上部，工作时秸秆燃烧产生大量未完全燃烧的烟气，在燃煤炉排下部与燃煤助燃空气混合后，穿过燃煤炉排，供煤燃烧。这样可使秸秆燃烧产生的烟气完全燃烧，同时提高了燃煤时的燃烧温度，使煤燃烧更加完全，节约了燃料，提高了燃烧效率，能够提供充足的热源。燃烧室位于燃煤炉排上部，燃烧室的上部设有板式换热器，板式换热器侧面设置有预热室；预热室内部设置冷空气预热管束，冷空气预热管束之间为烟气通道，预热室的的下部设置有烟气出口，冷空气预热管束进口端设置有冷空气进口，冷空气预热管束出口端与设置在燃炉炉体侧面的热空气出口相连通。本热风炉具有燃烧充分、热利用效率高、降低排烟热损失、节能效果好的生物质燃料与煤混合燃烧的特点。

（2）热风炉基本结构

秸秆兼用型热风炉结构如图 4-34 所示。热风炉包括燃烧室、秸秆炉排、燃煤炉排、进料口、灰渣收集清除装置、空气预热装置、助燃空气入口若干、燃烧室、板式换热器、负压吸风机、热空气通道、烟气通道、鼓风机等。在秸秆炉排下部布置有一次风口，从一次风口吹出的助燃空气，由下至上穿过炉排上的秸秆，有助于秸秆燃料充分燃烧，避免了料层局部缺氧而导致的燃料燃烧不完全。在燃烧室上部布置有烟气通道，燃烧产生的高温烟气经烟气通道进入板式换热器，经过多回程的通道与洁净空气进行充分换热。在板式换热器的烟气流道中，采用多回程布置，增加了换热路程，提高了洁净空气在换热器中的停留时间，增强了对洁净空气的传热。预热室中，布置多排多级冷空气预热管束，利用燃烧后烟气的余温对引风机送入的空气进行预热。设置预热室，充分利用了燃烧后烟气的余热，大大提高了被加

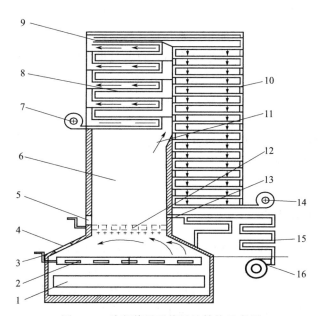

图 4-34　秸秆兼用型热风炉结构示意图

1—灰渣收集清除装置；2—秸秆炉排；3—手动摇臂；4—进料口；5—助燃空气入口；
6—燃烧室；7—负压吸风机；8—热空气通道；9—板式换热器；10—预热管束；
11—烟气通道；12—燃煤炉排；13—煤助燃空气入口；14—冷空气进口；
15—烟气出口；16—鼓风机

热空气的初温和进入燃烧室助燃空气的初温，使整个锅炉的工作效率大大提高。

在烟气流道尾部，设置有助燃空气预热装置。通过鼓风机将助燃用空气引进助燃空气预热器中，利用排放前烟气的余热对助燃用空气进行预热。经过预热装置的助燃空气在管路中被分为两路，一路用于秸秆燃烧助燃，另一路用于煤燃烧助燃。被预热的助燃空气经过助燃空气出口进入炉膛，供燃料燃烧用。经过加热的助燃空气，可以提高燃料的燃烧效率，降低燃烧过程中的热损失，提高了炉子整体的热效率。

板式换热器采用多层排列布置，洁净空气在管道中流动，高温烟气在两层管道间的空间中流动。多层布置后，管道中的洁净空气可被上层空间和下层空间中的烟气充分加热，大大提高了其换热效率，降低了排烟热损失。

（3）工作过程

秸秆燃料从进料口进入，置于所述秸秆炉排上。秸秆助燃空气经助燃空气风机进入空气预热装置，从助燃空气入口进入，由下至上经过生物质燃料层，辅助生物质燃料燃烧。煤助燃空气经助燃空气风机进入空气预热装置，通过煤助燃空气入口进入，与秸秆燃烧产生的未完全燃烧的烟气混合，从下至上穿过煤燃料层，加快煤的着火燃烧。煤燃烧产生的灰渣，通过燃煤炉排端部的手动摇臂，使炉排旋转，掉落至秸秆炉排上。秸秆燃料燃烧后的灰渣，通过手动摇臂使炉排旋转，掉落至秸秆炉排下部的灰渣收集清除装置中。燃烧后的烟气经烟气通道进入板式换热器中的烟气流道，对洁净空气进行充分加热；离开板式换热器的烟气进入预热室，通过交错排列的冷空气预热管束进一步热量交换后，再通过助燃空气预热装置，对助燃用空气进行预热，最后由烟气出口排出系统。洁净空气由冷空气进口进入管道系统，进入冷空气预热管束，经过预热管束，与预热室中的高温烟气进行充分的热交换，提高自身温度后再进入板式换热器中。洁净空气离开预热室，进入燃烧室上部的板式换热器中，继续被加热。板式换热器烟气流道采用多回程布置，延长其流动时间，充分与洁净空气进行换热。被充分加热的洁净空气经热空气出口离开系统，用于物料干燥。

4. 节能环保秸秆炉

该炉为一种节能环保秸秆炉，如图 4-35 所示，包括壳体、进水管、套水层、出水管、内胆、炉算、出烟管、集火板、支杆、垫圈、进风口、机箱、鼓风机、进料门、出灰口、把手、支撑架。壳体的一侧连通有进水管，进水管位于壳体内部的一端连通有套水层，并且套水层一侧的底部连通有出水管；出水管远离套水层的一端贯穿壳体并延伸至壳体的外部，套水层的内部固定连接有内胆，内胆内壁两侧的底部之间固定连接有横网；壳体顶部的一侧连通有出烟管，并且壳体的顶部固定连接有集火板，所述壳体的顶部且位于集火板的两侧固定连接有支杆，支杆的顶部固定连接有垫圈。

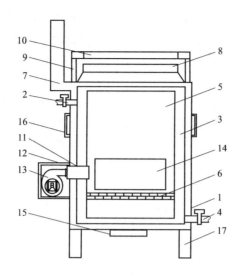

图 4-35 小方捆秸秆炉结构示意图

1—壳体；2—进水管；3—套水层；4—出水管；5—内胆；6—炉箅；7—出烟管；
8—集火板；9—支杆；10—垫圈；11—进风口；12—机箱；13—鼓风机；
14—进料门；15—出灰口；16—把手；17—支撑架

工作时，将加热器具放在垫圈的顶部，将秸秆点燃由进料口投入，放在横网上燃烧；风机工作，由进风口向内胆内部吹风；火焰经集火板集中为一束，对锅具进行集中加热，产生的烟雾由出烟管排出；由进水管向套水层内部放水，通过内胆外壁的温度进行加热，由出水管将热水放出使用，燃烧后的灰烬由出灰口排出。

5. 秸秆捆烧锅炉清洁供暖系统

（1）秸秆捆烧技术

秸秆捆烧是将秸秆打捆直接进行燃烧的技术。打捆后的秸秆便于运输和储存，秸秆打捆后直接燃烧获取能量，不仅简化利用过程，而且节约利用成本。秸秆打捆的类型主要包括三种：小方捆、大方捆以及圆捆。小方捆尺寸有：长度为 300～1300mm、宽度为 410～460mm、高度为 310～410mm；密度大约为 160～300kg/m³。小方捆便于运输和储存，可以采取人工装卸。大方捆的尺寸：高×宽为 800mm×900mm、900mm×1200mm，密度为 240kg/m³。大方捆作业效率高，运输方便，需要采用机械化装卸与搬运。圆捆的长度为 1000mm，直径为 1000～1800mm，密度约为 110～250kg/m³。圆捆容易进行缠膜保存，可以直接制作成饲料。但是圆捆储存浪费空间，不适于长途运输，采用机械化搬运与装卸。秸秆捆烧技术是秸秆能源化利用总成本最低、从收集到燃烧前期加工处理过程耗能最少、对环境影响最小的技术。因此，秸秆捆烧技术成为秸秆燃烧的重要发展方向之一，具有很好的应用前景。丹麦、法国、比利时的秸秆草捆燃烧技术发展最为成熟。秸秆捆烧技术：

一是燃烧整个草捆的锅炉系统；二是连续燃烧整个草捆的锅炉系统。但是现有技术应用中秸秆捆燃烧时烟气燃烧不充分，锅炉的燃烧效率较低，烟气除尘效果较差，而且炉排容易结渣，堵塞出渣口等都是急待解决的技术问题。

（2）技术特点

① 本系统采用卡门涡街原理，第一燃烧室内的烟气急速上升至旋涡产生体。根据卡门涡街原理可知在梯形旋涡产生体两次会产生涡流，旋涡流的产生使得烟尘燃烧状态紊乱，有利于烟气的充分燃烧，提高锅炉燃烧效率。

② 灰尘处理装置采用三种除尘联合方式，带灰尘烟气经过筒体，旋风除尘和静电除尘同步运行，大颗粒灰尘沿着导流板进入灰斗，小颗粒灰尘被带静电的电晕壁和旋风筒壁吸附；通过电控静电除尘与淋洒除尘间歇运行，将吸附在旋风筒内壁的灰尘冲洗，冲洗液可以添加有机溶剂，溶解吸附物质，提高了除尘效率，冲洗掉的泥浆液通过净化水池，净化水可以通过回流泵重复利用。

③ 炉膛内部采用五个燃烧室结构以及四级配风系统，根据烟尘的燃烧情况进行不同比例的配风，使得烟气充分燃烧，进一步提高燃烧热效率。

④ 采用往复振动组合炉排，当往复炉排上出现较大结渣时，通过往复炉排运送至滚子炉排上进行逐渐粉碎，将大块结渣层层剥落，使其充分燃烧，同时也防止大块结渣堵住出渣口。

⑤ 采用多级逆流换热系统，冷水从旋涡产生体内部的换热水管进入，进行第一步换热；再经过两排换热水管以及水箱内的换热水管进行第二步换热；再加上对流换热系统的应用，三级换热使得换热效率大大提高，达到炉内温度恒定的目的。

（3）系统组成

秸秆捆烧锅炉清洁供暖系统由进料装置、换热装置、配风系统、燃烧锅炉、灰尘处理装置、炉渣处理装置以及污水净化装置7部分组成。进料装置安装在燃烧锅炉的进口处，进料装置包括用于运输秸秆捆的捆料运输链，捆料运输链与燃烧锅炉的进口连接；燃烧锅炉包括炉壁和炉膛，炉膛内设置有五个依次连通的燃烧室，分别为第1～第5燃烧室。在燃烧锅炉的进口处设置有预加热室，用于预热空气。换热装置设置于燃烧锅炉的内顶部，采用多级逆流换热原理，冷水从旋涡产生体内部的散热水管进入，进行第一步换热；再经过两排换热水管以及水箱内的换热水管进行第二步换热；再加上对流换热系统的三级换热应用，达到炉内温度恒定的目的。四级配风系统设置于燃烧锅炉内，包括多个进风口，分别为一次进风口、二次进风口、三次进风口和四次进风口，形成多级配风系统。一次进风口设置于往复炉排的下方，二次进风口设置于第一燃烧室的炉壁上，三次进风口设置于第2燃烧室与第3燃烧室的连通处，四次进风口设置于第4燃烧室和第5燃烧室的连通处；灰尘处理装置为旋风筒，旋风筒内设置有螺旋状的导流叶片，旋风筒壁上连接有若干个淋洒口，旋风筒的顶部连接有烟囱平台，旋风筒的底部设置有灰斗，灰斗与污水净化系统连接；污水净化装置为净化水池，净化水池的出口与旋风筒喷淋口连接；炉渣处理装置设置于炉膛内底部，包括往复炉排和滚子炉排，采用的往复组合炉排能够处理排上的较大结渣，通过滚子炉排上的碾碎机构进行逐渐粉碎，并充分燃烧，防止大块结渣堵住炉渣出口。往复炉排的前端与捆料运输链连接，尾端与滚子炉排连接，滚子炉排的底部连接有炉渣出口。燃烧锅炉烟气管道的出口与灰尘处理系统的进口连接，灰尘处理系统的出口与污水净化系统连接；炉渣处理装置安装在燃烧锅炉内的底部，炉渣处理装置的前端与进料系统连接，尾端连接有炉渣出口。往复炉排、滚子炉排以及捆料运输链连接有动力系统，动力系统采用常规的电动机驱动系统。新式组合除尘装置，雾化除尘与水浴除尘为一体，使氮氧化物、二氧化硫、颗粒物充分降解到达标排放。本除尘器内置颗粒物自动回收系统，使颗粒物与污水排放到炉排下方与灰烬混合，减少干燥灰烬对环境的污染。具体结构如图4-36所示。

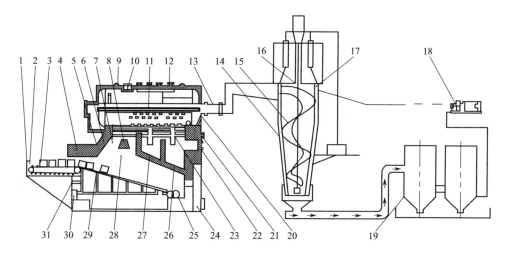

图 4-36　方型秸秆捆烧锅炉清洁供暖系统示意图

1—传送带保护罩；2—捆料运输链；3—方捆料；4—预加热室；5—炉壁；6—二次进风口；
7—第1燃烧室；8—旋涡产生体；9—吊装配件；10—进水口；11—对流换热系统；
12—换气口；13—烟气管道；14—旋风筒壁；15—导流叶片；16—烟囱；17—喷淋口；
18—回流泵；19—净化水池；20—出水口；21—清洗排水口；22—观察口；
23—换热水管；24—炉渣出口；25—滚子炉排；26—四次进风口；27—三次
进风口；28—往复炉排；29—隔热板；30—动力系统；31—一次进风口

（4）工作过程

秸秆捆料进入炉膛燃烧，烟气经过旋涡产生体以及二次配风进一步充分燃烧；随后烟气经过第2、第3燃烧室以及第4、第5燃烧室的三、四次进风，使得烟气更进一步充分燃烧。高温烟气的热量通过三级换热系统以热传导或对流的方式传递给各级热水管，如分布在梯形外壳内部的散热水管和分布在炉膛上部与水箱之间以及水箱内部的换热水管，达到换热目的，其中各级换热水管串联。换热水管利用循环水流使得炉膛温度保持在800℃左右，燃烧后的烟气经过烟道进入除尘器，旋风除尘和静电除尘同步进行与淋洒除尘间歇运行，污水经过净水系统以及回流泵供给淋洒除尘器，实现重复利用。秸秆捆在往复炉排输送燃烧过程产生的较大的结渣，经过往复炉排运送到滚子炉排上，滚子炉排对其进行粉碎，有效防止了由于结渣引起的秸秆捆料燃烧不充分、热效率降低情况。

6. 方捆连续燃烧热风炉

随着生物质秸秆资源综合利用技术的快速转化应用，预计到 2020 年，全国秸秆综合利用率达到 85% 以上；东北地区秸秆综合利用率达到 80% 以上，50% 重点县市秸秆综合利用率稳定在 90% 以上。目前，东北地区人均秸秆占有量是其他省份的 2～3 倍，由于受低温的影响，处理秸秆的方法需要多样化。秸秆直接燃烧技术存在诸多难题，如秸秆的水分问题、秸秆燃烧产生的焦油和焦块问题以及秸秆含土燃烧易生成焦块的大难题。

黑龙江八一农垦大学智能干燥技术研究团队与哈尔滨新兴锅炉制造有限公司，从锅炉供风方式和生物质草捆燃烧方式入手，分析不同燃烧方式、不同类型的热风炉选用不同的供风方式，对于主要燃用生物质打捆燃料和成型燃料的用户进行技术改造。应用于粮食干燥领域的生物质热风炉的供风方式基本采用燃煤链条锅炉供风系统，一次风采用风仓均匀布风方式。由于生物质打捆燃料具有体积大、空气不易渗透、燃烧后期飞灰严重的特点，因此打捆燃料燃烧最显著的缺点是不易烧透，打捆燃料的燃烧过程与其他燃料的燃烧过程有很大差异，不宜应用于原有链条锅炉供风系统。

（1）技术特征

密度适中的生物质打捆燃烧是一种较好的生物质燃烧利用方式，成为生物质燃烧利用技术的一个重要发展方向。但是适合生物质打捆燃烧的专用设备还很少，国内在此方面的研究尚处于起步阶段。目前的生物质热风炉普遍采用燃煤锅炉的"L"形炉拱，即前拱高而短，后拱低而长，通过前后拱的配合，强化燃烧，提高炉膛内温度。但是"L"形锅炉并不适合燃用生物质打捆燃料，生物质打捆燃料的燃烧特性与化石燃料相比有较大差别。其水分含量高，产生的挥发分及烟气流速快、体积大，难以充分燃烧且烟气热损较高；原有风仓均匀布风方式造成炉膛内打捆燃料燃烧状况和温度场分布不理想；生物质打捆燃料燃烧时结构松散，产生的灰分会被一次风鼓起并随着烟气一起流动，易造成炉膛内严重的积灰堵塞问题；生物质发热量低、灰熔点低，普通的锅炉难以让其稳定地燃烧，而温度过高又会引起严重的结渣问题，造成受热面传热能力下降。

为了解决现有技术中的不足，重点改造链条锅炉炉拱结构和组合供风系统。改进炉拱结构包括在链条炉排的上方依次设置前拱、中拱和后拱，中拱由竖向的折焰墙构成，后拱由拱墙以及竖向向上延伸的挡火墙组成；挡火墙位于前拱与中拱之间，且挡火墙的上部与炉膛顶墙之间保留有烟气通道，挡火墙的下部与拱墙的前端连接，拱墙的后端朝下倾斜并延伸至与炉膛后墙处与其连接；前拱与后拱之间的空间为第1燃烧室，后拱与中拱之间的空间为第2燃烧室，中拱与炉膛后墙之间的空间为第3燃烧室。炉拱结构使燃烧烟气聚集于炉膛前中部，提高燃烧温度及热效率，并且通过炉拱的特殊结构改变烟气的行程路径，增加烟气在炉膛内的滞留时间，降低排烟热损。

组合供风系统是将生物质打捆燃料整个燃烧过程与供风系统相结合，根据不同的燃烧阶段，配设不同的供风方式，更好地适应生物质打捆燃料链条锅炉燃烧。供风系统包括设置在链条炉排下方的一次风系统，一次风系统由沿链条炉排输送方向依次排布设置的前风仓段、中喷嘴段和后风仓段组成；前风仓段包括至少一个风仓，风仓的出风方向指向链条炉排；中喷嘴段包括喷吹主管、喷吹支管和喷嘴，喷吹主管沿链条炉排输送方向布置，喷吹主管上沿其长度方向排列设置有多个喷吹支管，每个喷吹支管均沿其长度方向排布设置多个喷嘴，喷嘴的出风方向指向链条炉排；后风仓段包括至少一个风仓，风仓出风方向指向链条炉排。

（2）结构组成

方捆连续燃烧热风炉主要由燃料输送系统、燃烧系统、供风系统和换热系统构成，如图4-37所示。具体包括炉排驱动机构、方草捆推送机构、链条炉排、均布风箱、炉体前拱、进风口、炉体、燃烧室、后拱、中拱、烟气出口、换热器、废气出口、出渣机等。

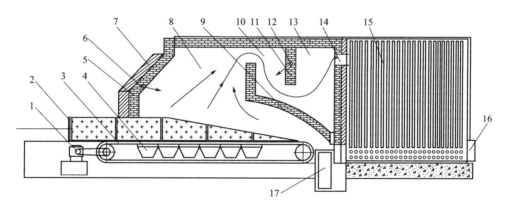

图 4-37　方捆连续燃烧热风炉结构简图

1—驱动变速器；2—方草捆推杆；3—链条炉排；4—均布风箱；5—炉体前拱；6—二次进风口；
7—炉体；8—一次燃烧室；9—后拱；10—二次燃烧室；11—中拱；12—三次进风口；
13—三次燃烧室；14—烟气出口；15—换热器；16—废气出口；17—出渣机

（3）工作过程

在工作时，秸秆打捆燃料首先由活塞推送式机构将打捆燃料推至链条炉排上，随后打捆燃料随炉排的转动向前运输，一边运输一边燃烧放热。生物质捆状燃料由链条炉排输送至炉膛内，在第一燃烧室内借助一次风燃烧；燃料中的水分在炉排前半部对应的干燥区内受热逸出，主燃烧区对应炉排中部，挥发分的析出及燃烧反应剧烈，而固定碳的燃尽及灰渣形成于炉排后半部。该炉拱结构中，第 1 燃烧室位于前拱与后拱之间，第 2 燃烧室位于后拱与中拱之间，中拱与炉膛后墙之间的空间又组成了第 3 燃烧室。燃烧初始阶段，第 1 燃烧室内会产生大量的低温挥发性烟气，而前拱的作用就是将这些低温烟气导流至温度较高的炉膛中部使其得到充分燃烧，设立在前拱上的二次风除了增加空气过量系数，也可以对烟气进行扰流，而燃烧后期产生的烟气则由后拱将其再次聚集到炉膛中部，提高炉膛内温度。燃烬室位于第 2 燃烧室，中拱上设有二次风口，提供氧气的同时强化扰流，增加烟气的行程路径，提高烟气滞留时间，强化换热。第 3 燃烧室用作最后的燃烬室和沉降室，高温烟气在炉膛中由于挡火墙和炉拱的阻流，流速降低，烟气中携带的大粒径灰分便在第 3 燃烧室内自然沉降下来，降低了烟气中固体颗粒物的浓度。第 3 燃烧室的后墙上设有掏灰口，沉积下来的灰分可由掏灰口清出。打捆燃料完成整个燃烧过程。

第五章

太阳能热泵供热系统应用研究

第一节 太阳能供热系统

太阳能供热系统，就是用太阳能集热器收集太阳辐射并转化成热能，以液体作为传热介质，以水作为储热介质，热量经由散热部件送至室内进行供热的系统，一般由太阳能集热器、储热水箱、连接管路、辅助热源、散热部件及控制系统组成。

一、太阳能集热器原理

太阳是个炽热的气团，它的内部不断地进行着核聚变反应，由此产生的巨大能量以辐射方式向宇宙空间发射出去。到达地球大气层外缘的能量具有光谱特性，近似于温度为 5762K 的黑体辐射。日地间的距离在一年中是有变化的。在日地平均距离处，大气层外缘与太阳射线相垂直的单位表面积接收到的太阳辐射能为 $(1370+6)\mathrm{W/m^2}$。此值称为太阳常数，记为 S_c，它与地理位置或一天中的时间无关。实际上，大气层外缘水平面上每单位面积接收到的太阳辐射为：

$$G_{so}=S_c f\cos\theta \tag{5-1}$$

式中　f——地日距离修正系数，$f=0.97\sim1.03$；

θ——太阳射线与地面法线间的夹角，称为天顶角。

在太阳能利用中会碰到许多传热问题，现以太阳能集热器为例进行分析。太阳能集热器是将太阳能转换成工质热能的设备。太阳能在穿过透明的盖板后投射到吸热面上。为了提高效率，在吸热面上常涂有对太阳辐射具有很高光谱吸收比的涂层。所谓太阳能集热器的效率 η，可定义为集热器的有效收益热流密度 q_g 与投入集热器的太阳辐射 G_s 的比值，即：

$$\eta=\frac{q_g}{G_s} \tag{5-2}$$

提高太阳能集热器效率的途径是，在保持最大限度采集太阳辐射的同时，尽可能减小其对流和辐射热损失。措施之一是：利用对太阳光透明的玻璃或塑料薄膜使吸热面不直接暴露于外界环境。普通玻璃对 $\lambda<3\mu m$ 的热辐射有很高的穿透比，而对 $\lambda>3\mu m$ 热辐射的穿透比很小。于是大部分太阳辐射能穿过玻璃进入有吸热面的腔内,而吸热面发出的常温下的长波辐射却被玻璃阻隔在腔内,从而产生了所谓的温室效应。

吸热面的辐射特性对集热器效率也是重要的。以平板型集热器为例,在热稳态情况下,集热器单位面积的热平衡方程为:

$$G_s \tau \alpha_s = q_g + q_{r,p} + q_{c,p} \tag{5-3}$$

$q_{r,p}$ 可采用灰体平行平板间的辐射换热公式计算:

$$q_{r,p} = \frac{C_0 \left[\left(\dfrac{T_p}{100} \right)^4 - \left(\dfrac{T_{tr}}{100} \right)^4 \right]}{\dfrac{1}{\varepsilon_p} + \dfrac{1}{\varepsilon_{tr}} - 1} \tag{5-4}$$

$$\eta = \tau \alpha_s - \frac{C_0 \left[\left(\dfrac{T_p}{100} \right)^4 - \left(\dfrac{T_{tr}}{100} \right)^4 \right]}{\dfrac{1}{\varepsilon_p} + \dfrac{1}{\varepsilon_{tr}} - 1} - \frac{q_{c,p}}{G_s} \tag{5-5}$$

太阳能利用中吸热面材料理想的辐射特性应是:在 $0.3 \sim 3\mu m$ 波长范围内的光谱吸收比接近于 1,而在大于 $3\mu m$ 波长范围的光谱吸收比接近于零。即要求 α_s 尽可能大,而 ε 尽可能小。用人工的方法改造表面,如对材料表面覆盖涂层是提高 α_s/ε 值的有效手段,这种涂层称为光谱选择性涂层,如在铜材上电镀黑镍镀层。黑镍镀层厚度对表面特性的影响如表 5-1 所示。

表 5-1　黑镍镀层厚度对辐射特性的影响

镀层厚度指标/(mg/cm²)	0.055	0.077	0.080	0.098	0.13
α_s	0.83	0.97	0.93	0.89	0.91
ε	0.08	0.77	0.09	0.09	0.11
α_s/ε	10.0	14.0	10.0	9.90	8.30

由表 5-1 可以看出,黑镍镀层使 α_s/ε 的值提高到 10 左右。

二、太阳能供热系统优势

充分利用太阳辐射能,有效地提高干燥的温度,缩短了干燥时间,解决了干燥物品被污染等问题,使产品的质量等级有所提高。一般农副产品和食品的干燥,要求温度水平较低,大约在 $40 \sim 70$℃,这正好与太阳能热利用领域中的低温利用相适应,可以大量节省常规能源,经济效益显著。简易的太阳能干燥设备投资少、收效大,普遍受到欢迎。

① 高效节能。利用太阳能量可节约能源成本 $40\% \sim 60\%$,大大降低运行成本。

② 绿色环保。采用了太阳能洁净绿色能源,避免了矿物质燃料对环境的污染,为用户提供干净舒适的生活空间。

③ 智能控制。系统采用了智能化控制技术，自行控制，最佳经济运行，可设置全天候供应热水，使用非常方便。

④ 高使用寿命。集热管道采用铜管激光焊接，聚氨酯发泡保温抗严寒，进口面板钢化处理，可抗击自然灾害，使用寿命为 15 年以上。

⑤ 能源互补。阴雨天气使用燃气炉或者电炉，通过太阳能换热器自动切换，无需人工调节。

⑥ 应用广泛。可用于粮食、食品、水产品、海产品、化工、化肥、煤泥、蚊香、医药、中药材如菊花和金银花等各种中草药、纸品、皮革、木材、农副产品加工（如腊肉、腐竹、香菇、木耳、烟草）等行业的加热烘干作业。

三、中国太阳能资源分布

按接受太阳能辐射量的大小，全国大致上可分为五类地区，如表 5-2 所示。

表 5-2　我国太阳能辐射区域特点

地区类型	年日照时数 /(h/a)	年辐射总量 /[MJ/(m² · a)]	等量所需标准燃煤/kg	包括的主要地区	备注
一类	3200~3300	6680~8400	225~285	宁夏北部,甘肃北部,新疆南部,青海西部,西藏西部	太阳能资源最丰富地区
二类	3000~3200	5852~6680	200~225	河北西北部,山西北部,内蒙古南部,宁夏南部,甘肃中部,青海东部,西藏东南部,新疆南部	较丰富地区
三类	2200~3000	5016~5852	170~200	山东,河南,河北东南部,山西南部,新疆北部,吉林,辽宁,云南,陕西北部,甘肃东南部,广东南部	中等地区
四类	1400~2000	4180~5016	140~170	湖南,广西,江西,浙江,湖北,福建北部,广东北部,陕西南部,安徽南部	较差地区
五类	1000~1400	3344~4180	115~140	四川大部分地区,贵州	最差地区

一、二、三类地区，年日照时数大于 2000h，辐射总量高于 5000MJ/(m² · a)，是我国太阳能资源丰富或较丰富的地区，面积较大，约占全国总面积的 2/3 以上，具有利用太阳能的良好条件。四、五类地区虽然太阳能资源条件较差，但仍有一定的利用价值。黑龙江省地处我国北部，属于三类地区，全年日照时数为 2000~3000h，辐射量在 5015~5852kJ/(m² · h)，是我国太阳能资源较丰富的地区，具有利用太阳能的良好条件。所以，本团队研究采用太阳能联合供热。太阳能为辅助能源，有效供热量大于 30%，有效地节约了能源，保护了环境。

四、太阳能集热器

太阳集热器是吸收太阳辐射并将产生的热能传递到传热工质的装置。它包含了丰富的含义：第一，太阳能集热器是一种装置；第二，太阳能集热器可以吸收太阳辐射；第三，太阳能集热器可以产生热能；第四，太阳能集热器可以将热能传递到热工质。

1. 太阳能集热器分类

太阳能集热器是太阳能利用过程中的重要装置。目前，太阳能集热器的类型主要分为平板型、闷晒式、热管真空管和真空集热管四种类型。在干燥领域，平板型和真空集热管型应用较广泛。也可按以下方式分类。

① 按集热器的传热工质类型分为液体集热器、空气集热器。

② 按进入采光口的太阳辐射是否改变方向分为聚光型集热器、非聚光型集热器。

③ 按集热器是否跟踪太阳分为跟踪集热器、非跟踪集热器。

④ 按集热器内是否有真空空间分为平板型集热器、真空管集热器。

⑤ 按集热器的工作温度范围分为低温集热器、中温集热器、高温集热器。

⑥ 按集热板使用材料分为纯铜集热板、铜铝复合集热板、纯铝集热板。

2. 平板型集热器

平板型太阳能集热器由吸热板芯、壳体、透明盖板、保温材料及有关零部件组成。平板型太阳能集热器的基本工作原理十分简单，阳光透过透明盖板照射到表面涂有吸收层的吸热体上，其中大部分太阳辐射能被吸收体吸收，转变为热能，并传向流体通道中的工质。这样，从集热器底部入口的冷工质，在流体通道中被太阳能加热，温度逐渐升高；加热后的热工质，带着有用的热能从集热器的上端出口，蓄入储水箱中待用。与此同时，由于吸热体温度升高，通过透明盖板和外壳向环境散失热量，构成平板型太阳能集热器的各种热损失。

平板型太阳能集热器是太阳能低温热利用的基本部件，已广泛应用于生活用水加热、游泳池加热、工业用水加热、建筑采暖与空调等诸多领域。平板型太阳能集热器主要由平板式吸热板、平板式透明盖板、平板式隔热层和平板式集热器外壳等部分构成，其基本结构如图 5-1 所示。

平板型太阳能集热器的吸热板上涂有选择性吸收材料，不但吸收了散射太阳辐射和直射太阳辐射，对太阳的直接辐射及被大气层反射和散射的漫辐射也都能利用，而且减少了折射损失。冷空气由风机吸入，经进风口进入一侧集热管中，然后沿集热板芯向上运动；由于风速流向和集热板芯垂直，易形成湍流，促进热交换。冷空气吸收热量转化为热风后，由排管排出，经另一侧集热管通过热风管道进入到干燥机内进行干燥。太阳能集热器设有保温层，可以起到保温作用，减少热损失，提高太阳能的热效率，增加系统强度。

平板型集热器的结构简单、维护管理方便、造价低且性能可靠。因此，平板型

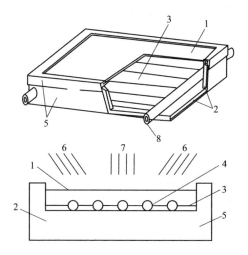

图 5-1　平板型太阳能集热器基本结构

1—吸热板；2—隔热层（保温层）；3—集热板芯；4—排管；5—外壳；

6—散射太阳辐射；7—直射太阳辐射；8—集热管路

太阳能集热器应用效果较好。平板型太阳能集热器按照吸热板结构的不同，可分为管板式、翼管式、扁盒式和蛇管式等不同种类。

（1）管板式

将平板与排管焊接在一起构成吸热条带，然后与上、下集管连接在一起。国内广泛使用这种形式的集热器，但集热效率较低。

（2）翼管式

利用模子挤压拉伸成金属管，形成两侧带有翼片的吸热条带，然后与上、下集管焊在一起。热效率高，吸热板一般由铝合金制成，抗压能力强。管壁和翼片都较厚，材料消耗量大；动态特性差；吸热板有较大的热容。

（3）扁盒式

分别将两块金属板挤压成型，然后再焊接在一起。由于是整体式结构，无结合热阻，热效率较高，不需要焊接集管，抗压能力差，动态特性差，热介质通道的横截面积大，吸热板有较大的热容量。

（4）蛇管式

将金属管弯曲成蛇形，然后再与平板焊接在一起。这种结构多用在换热器上，国内使用较少。由于金属管弯曲成蛇形，所以不需要焊接集管，减少泄漏的可能性；由于是整体式结构，无结合热阻，热效率较高，吸热板多采用铜，抗压能力强；由于通道是弯曲的，所以焊缝是曲线，对焊接工艺要求严格。

根据干燥工艺参数，计算获得干燥过程中需要除去的水分、干燥消耗的热量，并计算太阳能单独运行需要的空气量；同时依据太阳辐射时间、太阳能辐射强度等气象数据和集热器性能参数，计算所需集热器面积。

太阳能集热器有效的集热面积可用下式计算：

$$A_e = \frac{Q}{(\overline{HR_h})\tau\alpha\eta}$$ (5-6)

式中　Q——集热器需要提供的热量；

$(\overline{HR_h})$——倾斜面的太阳能辐射强度；

　　τ——集热器透射率；

　　α——集热板吸热率；

　　η——集热器瞬时效率值。

为了提高太阳能集热器的效率，唯一有效的办法是在保持最大限度地采集太阳能的同时尽可能减小其对流和辐射热损。采用优质选择性吸收涂层材料和高透过率盖板材料是满足高效集热要求的重要途径。

吸热板的涂层材料对吸收太阳辐射能量起到非常重要的作用。因为太阳辐射的波长主要集中在 $0.3 \sim 2.5\mu m$，而吸热板的热辐射则主要集中在 $2 \sim 20\mu m$ 的波长内，要增强吸热板对太阳辐射的吸收能力，又要减小热损失，降低吸热板的热辐射，就需要采用选择性涂料。选择性涂料是对太阳短波辐射具有较高吸收率，而对长波热辐射发射率却较低的一种涂料。目前国内外的生产厂大多采用磁控溅射的方法制作选择性涂层，可达到吸收率的 $0.93 \sim 0.95$，发射率的 $0.12 \sim 0.04$，大大提高了产品热性能。

吸热板是平板太阳能集热器内吸收太阳辐射能并向传热工质传递热量的部件，其基本上是平板形状。在平板形状的吸热板上，通常都布置有排管和集管。排管是指吸热板纵向排列并构成流体通道的部件；集管是指吸热板上下两端横向连接若干根排管并构成流体通道的部件。吸热板的材料种类很多，有铜、铝合金、铜铝复合、不锈钢、镀锌钢、塑料、橡胶等。按吸热板的结构不同可分为：管板式、翼管式、蛇管式、扁盒式、圆管式和热管式。

透明盖板是平板集热器中覆盖吸热板并由透明（或半透明）材料组成的板状部件。一是透过太阳辐射，使其投射在吸热板上；二是保护吸热板，使其不受灰尘及雨雪的侵蚀；三是形成温室效应，阻止吸热板在温度升高后通过对流和辐射向周围环境散热。平板型太阳能集热器透明盖板的层数取决于平板型太阳能集热器的工作温度及使用地区的气候条件。绝大多数情况下，平板型太阳能集热器都采用单层透明盖板，层数越多会大幅度降低实际有效的太阳透射比。当平板型太阳能集热器的工作温度较高或者在气温较低的地区使用时，比如在中国南方使用太阳能空调或者在中国北方进行太阳能采暖，平板型太阳能集热器宜采用双层透明盖板。对于平板型太阳能集热器透明盖板与吸热板之间的距离，根据平板夹层内空气自然对流换热机理确定最佳间距。但是透明盖板与平板太阳能集热器吸热板之间的距离应大于 20mm。

隔热层是集热器中抑制吸热板通过传导向周围环境散热的部件。隔热层的厚度应根据选用的材料种类、集热器的工作温度、使用地区的气候条件等因素来确定。一般来说，底部隔热层的厚度选用 30～50mm，侧面隔热层的厚度与之大致相同。

3. 真空管集热器

太阳辐射能干燥装置中空气集热器是最重要的一部分。真空管集热器是将吸热体与透明盖层之间的空间抽成真空的太阳能集热器，图 5-2 为真空管集热器的结构示意。

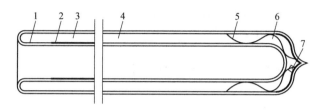

图 5-2　真空管集热器的结构示意

1—内玻璃管；2—太阳选择性吸收涂层；3—真空夹层；

4—罩玻璃管；5—支撑件；6—吸气膜；7—吸气剂

因为真空管太阳能集热器拥有热量散发的损失较小、长时间保持温度能力较好、低温条件下不影响使用等优点（在两极等极寒地区都表现得十分出色）；真空管当遇到大风时产生的相对作用力小，所以抵御风灾的能力强，散热效率能够达到 92%，系统的热能效率还能达到 47%。它的使用时间也是相对较长的，管束由高硼硅玻璃制造而成，管束外涂层在没有氧气的环境里很难被氧化，在不会被外力破坏的正常使用条件下使用时间至少可以达到 25 年。

（1）集热器工作效率

集热器工作效率计算公式为：

$$\eta_c = F'\tau\alpha - F'U_L \frac{(T_f - T_\alpha)}{I_\theta} \tag{5-7}$$

令 $F'\tau\alpha = C$，$F'U_L = D$ 可得

$$\eta_c = C - D \frac{(T_f - T_\alpha)}{I_\theta} \tag{5-8}$$

式中　F'——集热器效率因子，$0.9 \leqslant F' \leqslant 1.0$；

　　τ——集热器的透过率与吸收率积；

　　U_L——热损系数，$W/(m^2 \cdot K)$；

　　I_θ——太阳辐射强度，W/m^2；

　　T_f——集热器内空气平均温度，℃；

　　T_α——环境平均温度，℃。

查阅相关文献，对于双层玻璃盖板、非选择性吸收表面的平板集热器，$C = 0.73$，$D = 8.94$。

（2）集热器中有效太阳辐射能

空气集热器中的有效太阳辐射能计算公式为：

$$Q_C = L(I_1 - I_0) = A_\tau H_\theta t \eta_C \tag{5-9}$$

式中　L——干燥过程绝干空气消耗量，kg；

　　　I_1——预热湿空气比焓，kJ/kg；

　　　I_0——入口湿空气比焓，kJ/kg。

水存储热量公式为：

$$Q_W = A_C H_\theta t \eta_C \eta_W = c_W m_W \Delta t \tag{5-10}$$

式中　Q_W——水存储热量，kJ。

五、太阳能供热在干燥领域的应用

1. 太阳能干燥原理

太阳能干燥就是使被干燥的物料直接吸收太阳能并将它转换为热能，或者通过太阳能集热器加热的空气进行对流换热而获得热能，通过物料表面与物料内部之间的传热、传质过程，使物料中的水分逐步汽化并扩散到空气中去，最终达到干燥的目的。为完成这样的过程，必须使被干燥物料表面产生的水汽压力大于干燥介质中水汽的分压。压差越大，干燥过程就进行得越快。因此，干燥介质必须及时地将产生的水汽带走，以保持一定的压差，如果压差为零，就意味着干燥介质与物料的水汽达到平衡，干燥过程就停止。太阳能干燥通常采用空气作为干燥介质，在太阳能干燥器中，空气与被干燥物料接触，热空气将热量不断传递给被干燥物料，使物料中水分不断汽化，并把水汽及时带走，从而使物料得以干燥。

2. 太阳能干燥设备

太阳能干燥与自然晾晒相比，具有干燥时间短、效果好、品质优良等优点，可避免自然晾晒造成的粮食污染和变质。根据太阳能的特点，尚不能将其直接应用于对流式热风粮食烘干机上。在粮食烘干领域，现有以下应用形式：粮食的晾晒；利用太阳能集热器（如热管），对热风热源的冷风进行预热，以减少热源的能耗；和其他热源联合组成组合式热源，例如太阳能电池和空气能热泵结合，白天天气好时热泵用太阳能驱动，夜晚阴天时热泵用电能驱动。因为太阳能干燥的温度一般在70℃以下，不会破坏粮食的营养价值，因此比较适合粮食的干燥。

太阳能干燥设备属于低温干燥设备，分为三种类型：温室（辐射）型、集热器型和集热-温室型。无辅助加热条件下，干燥温度在70℃以下。

（1）温室型干燥设备

温室型干燥设备的温室就是干燥室，如图5-3所示。它直接接受太阳的辐射能。这种干燥设备实际上是具有排湿能力的太阳能温室，集热部件与干燥室结合成一体是其主要特点。干燥器的北墙通常为隔热墙，内壁涂黑，同时具有吸热和隔热作用；南墙和东西两侧墙，半墙为隔热墙，半墙以上为透光玻璃。温室的地面涂黑，干燥器的顶部为向南倾斜的大面积玻璃盖板，而南墙靠地面的底部开设一定数量的通气孔。在温室的顶部，靠近北墙的部位，设有排气烟囱，以形成自然对流循环通路。运行过程中，通过安装在排气烟囱中的调节风门来控制温室内的温度和湿度。待干燥的物品堆放在温室内分层设置的料盘中，或吊托在温室内。阳光透过玻璃盖板直接照射在待干燥物品上，部分阳光被温室壁吸收，于是室内温度逐渐上升，通过对流带走物品蒸发的水分，并从排气烟囱排出。这种干燥装置和自然摊晒相比，干燥时间可缩短 60％～70％。

图 5-3 太阳能干燥室

（2）集热器型太阳能杀青烘干房系统

集热器型太阳能杀青烘干房由太阳能集热器、热泵机组、保温烘房、温度、排湿控制系统、鼓风机、风管、空气、热水交换器等组成，如图 5-4 所示。太阳能集热器的紫金管具有耐高温、抗高寒、高效吸收的功能，比普通材质的管吸收多 12％热能。采用双层玻璃真空管，内管表面镀膜（提高阳光吸收率、反射小、利用率高、热传递效果好），真空管一端开口接水箱。真空管吸热，管内水受热通过热

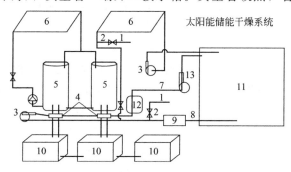

图 5-4 集热器型太阳能杀青烘干房系统

1—外界空气；2—风阀；3—鼓风机；4—换热器；5—保温水箱；6—太阳能集热器；
7—风管；8—回风管；9—除湿器；10—地下热水箱；11—烘房；12—热泵；13—热泵送风机

传递及冷热微循环至水箱中储存并保温，−30℃时照常出热水。膜层在 400℃ 条件下不老化、不衰减、不变色。高温热泵机组配置一个热风进风口及一套热风循环风道。一个热风进风口对烘房进行加热升温，最高温度可达 80～85℃。压缩机采用日本三洋压缩机，使用寿命长，在高温环境下能持久、稳定运行。保温烘房采用聚苯乙烯板加双层彩钢板制作，中间加 5cm 厚的保温层。温度控制系统利用温度感应器实时检测烘房内部温度，控制供热主机的运行，实现温度控制。当烘房内部温度达到所设温度（如 75℃）时，供热主机自动停止工作；当烘房内部温度低于所设温度（如 70℃）时，供热主机自动开启，实现供热。同时利用湿度传感器，监测烘房内部湿度，当湿度达到所设定值（如 50％）时，排湿风机自动开启进行排湿；当湿度低于所设定值（如 30％）时，排湿风机自动关闭，停止排湿。本系统通过热水空气换热器，在晚上和阴天等不同时间段内保持供热空气 50～80℃ 的烘房供热方案。

集热器型太阳能杀青技术简单易行，杀青时关闭风机和所有出气窗口，在密闭透光条件下，利用太阳能提高温度至 65℃ 以上；适合较大批量加工，能耗低，不添加任何药剂，符合无公害农产品生产要求。太阳能杀青技术具有出品率高、能耗低、适用范围广、无残留污染、提高商品等级、可操作性强等优点。

（3）集热器型干燥设备

集热器型干燥器利用太阳能空气集热器，先把空气加热到预定温度后再送入干燥室；干燥室内干燥物品的类型多种多样，如箱式、窑式、固定床式或流动床式等。这种干燥设备设有集热器，待干燥物品不直接受阳光照射，而是置于干燥室内。被加热的空气由风机送到干燥室，与待干燥物品之间产生对流换热，从而达到干燥的目的。这里的空气加热方式，大多采用专门设计的空气集热器，也可采用热水器。将水加热后，再经过热交换器将空气加热。为使干燥设备能连续运行，这种干燥设备通常备有简单的蓄热装置以及辅助加热系统。

集热器型干燥设备的顶部设排气管，经过控制阀门通向大气。这个阀门配合空气集热器的送风机，根据物品干燥工艺流程的需要，控制进风的流量、温度和湿度。这样，可以保证提高物品的干燥质量。农产品混联式太阳能集热干燥机如图 5-5 所示。

干燥室采用竖箱式通风方式，干燥室箱体设有保温层，保温层从外到内由冷板铁皮、保温苯板和雪花板（镀锌铁皮）内衬三层构成。干燥室下端与鼓风机相连为进风口，上端为安装有抽风机的出风口，形成箱式通风方式。干燥室分为多层结构，每层装有载料架，载料架配套不锈钢网筛，保证热空气的穿透率。箱体外部设有电控装置，可根据天气情况开启或关闭鼓风机和排湿风机。串联集热系统由进风筒、连接导口、太阳能集热板、导风筒、集热装置支架构成。控制系统由配风口、离心式鼓风机、辅助电加热装置、电子显示装置构成，主要技术参数如表 5-3 所示。

图 5-5 农产品混联式太阳能集热干燥机

表 5-3 主要技术参数

指标项	参数	条件
干燥处理量	5000kg	
太阳能利用系数	0.75	
干燥系统内温度提高值	20～50℃	风速 2m/s 空气流量 6000～7000m³/h
太阳能采光面积	240～300m²	
装载物料尺寸范围	0.2～200cm	
有效干燥空间	90m³	
无辅助热源时干燥最高温度	80℃	集热系统出口处

（4）温室-集热器混合型干燥设备

温室-集热器混合型干燥设备则是上述两种形式的结合。其温室顶部为玻璃盖板，待干燥物品放在温室中的料盘上，它既直接接受太阳辐射加热，又依靠来自空气集热器的热空气加热。这种干燥设备的干燥室与温室型干燥设备相同，上面盖有透明玻璃盖板，室内设置料盘。工作时，将待干燥物品放在料盘上，一方面从温室直接吸收太阳辐射，另一方面又得到来自空气集热器的热风加热，兼有温室型和集热器型干燥器两者的优点。而干燥温度相比于温室型干燥器来说却有所提高，当温室采光面积和集热器面积为 1∶1 时，温度可提高 5～10℃。混合型太阳能集热干燥温室如图 5-6 所示。

（5）整体式太阳能干燥设备

整体式太阳能干燥设备由太阳能空气集热器与干燥室两者合并在一起成为一个整体，如图 5-7 所示。装有物料的料盘排列在干燥室内，物料直接吸收太阳辐射能，起吸热板的作用，空气则由于温室效应而被加热。干燥室内安装轴流风机，使空气在两列干燥室中不断循环，并上下穿透物料层，使物料表面增加与热空气接触的机会。在整体式太阳能干燥设备内，辐射换热与对流换热同时起作用，干燥过程

图 5-6　混合型太阳能集热干燥温室

图 5-7　整体式太阳能干燥设备

得以强化。吸收了水分的湿空气从排气管排出，通过控制阀门，还可以使部分热空气随进气口补充的新鲜空气回流，再次进入干燥室减少排气热损失。

（6）聚光型干燥设备

这种干燥设备类似于普通的聚光集热设备，一般由聚光镜、集热吸收管、跟踪系统等组成。这种干燥设备可提高干燥温度，加快干燥速度，而且可以大大提高杀虫率。缺点是结构复杂、造价较高、农户很少采用。

（7）太阳能粮食干燥机

太阳能粮食干燥机利用的是自然空气，在太阳照射下的空气可以流动到无太阳照射的干燥机内工作，因此，太阳能干燥机的干燥能力随太阳强度而变化。太阳能干燥机的工作原理不同于传统的循环流动，而是采用饲料工业常用的逆流流动原理。太阳能干燥机把太阳晒这种简单的干燥方式提升为立体厚层流水式对流传导干燥，最终以工业化作业程序替代传统农业作业方式。

太阳能干燥机为逆流通风干燥机，粮食颗粒运动的动力为重力。干燥机一般为立式，高度在 6m 以上，由提升机、干燥机、通风机 3 大主体构成。干燥机出口粮食或打包或进散运设备。为了节省车间房屋投资，太阳能干燥机可安装于室外，其钢材应有耐候性。太阳能干燥机如图 5-8 所示。

① 应用性分析。秋、冬季中国绝大部分地区相对湿度在 50%～60% 以下，在此环境中使用太阳能干燥机，排出的废气相对湿度在 80% 左右。进机稻谷水分达

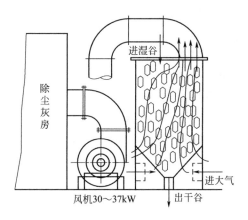

图 5-8　太阳能干燥机

$15\% \sim 20\%$，出机稻谷水分可达 14.5% 左右；进机白米水分达 $15\% \sim 18\%$，出机白米水分可达 $12.5\% \sim 13.5\%$。太阳能干燥机的干燥介质在自然空气的温度一般不会超过 $40℃$，在秋、冬两季一般不会超过 $32℃$，此温度能保证生产过程中的安全，即使出现误操作而延时烘干，其危害程度也在可控范围内。太阳能干燥机的干燥时间为 $1 \sim 1.5h$，如果通风强度大，$30min$ 能完成。空气通过稻米粮堆的高度估计在 $2m$ 左右，太阳能干燥机配备风机为 4-73 型，风机功率为 $10kW$，干燥每吨粮食需要空气 $2000m^3$。

② 太阳能干燥机的优势。

a. 节省投资，降低成本。设备投资为 120 万元，车间建设成本约为 100 万元，较同规模循环干燥机投资可节省 100 多万元，而且运行成本亦可节省 20 多万元。

b. 效率明显，操作方便。太阳能干燥机结构简单、操作方便，只要有太阳即可使用，而粮食在干燥过程中升温平稳缓和，爆腰增加量几乎为零；循环烘干机由于受热突然，温升快，粮食爆腰增加量达 $5\% \sim 10\%$。同样白天 12h，循环烘干机只能干燥出 100t 稻谷，而逆流太阳能干燥机能干燥出 300t 稻谷，效能是循环烘干机的 3 倍以上。

c. 干净卫生，绿色环保。循环烘干机使用的燃料为煤或油，燃烧后用有毒烟道气直接作用于稻谷不卫生；而太阳能干燥机使用的是自然界的洁净空气，符合食品安全卫生法的要求，也符合节能减排、绿色环保的理念。

上述六种类型的太阳能干燥设备占了已经开发应用的太阳能干燥设备的 95% 以上。除此之外，还有其他一些太阳能干燥设备，如远红外干燥设备、振动流化床干燥设备等。

（8）太阳能干燥的效能

① 有效太阳辐射能。进行温室干燥时，用于物料的汽化排湿和升高温度的太阳辐射能为干燥室的有效太阳辐射能。对于空气-水系统来说的计算公式为：

$$Q_s = W'[(1.88T_2' + 2492) - c_W T_{M1}'] + G_c c_{M2}'(T_{M2}' - T_{M1}') \tag{5-11}$$

式中　Q_s——干燥室提供能量，kJ；

　　　W'——温室干燥排湿量，kg；

　　　T'_{M1}——温室物料进口温度，℃；

　　　T'_{M2}——温室物料出口温度，℃；

　　　G_c——物料干物质重量，kg；

　　　c_W——干物质比热容，kJ/(kg·K)；

　　　c'_{M2}——温室物料出口比热容，kJ/(kg·K)。

② 干燥室工作效率。干燥室工作效率计算公式为：

$$\eta_s = \frac{Q_s}{3.6A_s H_\theta t} \tag{5-12}$$

式中　η_s——干燥室工作效率，%；

　　　A_s——干燥室面积，m^2；

　　　t——温室干燥时间，s；

　　　H_θ——单位面积的供热量，kJ/(m^2·h)。

3. 联合太阳能负压干燥机

（1）主要结构及原理

联合太阳能负压循环式干燥机的主体部分主要由太阳能集热器、干燥机主机、换热器和热风炉等构成，由于该干燥系统采用的是低温循环干燥，故无冷却段，其基本结构如图 5-9 所示。

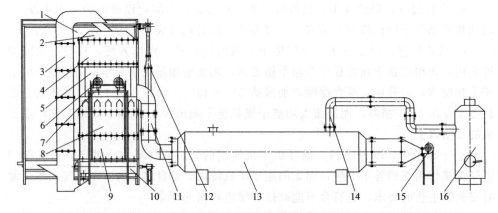

图 5-9　太阳能负压循环干燥机基本结构

1—太阳能集热器；2—塔顶；3—斗式提升机；4—储粮段；5—干燥段；6—负压风机；
7—风机支架；8—缓苏段；9—排粮段；10—螺旋绞龙；11—热风管；12—太阳能
热风管；13—换热器；14—热风炉管；15—冷风机；16—热风炉

该干燥机工作时由热风炉和太阳能集热器联合供热，选用太阳能为辅助能源，在阳光充足、气候条件较好的时候，利用太阳能集热器储备能源，对谷物进行低温干燥。供热量根据工况自主调控。采用负压供热，选用两台负压风机并联放置，负压风机和热风管分别在干燥段的两侧。热风炉内产生的烟气经过热风炉管进入换热器，通过折流板走管外，换热器一侧的冷风机运转输入的冷空气通过换热器管，冷、热气体通过间壁换热。冷空气经过换热器变成热介质后，经热风管在负压风机的作用下，向干燥系统供热。在外界环境较好、光照充足的条件下，可选用太阳能供热，节约能源。

干燥时，湿粮由斗式提升机向上提升，采用离心式卸料进入干燥机的塔顶中，直到装满整个干燥机，经储粮段暂时缓存。然后谷物依靠自重缓慢下落，进入干燥段。谷物经干燥后进入缓苏段，谷物还保持着一定的温度，而籽粒的表面和内部存在温差和湿差，促使内部水分向外扩散，逐渐趋于平衡。谷物进入排粮段后，在分粮板和排粮棍的共同作用下落入螺旋绞龙中，然后在螺旋叶片的输送作用下由排料口进入斗式提升机。如此不断循环，直到达到安全水分。

（2）太阳能集热器的设计

太阳能相对于煤炭、天然气等能源来说，是一种清洁能源。目前，太阳能广泛应用于路灯照明、热水器集热、发电等方面，有较好的发展前景。太阳能集热器将太阳辐射的热量转换给空气，并将热空气引入低温干燥机进行通风干燥。黑龙江省是我国太阳能资源较丰富的地区，具有利用太阳能的良好条件。采用太阳能联合供热，太阳能为辅助能源，有效供热量以 30% 计，有效地节约了能源，保护环境。

（3）热量计算

干燥系统所需热量的 30% 由太阳能提供，太阳能的供热量为

$$H_{ht}=0.3H_h=16584.14(kJ/h) \tag{5-13}$$

（4）采光面积计算

$$F=\frac{rH_{ht}}{I\eta} \tag{5-14}$$

式中 r——热损失系数，取 $r=1.6$；

I——太阳能辐射量，取 $I=5015kJ/(m^2 \cdot h)$；

η——太阳能集热系统集热效率，取 $\eta=50\%$。

代入上式，得：

$$F=\frac{rH_{ht}}{I\eta}=10.6(m^2)$$

（5）集热器选型与试验

经计算可得其有效尺寸为 5m×2m×1.06m（长×宽×高），安装倾角为 35°~45°。平板型太阳能集热器按照吸热板结构的不同，可分为管板式、翼管式、扁盒式和蛇管式等不同种类。通过对比分析，本研究采用蛇管式平板太阳能集热器，具体形状如图 5-10 所示。

在全年使用时，集热器的安装角宜取与当地纬度相等；当偏重冬季使用时，倾角应比当地纬度大约 10°；当偏重夏季使用时，倾角应比当地纬度小约 10°。如表 5-4 所示，夏季的太阳总辐射最多，集热器集热量最高。在上午 10 点至下午 2 点集

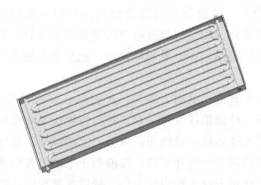

图 5-10 蛇管式平板太阳能集热器

热器单位面积集热量在 $180\sim240\mathrm{W/m^2}$。从全年集热器吸收能量最多的角度考虑，优选夏季。在大庆地区可将太阳能集热器的安装倾斜角定为 $35°\sim40°$。集热器吸收到的太阳能功率由测得的太阳能日累计功率及日平均小时功率，乘以集热器有效面积得出。太阳能功率测试选 TES1333 太阳能功率表测量。

表 5-4　不同时刻集热器单位面积集热量数值

时刻	冬季/(W/m²)	过渡季节/(W/m²)	夏季/(W/m²)
7:00	4.93	13.84	32.92
8:00	18.51	50.63	72.18
9:00	57.85	115.25	133.37
10:00	106.1	165.36	177.35
11:00	148.3	216.57	228.92
12:00	174.2	227.52	239.46
13:00	148.4	216.97	234.7
14:00	113.1	169.17	182.12
15:00	62.70	117.52	138.1
16:00	18.26	49.97	77.99
17:00	11.25	17.23	37.75

注：本数据仅限黑龙江大庆市大同区采集使用，仅代表某一天的集热量。

（6）联合干燥机应用情况

5HHSL 型水联合太阳能负压循环式干燥机研制成果应用于大庆地区谷物加工生产。技术指标优于国内同类产品，尤其是变温控制系统填补了国内杂粮保质干燥的空白，为国内小杂粮干燥机的提档升级做出贡献。新型联合太阳能负压循环式干燥机的市场占有率将会超过现有常规机型，应用效果良好。由于该烘干机及变温控制系统的优良工作特性，烘干谷物和种子的品质很好，各项指标均优于国家标准，提高烘干品质 $3\%\sim5\%$，节约烘干成本 35% 以上。近三年累计烘干高粱、谷子等杂粮 30 余万吨，节约成本 824 万元，经济效益达到 1495 万元，效益可观。联合太阳能负压循环干燥机如图 5-11 所示。

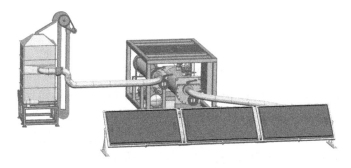

图 5-11　联合太阳能负压循环干燥机

4. 太阳能干燥机

现有的太阳能干燥机主要有两种方式：一种是自然对流式，即利用冷空气受热上升的原理实现空气流动，不必外加动力；另一种是强制对流式，利用风机等设备强制空气流动。但是自然对流式的太阳能干燥机由于需要保温而密封性较好，夜间的空气流动性较差，会对干燥物料的品质造成不利影响，而强制对流式太阳能干燥机夜间风机启动频繁，又会造成电能的浪费。

（1）工作过程与原理

冷空气受到风压的作用进入太阳能集热器，太阳辐射在穿过太阳能集热装置上的透明玻璃面板后，照射到集热装置的吸热板上；太阳辐射能被吸热板吸收并转换成热量，该热量被用于对集热装置内的气体进行加热，使气体的温度渐渐达到一定温度值。在风机压力的推动力下，经过导风筒，送入干燥室；干燥室内的气体压强逐渐下降，使得空气与被烘干物料间产生温差与相对湿度差，加速物料水分扩散蒸发。而且，热空气由于密度较低，具有向上流动的趋向，蒸发出的水分被空气带走，从而达到干燥的目的。太阳能热风干燥工艺见图 5-12。

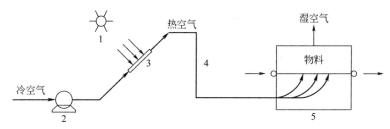

图 5-12　太阳能热风干燥工艺

1—太阳；2—风机；3—太阳能空气集热器；4—管道；5—干燥箱

加热后的气流将热量传导给搁板上等待要干燥的物料上，这样就会使物料中的水分持续地气体化并且减少。物料中的水汽会被不断向上流动的热气带走，这样就达到干燥物料的目的。在风机的作用下将带有水汽的热气排出到干燥仓的外部,与此同时就达到了干燥介质之间的强制循环和干燥介质之间的强化对流换热,完成这些后便可以减少干燥的时间。

(2) 全天候太阳能干燥设备

所谓全天候太阳能干燥设备是指所有时间内都可以烘干作业。白天干燥时,风从集热器底部经加热后进入干燥室干燥;排出的热风经鼓风机重新进风,当干燥室内温度过高时,自动控制阀将打开,水由集热器加热收集热量储存于保温水箱中;夜间当温度感应器感应干燥室内部温度过低时,由控制阀中断集热器进风口,风由水箱中翅片风管加热进入干燥室,之后类似于白天干燥过程;白天重新开始时,控制单元驱动控制阀关闭蛇形风管进风口,打开集热器进风口,又开始集热板热风干燥过程,储热水箱又可开始储存热能,周而复始,实现连续干燥操作;气候条件不佳时,可利用水箱中的紫铜盘管加热水,通过翅片风管实现热风干燥过程。

① 太阳能干燥能量分析。能量平衡关系如图 5-13 所示。

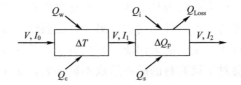

图 5-13　能量平衡关系

太阳能干燥能量的变化分为两阶段,第一阶段是冷空气的预热阶段,太阳能把热能传递给冷空气导致其温升。第二阶段是干燥物料内能的转化过程。根据热力学第一定律,得如下能量平衡关系式:

$$LI_0 + Q_s + Q_c + Q_w + Q_i = \Delta Q_p + LI_2 + Q_{Loss} \tag{5-15}$$

式中　L——干燥过程绝干空气消耗量,kg;

　　　I_0——入口湿空气比焓,kJ/kg;

　　　I_2——出口湿空气比焓,kJ/kg;

　　　Q_s——干燥室有效太阳辐射能,kJ;

　　　Q_c——空气集热器有效太阳辐射能,kJ;

　　　Q_w——水存储热量,kJ;

　　　Q_i——干燥系统总耗电能;

　　　ΔQ_p——物料内能变化,kJ;

　　　Q_{Loss}——干燥系统的热损失,kJ。

② 太阳能干燥装置的设计。该干燥设备的干燥室采用四面透光设计,它面向太阳的那一个平面和侧面都设置成玻璃平面,干燥产品可以直接接受太阳光照射,产品可以实现自然日晒和对流干燥相结合的效果,最大程度利用太阳能工作。它能连续供热、全天候工作、成本低、结构简单且热利用效率高。全天候太阳能热风干

燥机为热风干燥系统和太阳能储能系统结合，如图 5-14 所示。

图 5-14 全天候太阳能热风干燥机

本装置平板集热器设计为 V 型集热板，V 型集热板上下通空气，该过程对空气进行加热，有效传热面积增大；V 型集热板中间设有通水管道，与保温水箱通过水管依次连接形成循环水路通道，用于储能以及夜间干燥，实现了热风干燥系统和太阳能储能系统的结合，成本低，结构简单。为了保证集热器适合北方更有效地吸收太阳能，V 型板集热器的安装倾角为 35°～36°，这个角度应该和当地的纬度基本保持相同。

搁架与搁板材料的选取，一般选用普通金属材料。搁架基本都是在干燥仓的内侧连接固定，每一层都使用网状的结构，可以替换；搁板网状结构的孔眼直径选择小于被干燥物料的最小尺寸值，否则会漏料。风机配备需要根据搁板上放置好待干燥物料层对干燥箱内空气流动产生的阻力值，即干燥箱内风压和流量的大小来选择。因为要在干燥室内产生一个相对有利的流动环境，因此在干燥室的顶部安装一台风机；通过调节风机的风量大小就能够方便地调节干燥箱中的空气流速和通风量，并且能短时间内排出干燥箱内的湿空气。

为了能够把通过干燥室内的热空气充分利用，将干燥室出口空气直接与鼓风机通过转向阀相连，重新经过集热器加热后进入干燥室烘干物料；当干燥室中空气湿度达到设定湿度时，自动排气阀门自动打开，对外排除湿空气，同时补充新鲜空气，实现了将干燥室内的废热空气回收利用。在晴天状态下，当太阳能循环控制系统检测到太阳能集热板热水温度超过高温储热水箱内温度时启动循环水泵进行循环，把太阳能集热板收集的热量带入高温蓄热水箱，通过紫铜盘管进行加热，并保温储存，以备使用。该干燥设备主要能应用于清洁干燥的产品，比如杂粮等一些粮食作物，桂皮和枸杞等中药材及葵花籽、茶叶、黄花、龙眼和大枣等农副产品。

第二节 空气能热泵供热系统

热泵供热系统是一种利用热泵工作原理产生热风的装置。热泵有空气能热泵、地热能热泵等不同的形式，一般使用空气能热泵的形式较多。空气能热泵工作时每消耗 1kW·h 的电能可从空气中获得 3～5kW·h 的热能。热泵系统主要由压缩机、蒸发器、冷凝器和膨胀阀组成闭路循环系统，而且一机多用，可同时用于加热与制冷。用热泵加热的共同特点是：干燥介质在蒸发器中降温除湿，在冷凝器中加热升温。

一、热泵系统

热泵从周围环境吸取热量，并把它传递给被加热对象（温度较高物体），其原理与制冷机相同，都是按热机的逆循环工作，只是工作温度范围不同。热泵干燥系统由压缩机、冷凝器、蒸发器、膨胀阀、工作介质等组成。热泵系统的主要作用是除湿与加热。低温热风流经蒸发器，依靠热泵工质的循环，使通过蒸发器的温湿空气被吸收热量、析出水分，实现除湿作用；热泵工质经过压缩机的压缩变为高温高压气体，在冷凝器中冷却放热加热低温干空气，达到加热目的。干燥后排出的温湿空气进入蒸发器中冷却除湿，进行余热回收，然后再进入冷凝器加热，再次进入到干燥室器进行下一个干燥循环。热泵系统如图 5-15 所示。

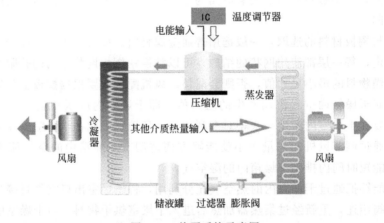

图 5-15　热泵系统示意图

热泵干燥系统的设计建立在热泵单独运行的基础上，当热泵单独运行时，由于冷凝器和蒸发器中损失的压力值很小，可以忽略不计，所以将压缩机出口压力看作冷凝压力，压缩机入口压力看作蒸发压力。同时忽略内部环境对工质的影响，即认为蒸发温度和冷凝温度均为定值，并将工质的节流过程近似看作是等焓过程，压缩机内部空气增压过程近似看作是等熵过程。热泵单独运行压焓如图 5-16 所示。

由于高温下的 R22 蒸气比体积会增大，单位容积制冷量减少，因此，应避免吸气过热，要使其循环通顺，在设计时需要热力膨胀阀保持 5℃ 的过热度。工质 R22 蒸发温度理论值为 0℃，取浮动值即过热度为 5℃；工质冷凝温度理论上为 70℃，取过冷度约为 5℃。

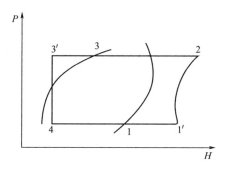

图 5-16 热泵单独运行压焓图

1. 蒸发器的选型

热泵干燥系统中，蒸发器的作用是除湿与热回收，是热泵的热量输入设备。本装置选用翅片管式蒸发器，这种蒸发器的结构为一排铜管外表与平片式翅片相连，当铜管内的低温低压热泵工质混合气体与液体流经蒸发器排管时，透过翅片与外部空气充分热交换，使空气降温除湿。蒸发器在放置时要迎着干燥室的出口风道并倾斜一定角度，有利于蒸发器冷凝水的导流。对蒸发器除湿负荷、需要的空气量、蒸发器从空气中吸收的热量进行计算，确定蒸发器面积。

蒸发器面积计算公式为：

$$A_1 = \frac{Q_{z1}}{K_1 \Delta t_m} \tag{5-16}$$

式中　Q_{z1}——蒸发器从空气中每小时吸收的热量，kJ/h；

　　　K_1——传热系数，W/(m² · K)；

　　　Δt_m——蒸发器平均传热温差，℃。

2. 压缩机机组

压缩机是热泵干燥系统的主要部件之一，系统内有用功的输入及制冷剂的循环流动均由压缩机来实现，可谓是热泵的心脏。对比目前不同类型的压缩机，涡旋压缩机具有效率高、运行平稳、结构简单等优点。此外，涡旋压缩机没有排气阀和吸气阀等易损零部件，即使在高转速的情况下依然可以保持高效率和高可靠性。本装置选用涡旋压缩机。

压缩机理论功率计算公式：

$$W_1 = G(I_2 - I_1) \tag{5-17}$$

式中　G——制冷剂质量流量，g/s；

　I_2，I_1——状态点焓值，kJ/kg。

根据压缩机理论功率与转换效率计算获得压缩机的实际功率。

3. 冷凝器的选型

冷凝器是热泵系统中重要的热量输出装置。热泵工质把从温湿空气中吸收的热量连同压缩机消耗的电能一起通过冷凝器传递给干冷空气。热泵干燥系统中使用的冷凝器是强制通风空气冷却冷凝器，由几组蛇形盘管组成，管外设置套片式翅片。为了充分利用每条管路的传热面积，在盘管的入口处安装有一个分配器，使得制冷剂均匀地分配到各条管路中区。本装置采用翅片式冷凝器。

冷凝器面积计算公式为：

$$A_2 = \frac{Q}{K_2 \Delta t_{m2} t}$$ （5-18）

式中　Q——干燥过程所需总热量，kJ；

　　　K_2——冷凝器换热系数，W/(m²·K)；

　　Δt_{m2}——冷凝器平均传热温差，℃；

　　　t——干燥时间，h。

4. 膨胀阀的选择

根据系统的运行工况、制冷系统的制冷量、制冷剂的种类及系统结构、压力降、系统的蒸发温度和过冷度对膨胀阀容量的影响等因素选择膨胀阀，并安装在蒸发器进口处。通过自带的感温包探测蒸发器出口处工质的过热度大小，判断工质流量大小。过热度较大时，感温包内工作介质压力变大，从而使阀的开度变大；反之，过热度较小时，工作介质压力变小，减小阀的开度，即调节阀的大小来控制热泵工质流量。

5. 热泵系统热效率分析

根据地区气候条件及干燥工艺参数要求，分别对开式热泵干燥系统、闭式热泵干燥系统和热泵联合干燥系统的热效率进行分析。干燥系统热效率的计算方法如下：

$$\eta = \frac{Q_h}{W} \times 100\%$$ （5-19）

式中　Q_h——物料水分蒸发所需热量，kJ；

　　　W——投入干燥室中的有用能量，kJ。

从介质在干燥过程中的热焓变化角度出发，分别计算粮食去水需要消耗的能量以及干燥过程中的总能量，从而获得干燥系统热效率。热泵系统三维示意图如图5-17所示。

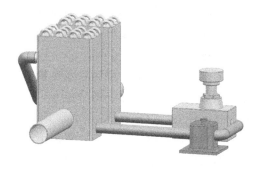

图 5-17 热泵系统三维示意图

二、热泵干燥原理

热泵借用水泵将水从低水位抽至高水位，将热量从低温送至高温。热泵依靠制冷工质在低温下吸热，经压缩机在高温下放出热量，空气经热泵提高了温度，即提高了热能的品质。假设热泵从低温空气中吸收了 3kW 的热能，热泵压缩机耗 1kW 的热能，就可向干燥室（或取暖空间）供应含 4kW 热能的高温空气。热泵烘干市场一直是我国农机市场的短板，我国食品、茶叶、药材、污泥烘干率平均水平比较低，但也正因为如此，国内的热泵干燥机市场发展潜力大，提升空间多。热泵干燥系统原理如图 5-18 所示。

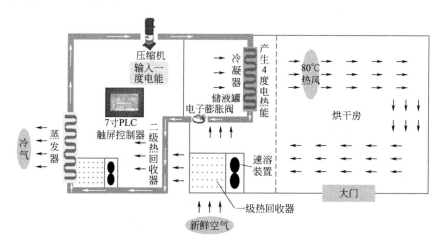

图 5-18 热泵干燥系统原理

高温热泵烘干机组主要由翅片式蒸发器（外机）、压缩机、翅片冷凝器（内机）和膨胀阀四部分组成，通过让工质不断完成蒸发（吸取室外环境中的热量）→压缩→冷凝（在室内烘干房中放出热量）→节流→再蒸发的热力循环过程，从而将外部低温环境里的热量转移到烘干房中。冷媒在压缩机的作用下在系统内循环流动，它在压缩机内完成气态的升压升温过程（温度高达 100℃）；它进入内机释放出高温热量加热烘干房内空气,同时自己被冷却并转化为液态;当它运行到外机后,液态迅速吸热蒸发再次转化为气态,同时温度可下降至−20～−30℃,这时吸热器周边的空气就会源源不断地将热量传递给冷媒。

高温热泵烘干机组在工作时,与普通的空调以及热泵机组一样,在蒸发器中吸收低温环境介质中的能量 Q_A:它本身消耗一部分能量,即压缩机耗电 Q_B;通过工质循环系统在冷凝器中时放热 Q_C,$Q_C = Q_A + Q_B$。因此,高温热泵烘干机组的效率为 $(Q_B + Q_C)/Q_B$,而其他加热设备的加热效率都小于1。所以高温热泵烘干机组加热效率远大于其他加热设备的效率。可以看出,采用高温热泵烘干机组作为烘干装置可以节省能源,同时还降低 CO_2 等污染物的排放量,实现节能减排的效果。热泵干燥系统封闭式循环图如图 5-19 所示。

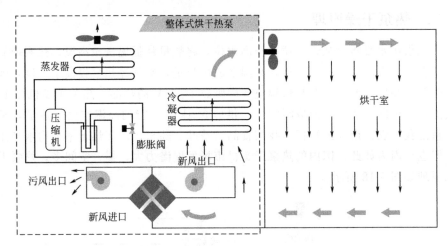

图 5-19　热泵干燥系统封闭式循环图

三、热泵干燥机存在问题

热泵干燥农产品技术虽然已经趋于成熟和完善,但是仍存在如下一些问题:

① 干燥室内的温度及湿度多是人工控制,无法达到大规模、自动化控制。虽然空气源热泵干燥有很高的稳定性,但是干燥过程既复杂又多变,需要随时监控物料的温湿度值,确保干燥物料的品质。热泵系统还不能对干燥介质的温度、湿度、流量等参数进行精确控制。

② 对压缩机性能有特殊要求。比如,当压缩机处于高压条件下时能效比也要维持在较高的水平;在大负荷、高冷凝温度及高压差的情况下要求压缩机有足够大的机械强度来保证工作的可靠性、平稳性;要求压缩机有较强的抗液击能力和防过热能力。

③ 干燥系统产品序列不够完善,干燥设备类型杂,部分干燥设备质量差。箱式结构的干燥装置居多,干燥室有干燥不均匀、传热效率差的缺陷,长时间的干燥

降低了干燥物料的品质。目前已生产出的干燥设备数量少、规模小、自主开发产品少、干燥设备型号多，部分型号的干燥装置质量得不到保障，很多小型制造厂没有技术和设备条件就模仿制造干燥设备，使得干燥制品品质低，设备寿命短。

④ 热泵工质的影响。蒸发器性能会受热泵工质充入量的影响，在某室温下以 CO_2 热泵为例，充入量越少，蒸发器对干燥室内热空气进行冷却除湿的能力越好；当充入量过多时，将影响蒸发器的吸热性能。所以对不同型号的热泵干燥装置应合理选用热泵工质充入量，这对热泵干燥装置性能的发挥有重要意义。

⑤ 热泵升温过程缓慢，不能在规定程序和时间内升到所需温度。除霜时间过长，有的蒸发器结冰，温度波动大造成配风不均，烘后物料干湿不均。环境温度影响大，在 10℃ 以上应用多，缺少 -10℃ 以下的经验数据，很少有 -20℃ 以下的数据。

⑥ 受投资成本和电价影响多。烘干果蔬和稻谷相对可行，但果蔬干燥环境粉尘小，稻谷粉尘大；在东北、西北等寒冷地区烘干玉米，能耗大、产量低、投入产出比低。

四、粮食热泵干燥技术

热泵技术就是在高位能的推动下，将热量从低位热源流向高位热源的技术。也就是说，把不能直接利用的低品位的热源如空气、土壤、水、太阳能、工业废热等热源转化为可利用的高位能热源，从而达到节约一次性能源的目的。热泵因其低温热源种类不同，其工作原理也有所区别。

为了保证质量，农产品干燥温度大多在 100℃ 以下，传统的人工干燥方法是燃烧燃料获取热量。利用高品位能源获得低品位热量的干燥方法热效率很低，热泵仅需要消耗少量高品位能源（电能或燃料），就能从低温热源（如环境空气、河流、土壤等）中抽取热量，用于加热。热泵技术用于干燥不仅节能，且无燃烧、无污染。

1. 粮食热泵干燥机的种类

目前的热泵干燥分为开式、半开式、闭式。热泵干燥装置由热泵部分和空气循环部分组成。针对不同的物料，其结构各异，以箱式结构居多。

（1）开式热泵干燥机

开式热泵干燥机如图 5-20 所示，就是用热泵来回收空气中的余热。环境空气经进风管进入风柜，经过冷凝器等湿升温，变为中温（比环境温度高 20～40℃）干燥空气而提高其吸湿能力之后，由鼓风机输入干燥室内进行质热交换吸收待干物料中的水分，吸湿后的废气通过蒸发器回收部分显热和潜热后，排出机外。该型式的热泵干燥装置适用于耐受一定温度（40～80℃）的热敏物料的干燥。在开式热泵干燥装置中，出干燥室的排气全部排入环境。该型式热泵干燥装置具有结构简单、

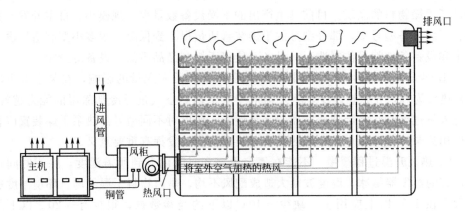

图 5-20　开式热泵干燥机

操控方便等优点，但进入干燥室的干燥介质温度受环境温度的影响大，干燥废气排入环境对环境有污染，且当物料的卫生要求较高时，环境空气进口处的预处理（如过滤器）等负荷较大。

（2）闭式热泵干燥机

所谓闭环干燥，是指待干燥物密闭在隔热不透风的空间内，通过闭式风循环将水蒸气在冷片上冷凝排出干燥空间，达到除湿干燥的目的。由于不排出水蒸气和热风，因此，理论上不损失能量，效率非常高、能耗低，脱水效率达 $3.5kg/(kW \cdot h)$ 以上。低温干燥中，可以有部分废气不经过热泵蒸发器进行降温除湿，而是直接进入热泵冷凝器内。

如图 5-21 所示，由压缩机驱动的卡诺循环，在主机内形成 15℃的冷凝片和90℃的加热片，冷凝片吸收能量，加热片释放能量。风机驱动保温干燥室内空气的循环，空气穿过加热片后形成 65℃的热空气，加热待干燥物料，成为 55℃的湿热空气，穿过 15℃的冷凝片，冷凝成水珠，掉落集水盘，通过水管排出干燥室。脱水后的空气再穿过 90℃的加热片，成为 65℃的热空气，如此循环，不断降低干燥室内的相对湿度，达到干燥的目的。

闭环干燥排出去的只有水，没有能量流失，能量全部回收，因此效率非常高，是开环方式的几倍，且效率跟外界温度和湿度完全无关，一年四季始终保持高能效，适合任何气候条件；其次，外界粉尘无法进入，绝对卫生，达到药品级干净程度，不会造成物品的有效成分流失，大大提高了干燥物品的品质和级别，并可以实现低温快速干燥；此外，均匀的强风对流使得干燥物表面无水膜，保持干燥房内湿度低，保证干燥过程不发霉、不变质，更无需翻动物品，节约人工成本的同时，不破坏物品的功效和品相。机组采用内置式或一体式设计，安装简单、性能稳定，可单机/组网/网络连接兼容；全电脑智能控制系统，可实现远程监控，可编程温度、湿度、时间控制，可分段自动控制。闭式烘干克服了环境温湿度的影响，而且实现了低温、高效、快速的干燥。

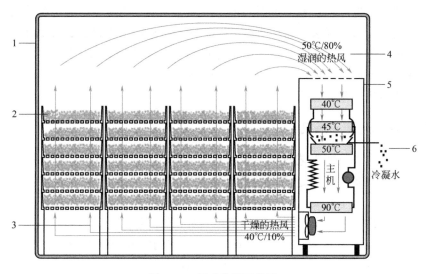

图 5-21　闭式热泵干燥机

1—保温干燥室；2—待干燥物料；3—干燥热风；4—载湿热风；5—热泵主机；6—冷凝水

（3）开闭环热泵干燥机

开闭环热泵干燥机（图 5-22）采用了过蒸发器的空气部分旁通的封闭式循环，在冷凝器前排出多余低温干燥介质的方法，克服了开式、闭式干燥系统的缺点，该系统更加节能。利用半开式循环将干燥后带有余热的部分高湿度空气直接排出，带走水分；另一部分废气被旁通进入蒸发器，在蒸发器前引入新风降低空气湿度。二者混合后再与进入系统的外界空气混合，经冷凝器加热升温后进入干燥室。采用开闭式干燥机系统不受环境温度的影响，自主调节显热、潜热回收系统，避免了低温

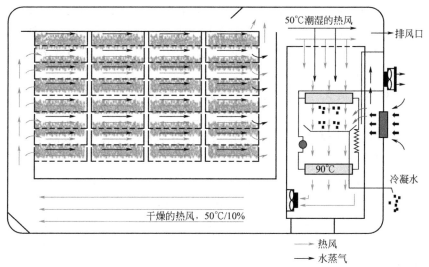

图 5-22　开闭式热泵干燥机

环境下制热效率低，即使在超低温环境下不加电辅助也能使干燥室快速升温，高效节能。开闭式热泵干燥装置适用于需分段干燥的物料，当达到设定温度时，智能切换开式、闭式干燥方式，通过自动调节旁通阀，合理调控进入干燥室的空气温度，从而使物料在不同干燥阶段（如预热段、恒速段、降速段、冷却段等）的温度与热量需要形成较优匹配，达到节能保质的目的。

2. 热泵流化床干燥机

干燥是耗能较大的工艺过程，在发达国家，大约 10% 的燃料用于干燥，因此合理的工艺和设备对干燥过程的节能是至关重要的。热泵干燥具有热效率高、节能、干燥温度低、卫生安全、环境友好等特点，特别适合于谷物、种子及食品原料等热敏性物料的干燥。日本科学家利用热泵对谷物进行的干燥实验表明：从谷物中除去 1kg 水，平均能耗为 2063kJ；俄罗斯科学家的实验数据为 1624kJ，均低于常规气流干燥法的平均能耗；Giocom 生产实验证明：热泵干燥应用于谷物干燥较常规气流干燥法节能约 30%，最多可节能 50%；目前在英国、德国等发达国家热泵干燥已在谷物干燥加工生产实际中得到广泛应用。用热泵干燥机分别对玉米、大豆、稻谷种子进行了干燥实验研究，结果表明：热泵是一种很适合各种种子干燥加工的技术，它不仅能保持种子的品质，和日晒相比还可使种子发芽率提高 5%。但是，目前应用的热泵干燥装置大多为箱式结构，干燥室内的传热和传质效率低，干燥不均匀，使得干燥时间长达 12~16h。长时间的干燥过程导致微生物污染产品，影响产品质量。采用热泵流化床干燥装置能进一步发挥热泵低温干燥和流化床干燥的优势，提高干燥效率，缩短干燥时间。由于热泵干燥的实质也是对流干燥，同样存在传热传质效率的问题。干燥过程不仅涉及热泵除湿单元的效率，干燥介质（空气）在干燥室内传热传质效率的提高同样能提高整个干燥系统的效能。在干燥系统中采用流化床干燥器，由于颗粒悬浮于干燥介质中，因此干燥介质与固体接触面积较大；加上物料剧烈搅动，大大地减少了气膜阻力，因而传热传质效率高。

（1）热泵流化床干燥机的设计

为了能对热泵流化床干燥机进行全面的实验研究，干燥机应遵循的设计原则为：

① 根据现代设计理念，结构采用模块化，各单元相互独立，按需要进行组装；

② 为模拟不同的干燥工艺和热泵不同的运行工况，干燥介质（空气）的主要参数（温度、速度和湿度）可在一定的范围内进行调节，并能实时测量；

③ 热泵装置中压缩机的转速、空气循环风机的转速采用变频器进行调节。

根据上述设计原则，设计了一套热泵流化床干燥机组，主要由热泵（制冷）系统（全封闭压缩机、冷凝器、蒸发器、节流阀、过滤器等）和干燥介质（空气）回路（离心风机、干燥器、加热器及管路等）组成。热泵流化床干燥机的工作流程如图 5-23 所示。干燥管路中阀门及空气进出口处的调节门可以调节干燥室内的空气流速。干燥室内的风速可在 $0.5 \sim 3m/s$ 内任意调节，能满足不同的干燥工艺要求。热泵干燥装置的基本流程为半封闭式热泵干燥系统。为了保证系统在运行时，减少干燥高温段的热量损失及制冷低温段的冷量损失，对热泵干燥系统进行了全面保温隔热处理。

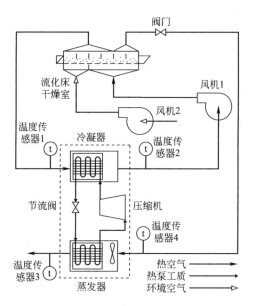

图 5-23　热泵流化床干燥机工作流程图

（2）工作原理

热泵干燥采用封闭式热泵干燥装置，干燥介质在系统内封闭循环。干燥室排气进入蒸发器降温除湿，再进入冷凝器加热，重新进入干燥室。本研究提出的半封闭热泵干燥系统流程如图 5-23 所示。通过变频器改变鼓风机转速实现流化床风速的调节。阀门开度可以调整各个管路的风量配比。在流化床的干燥段（流化床干燥室右段）和出料口（干燥室左端）之间设置物料冷却段，将新风入口置于此段的下方，用单独的风机 2 将环境状态的新风吹入流化床，对经过干燥后的热物料进行冷却，回收物料显热。热空气经过风机 1 从下方进入流化床干燥室，吸湿降温后，前段排气进入热泵蒸发器，在蒸发器中回收水蒸气潜热和空气显热，然后排入环境；干燥室后段排气与回收了物料显热的新风混合后进入热泵冷凝器加热，继续循环。物料出干燥室时温度较高，需要堆放至冷却。

（3）热泵和干燥模块

热泵是主要由压缩机、蒸发器、冷凝器和膨胀阀等组成的闭路循环系统。热泵系统内运行的工作介质为 R134a，采用单级压缩式热泵。首先在蒸发器中吸收来自干燥过程排放废气中的热量后，由液体蒸发为蒸气；经压缩机压缩后送到冷凝器中；在高压下热泵工质冷凝液化，放出高温的冷凝热去加热来自蒸发器的降温去湿的低温干空气，把低温干空气加热到要求的温度后进入干燥室内作为干燥介质循环使用；液化后的热泵工质经膨胀阀再次回到蒸发器内，如此循环下去。废气中的大部分水蒸气在蒸发器中被冷凝下来直接排掉，从而完成除湿干燥。将流化床的空气参数值代入热泵模块，根据运行热泵蒸发器的热负荷 Q_e 与流化床前段排气的放热量 Q_{ex}（包括空气降温显热和水蒸气冷凝潜热）热平衡情况，调节相应新风比，反复运行流化床模块，优化运行系统，确定干燥性能参数。本干燥设备的干燥机为卧式流化床干燥机。干燥机底部制成多孔板结构，面积为 $0.49m^2$（$1.4m \times 0.35m$），孔径为 $\phi2.0mm$，开孔率为 8%。筛板上方有竖向挡板，把流化床分隔成 6 个小室。每个挡板均可上下移动，以调节其与筛板之间的距离。每室下部有进气支管且装有阀门，可以调节入室气体流量。

（4）热泵单元的热力计算

① 热泵干燥空气循环系统的分析计算。热泵干燥过程中空气（干燥介质）的循环过程，可以在湿空气图上绘出，如图 5-24 所示。点 a 为干燥室的进风状态点，点 b 为干燥室出风状态点，点 c 为经过热泵蒸发器除湿降温后的空气状态点。过程 ca 是空气在热泵冷凝器的加热过程，在该过程中空气的含湿量保持不变，故为等含湿量的加热过程；过程 ab 是空气在干燥室内吸收被干燥物料的湿分，若假设干燥室与外界的换热忽略不计，则该过程可视为等焓加湿过程；bc 是循环空气在蒸发器的降温除湿过程，实际过程中循环空气历经了 $bb'c$ 途径，先降温后去湿。

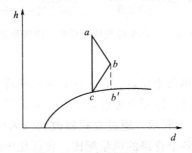

图 5-24　空气循环的 h-d

② 热泵制冷循环的热力计算。单级蒸气压缩式热泵制冷循环的热力过程如图 5-25 所示。

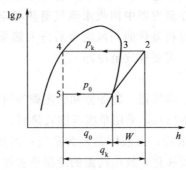

图 5-25　热泵制冷循环的热力过程

根据设计要求，本干燥机的热泵单元采用一台压缩机完成对循环空气进行冷却除湿与加热的任务。取蒸发温度 T_{ev} 为 1.0℃，冷凝温度 T_{co} 为 40℃，热泵的工况参数由文献的图表查得，冷凝压力 p_1 为 1.53kPa，蒸发压力 p_0 为 0.515kPa，吸气比体积 V_1 为 0.0457m³/kg，比焓 h_1、h_2、h_3、h_4、h_5 分别为 405.23kJ/kg、435kJ/kg、415.87kJ/kg、249.71kJ/kg 和 249.71kJ/kg。设计计算结果见表 5-5。

表 5-5 热泵循环系统热力设计计算结果

项目	单位	计算式	计算值
单位冷凝热量 q_k	kJ/kg	$q_k=h_2-h_4$	185.29
单位制冷量 q_0	kJ/kg	$q_0=h_2-h_4$	155.52
单位容积制冷量 q_v	kJ/m³	$q_v=q_0/v_1$	3403.06
单位功耗 W	kJ/kg	$w=h_2-h_1$	29.77
理论制冷系数		q_0/w	5.22
理论供热系数			6.22
压缩比 C		$C=p_k/p_0$	2.97
工质循环量 G	kg/h	$G=Q_0/q_0$	542.69
压缩机实际输气量 V_s	m³/h	$V_s=Gv_1$	23.98
压缩机理论压缩功 A_W	kW	$A_W=Gw$	1.562
压缩机理论输气量 V_{th}	m³/h	$V_{th}=V_s/0.8$	29.98
压缩机理论功率 N	kW	$N=q_m w$	4.34
压缩机指示功率 N_i	kW	$N_i=N/0.8$	5.42
压缩机轴功率 N_e	kW	$N_e=N/0.65$	6.68
单位理论功率制冷量 k_{th}	kW/kW	$k_{th}=Q_0/N$	5.22
单位轴功率制冷量 k_c	kW/kW	$k_c=Q_0/N_e$	3.39
冷凝器实际热负荷 Q_k	kJ	$Q_k=Q_0+3600N_i$	100464
实际制冷系数		$Q_0/3600N_e$	3.39
实际制热系数		$Q_k/3600N_e$	4.18

3. 热泵串联连续式粮食烘干机

目前，我国干燥设备能够满足农业领域用户的需要，但是对提升粮食品质、达到节能减排要求、降低环境污染等方面存在不足。热泵技术具有压力损失小、节省电能、易于实现干燥参数的智能化控制、降低粉尘率、实现安全生产的特点。采用热泵技术研发的粮食干燥机系统，节能率和良品率显著提高，大幅度降低干燥成本，是粮食干燥行业重要节能技术。

冬季干燥时，环境温度低，热能和风能损耗大。目前，粮食干燥系统多是以燃煤热风炉供热为主的塔式干燥机，热空气与粮食经过一次换热后，变成温度为30～50℃、相对湿度为40%～70%的废气，被直接排入大气。以处理量为 300t/d 的燃煤干燥系统为例，每天排出约 $6×10^5 m^3$ 的废气，干燥过程中除去 1kg 水所消耗的

热量高达 $7535\sim8370kJ$，同时煤燃烧产生的 CO、SO_2、NO_2 以及直接排放的粉尘等造成了环境污染。我国管道天然气价格偏高，农村地区普及率低，还在尝试以天然气为热源进行大规模干燥。"煤改电"工程正在实施，如何节电是该项目的技术瓶颈。热泵供热以电为动力，据中科院理化研究所对热泵除湿干燥技术的研究，热泵干燥与燃煤干燥相比能耗降低 $40\%\sim70\%$；通过节约燃料，其 CO_2 排放量可降低 $30\%\sim50\%$，对降低温室效应具有积极作用，对环境和被干燥物料均无污染，适合于农产品的干燥。针对黑龙江地区粮食干燥期间环境温度 $<-10℃$，传统热泵无法正常运行的情况，设计了一种能够在低温环境下高效运行的串联热泵玉米干燥系统，实现了玉米节能清洁干燥。

（1）热泵串联连续式干燥工艺

粮食热泵干燥处理过程包括清理、干燥、缓苏、通风冷却几个阶段，具有高温、低温、通风或高低温组合干燥工艺流程，可视具体情况需要选择。针对粮食初始含水量情况，决定一次或多次循环处理，以及视谷物干燥特性决定缓苏时间。若粮食含水量接近储粮标准，在 15% 左右，就不需要进入干燥机干燥，只需进入清粮作业线。当粮食含水量超过 21% 时，需要采用高低温组合式工艺，则粮食先进入高温干燥，到含水量降到 $17\%\sim18\%$ 时，粮食干燥速率减慢，就进入低温段通风干燥，达到储粮水分标准，然后冷却到接近环境温度进行储藏。粮食热泵干燥工艺流程如图 5-26 所示。根据设计要求和谷物干燥中心技术说明，经计算分析特选定主要设备如下：

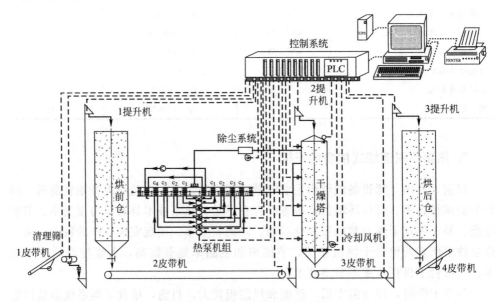

图 5-26　粮食热泵干燥工艺流程

① 中型高效、节能热泵烘干机"5HHS-100"型 1 台。

② 中型钢板仓（300t）"TCZ07315" 2 个，按一线布置组成仓群。

③ 清选机（30t/h）"TQLZ100×120"2台，组成立体配置的清粮塔。

④ 不同长度的皮带机（30t/h）"DSG40"4台。

⑤ 斗式提升机（30t/h）"TDTG36×18"4台。

⑥ 多管陶瓷除尘器（50000m³/h）"TGSS20"1台。

图5-27为中型热泵供热系统原理图。此多级串联式玉米热泵干燥机近似于一个封闭式热泵干燥系统，玉米干燥能力为5～7t/h。热泵供热系统采用开闭环式，配风回路近似于闭式热泵干燥系统，干燥过程中不与外界环境进行换热，且收集了干燥过程中物料排出的粉尘，对环境无污染。系统干燥运行时，干空气进入干燥塔干燥段并在干燥塔内部等焓吸收玉米水分，从而使干空气变成湿空气。经玉米干燥塔排风室排出的湿空气经多管陶瓷除尘器除杂净化后进入热能系统的五级蒸发器，蒸发和冷凝侧均为风冷翅片管式换热器。首先除尘后排潮废气到达除湿蒸发器1入口，经过除湿蒸发器1～5的冷却除湿，在除湿蒸发器5出口变成冷干空气，再经过冷凝器5～1逐级加热，从冷凝器1出口出来变成热干空气，与此同时各级蒸发器冷凝下来的水分排出系统外。热干空气进入干燥塔与干燥物料玉米进行热湿交换，然后进入下一个循环。在热泵循环过程中，在蒸发器侧存在潜热交换和显热交换，而在冷凝器侧只有显热交换。由于水的潜热很大，当蒸发器进口空气相对湿度很大时，经过5级蒸发器除湿后空气的含湿量明显降低；风量较少时，会造成冷凝器出口侧制冷剂温度偏高，严重时会出现压缩机过保护等问题。因此，在除湿蒸发器5出口和冷凝器5入口之间设置进风口，将干燥塔冷却段的风量引入冷凝器侧，补风量可以根据需要通过风阀的开度自动调节。同时，在粮食干燥过程中，会有部

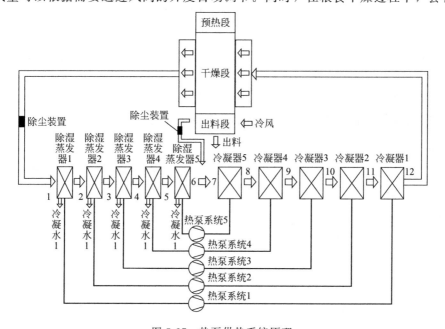

图5-27　热泵供热系统原理

分热空气泄漏到系统环境以外，为了维持整个系统运行稳定，需要实时补充空气以保持风量平衡。

（2）玉米除湿热泵干燥系统的主要性能指标

① 热泵的制热系数。制热系数（coefficient of performance，COP）是评价热泵性能的参数，定义为热泵制取的热量与消耗的驱动能量（压缩机或燃烧器等热泵驱动部件消耗的燃料能或电能）之比，其公式表达形式为：

$$COP = \frac{Q_c}{W} \qquad (5-20)$$

式中　Q_c——热泵的制热量，kW；

　　　W——热泵的消耗功率，kW。

② 热泵干燥系统的除湿能耗比。除湿能耗比（specific moisture extraction rate，SMER）是反映热泵干燥装置综合性能的主要指标，定义为消耗单位能量所除去物料中的水分量，具体形式为：

$$SMER = \frac{M_q}{W_t \tau} \qquad (5-21)$$

式中　SMER——除湿能耗比，kg/(kW·h)；

　　　M_q——从物料中除去的水分质量，kg；

　　　W_t——总功率，kW；

　　　τ——干燥时间，h。

（3）热泵机组性能

图 5-28 为单级热泵干燥系统制热量、COP 与送风温度的变化关系，设定室内温度为 20℃。由图 5-28 可知热泵干燥系统的制热量和 COP 随着系统送风温度的逐渐增大而逐渐降低，送风温度为 45℃时制热量最高达 19.7kW，COP 为 5.4；当送风温度达到 70℃时，系统的制热量和能效比 COP 分别 16.8kW 和 3.1。环境温度在零度左右时，能效比 COP 将达到 1.1 左右。因此，对于黑龙江地区粮食烘干机的热泵机组需要加装保温层或者热管换热器，以提高热泵供热机组的能效比 COP。

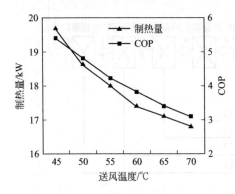

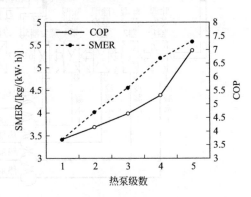

图 5-28　制热性能与送风温度的关系　　　　　图 5-29　热泵机组的性能

研制的热泵干燥机在室外环境温度-20～-10℃进行生产性试验。玉米平均初始含水率为34%，通过提升机对干燥塔充装玉米，待干燥塔上料位传感器报警后，开始对系统进行预热；首先开启送风机、回流风机和除尘器，等风机及除尘器运行稳定后启动电加热，并将系统设置成自动控制模式；随着系统空气温度不断升高，待末级蒸发器出口风温超过10℃后，系统将自动逐级启动各级热泵，等各级热泵全部启动完毕后，电加热自动关闭；随着热泵系统持续工作，系统温度不断升高，直到第一级热泵冷凝器出口风温达到70℃左右，且出粮口玉米含水率为14%时停止预热，系统开始稳定运行。模拟计算各级热泵机组的COP及SMER，如图5-29所示，第一～四级热泵机组的COP及SMER均逐渐增大。其中，第一～五级热泵机组的COP分别为3.7、4.3、5.1、6.7和7.3，SMER分别为3.4kg/(kW·h)、4.2kg/(kW·h)、4.8kg/(kW·h)、5.3kg/(kW·h) 和5.5kg/(kW·h)。

　　(4) 经济性分析

　　中国科学院理化技术研究所对玉米热泵干燥和常规燃煤干燥的经济性进行分析比较，如表5-6所示。试验过程中，热泵干燥塔每小时的玉米潮粮处理量为8669kg，每小时排出的玉米干粮为6653kg；燃煤干燥塔每小时的玉米潮粮处理量为3148kg，每小时排出的玉米干粮为2416kg。由表5-6可知，每得到1kg干玉米，热泵干燥比燃煤干燥节省成本0.011元，因此，玉米热泵干燥的经济效益显著。另外，和玉米燃煤干燥过程相比，玉米热泵干燥过程清洁、环保，对环境没有污染，所以玉米热泵干燥技术具有广泛的应用价值和前景。

表5-6　玉米热泵干燥和常规燃煤干燥的经济性比较

干燥	热泵干燥	常规干燥	干燥	热泵干燥	常规干燥
初含水率 M_0/%	34	34	终含水率 M_t/%	14	14
潮粮处理量 G_1/kg	8669	3148	干粮量 G_2/kg	6653	2416
单位去水量 W/kg	2016	732	单位用煤量 G_m/kg	0	260
煤价/(元/t)	500	500	用煤成本/(元/h)	0	104
电价/[元/(kW·h)]	0.5	0.5	用电成本/(元/h)	252.86	15.28
用电量/kW·h	530	32.5	烘干成本/(元/kg)	0.038	0.049

　　玉米热泵干燥过程中，系统每小时的除湿量为2016kg，系统每小时的耗电量为538kW·h，易得系统除湿能耗比SMER为3.75kg/(kW·h)，说明系统每消耗1度电可以从玉米中除去3.75kg的水分。整个试验过程中系统节能明显，干燥成本比玉米燃煤干燥成本降低了22.4%。同热风干燥相比，干燥后玉米的裂纹率、破碎率、脂肪酸值大大降低，无烘伤粒、焦糊粒、爆花粒的产生，出机玉米色、香、味、形及光泽达到优质标准，保证了产品原有形态及营养成分；在很大程度上解决了传统烘干污染重的问题和烘干成本高、质量差的难题，有效缓解了后续流通过程破碎率高的技术难题，玉米的特征指标、等级指标、卫生指标、营养指标、储

藏指标显著提高，为解决粮食产后数量损失、品质下降、流通破碎、储藏变质提供了安全保障。

4. 集中式水稻热泵干燥机

据统计，我国全国稻谷总产量为 19510.3 万吨。目前我国水稻产区因为缺少必要的干燥仓储设施装备，稻谷常年产后损失 1000 万吨以上，相当于占水稻总面积 6% 以上的产量，如果折合人民币则达到 200 亿元。水稻是一种热敏性物料，且颖壳和其他成分的含水率不同，水分在水稻内部的移动取决于稻谷内部特性、原蛋白质蛋白层及外壳的渗透性以及这些层次的碎裂程度等。干燥时坚硬的颖壳阻碍籽粒内部水分向表面转移，同时稻谷在干燥过程中容易爆腰，所以稻谷干燥是比较困难的。不适当的干燥工艺及工艺参数必将造成爆腰率的增加，影响干燥后品质和加工性能。目前，稻谷干燥的热耗为 4～5MJ/kg（水），热量主要由燃料燃烧提供。该方式缺点突出，如热量利用率低于 80%，燃料废气污染稻谷从而影响品质，延误了我国稻谷干燥机械化的进程。热泵技术是一种"电热转换的增值技术"，每消耗 1 份电可产生 3～5 份热，特别适用于以耗热为主的稻谷干燥作业。热泵粮食干燥技术与燃煤、燃油等传统粮食干燥技术相比，具有节约能源、安全便利、控制精准和提升产品质量等多项技术优势。由于热泵粮食干燥技术完全采用电能制热干燥，实现了污染物零排放，对大气、水源、土壤无污染，有利于大气污染防治和环境保护，有利于促进企业节本增收、绿色发展。广东省农业机械研究所利用该技术研制的热泵稻谷干燥机比燃油低温稻谷干燥机节能 50% 以上。

以含水率 30% 的水稻干燥为例，单台循环式热泵干燥机完成 6000kg 稻谷干燥至 14%，需要 20h 以上。单位稻谷实际热耗为 3.37MJ/kg（水），热泵在换热环节基本不存在热损失，而电动机的功率因素则为主要的能源损失，占比约为 5%，核算需要加热功率为 52.33kW。总体来说单台热泵供热干燥效率较低，无法适应水稻主产区大规模生产，需要改进干燥方式来提升生产效率。多台串联组合式干燥机的研制基于小型干燥机单机处理量小、单台价格高、占地面积大、维护困难等问题，研发组合式的谷物干燥机能在很大程度上解决干燥效率问题并节约能源。新型集中干燥模式如图 5-30 所示。

多台串联式干燥机干燥采用组合串联干燥新技术，将优化后的几台干燥机组合在一起，合理优化结构，仍然实现多段、变温的干燥模式，突出低温、连续作业形式，保证了干燥后水稻品质。干燥所需热源由多台热泵提供，充分利用热泵并联效应，保证热风温度平稳、节能，降低成本。该机型整体布局较为紧凑，占地面积小，为收储农户节省前期投入成本。该机实现干燥的工艺路线为：斗式提升机→潮粮仓→螺旋输送机→提升机→$1^\#$ 干燥机→螺旋输送机→提升机→$2^\#$ 干燥机→螺旋输送机→提升机→$n^\#$ 干燥机→螺旋输送机→干粮仓。干燥机分为 5 级干燥和 3 级缓苏，干粮仓配备冷风机起到冷却作用。该集中干燥工艺使干燥和缓苏的时间比趋

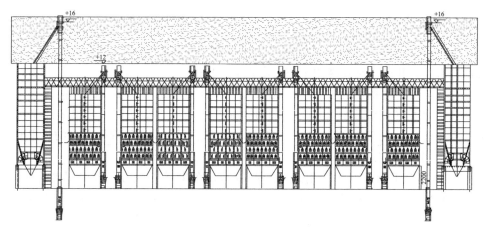

图 5-30 新型集中干燥模式

于合理，和最后的冷却时间合理分配，使稻谷在干燥过程能充分缓慢降水，满足干燥后的稻谷品质要求。该系统热源通过多台热泵供热系统提供，分别由单台热风机将过滤的纯净热风通过 6 组管路引至干燥机内部，实现对粮食的降水干燥处理。多台串联式连续干燥可以实现每台干燥机的热风温度相对稳定，节约能源；而且整个干燥过程进、出料不经过输送机，节约成本，降低碎米率。

并联式独立循环热泵干燥机工作流程（图 5-31）：6 个循环式干燥机并联干燥的过程和单台干燥机作业不同，它是通过外部的湿谷暂存仓进料暂存，经提升机输送至初清筛清除杂余后，由送谷管进入提升机，通过一个共用的上部螺旋送料器运料，然后由入料阀分别进入每台干燥机的缓苏干燥仓层，6 台热泵供热系统独立提供干燥热风。独立循环干燥完毕后，稻谷先由每个循环干燥机出谷口进入到干燥链运机，然后运走，由同一个出口管道排出。这就是串联循环干燥机工作中运用的干燥原理。串联式独立循环热泵干燥机与国内现有同类型单仓干燥机相比，单位热耗量降低 15％以上，节能效果明显，其性能指标符合 GB/T 21015—2007《稻谷干燥技术规范》。

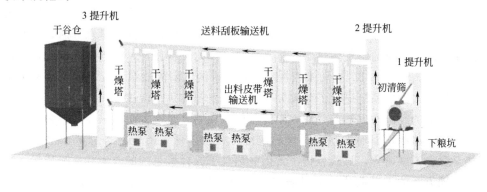

图 5-31 并联式独立循环热泵干燥机工作流程

5. 发展方向

① 开发高温热泵工质。将高温工质或混合工质加入热泵干燥系统中，可使冷凝温度增加，并能满足较高的干燥温度要求。目前，已有部分研究人员展开了相关研究，日本神户制钢所开发了一种热泵工质，其名称是 R22/R142b，将其应用到热泵系统中可使供水温度达 85℃。通过对制冷工质特性的研究，开发了高温的热泵工质并研制了相应的热泵装置，在实际的水源热泵应用中发现生产出的热水要高于 70℃，并能稳定运行。

② 在热泵干燥系统中使用自动控制技术，在物料中均匀布置温湿度传感器，运用传感器对物料的温度和相对湿度进行检测，实现对风道及物料外观品质的全面监控；通过编程创建智能自动控制系统，能显著降低生产成本、提高生产效率。

③ 开发使用辅助新能源。单一采用热泵作为热源，具有传热局限性，干燥成本也随之增加。可采用风能、地热能、射频热、射线等作为辅助新能源运用到热泵干燥系统中，寻找更加节能、高效的热泵联合干燥方式。

第三节 太阳能热泵联合干燥技术

一、太阳能热泵联合干燥技术研究

1. 国外研究现状

从 20 世纪 50 年代初开始，美国、瑞典、日本、澳大利亚等发达国家就开始对太阳能热泵技术进行研究。目前，太阳能热泵系统已经在干燥、温室供热等领域得到广泛应用。Jodan 和 Tberkeld 首次提出太阳能供热系统与热泵相结合运行的优越性，不仅可以提升太阳能集热系统的热效率，还能改善热泵的供热性能。

20 世纪 70 年代后期，苏联格鲁吉亚共和国采用太阳能热泵联合干燥系统对茶叶进行烘干，以氟里昂 142 为工质，茶叶干燥系统的废气经除尘处理后，通过热泵蒸发器组成的降温除湿装置进行降温，析出从干燥器中带出的大量水分后，又回到由热泵冷凝器组成的空气预热器，重新加热，如此反复循环，使干燥系统的热利用率大大提高。美国 S.K. 查切维教授对建在丹佛的太阳能热泵系统的能源价格水平与单纯使用太阳能系统进行了对比分析，结果表明在负荷温度水平为 70～90℃时，太阳能系统的经济性比较差。而太阳能与热泵相结合时，太阳能只需为热泵系统提供较低温的热源，因而太阳能系统的造价可大大降低。R Best 等完成了水稻太阳能热泵联合干燥研究，试验分析了太阳能热泵干燥样机系统的效率和干燥质量，得到了不同方案的干燥曲线。结果表明，太阳能热泵联合干燥可以实现低温、高品质、持续性干燥，论证了太阳能热泵干燥系统是传统干燥系统一种很好的替代方案。PYS Chen 将太阳能干燥与热泵干燥联合用于木材干燥，在美国伊利诺伊州采用该联合干燥装置干燥鹅掌楸方材，干燥降等损失较小，联合干燥比太阳能干燥效率高，比常规除湿干燥高 10%。

此外，W A Helmer 和 Chen 还对太阳能吸收制冷木材干燥方法进行了计算机模拟研究，使木材能够较好预热并建立干燥基准控制。试验结果表明该装置干燥鹅掌楸的速率与常规蒸汽压缩式除湿装置相同，而电费减少了 85%。M. N. A. Hawlader 和 K. A. Jahangeer 研究了太阳能辅助热泵干燥和水加热系统在热带的性能，提出了干燥潜能与空气流速、干燥空气温度成正比，与空气相对湿度成反比，太阳能辐射、压缩机转速、干燥室除湿量成为影响干燥系统性能的重要因素。随着压缩机转速的增加，单位能耗除湿量和 COP 值均降低。M. N. A. Hawlader 等将太阳能集热器作为热泵蒸发器与空气源蒸发器在相同气象条件下的干燥性能进行对比，提高空气质量流速和将蒸发器用于除湿可以提高空气源蒸发器的性能系数；提高制冷剂的质量流速可以提高太阳能蒸发器的性能；太阳能蒸发器相比于空气源蒸发器在干燥过程中有更好的性能优势。Mustafa Aktasa 等设计并制造了热泵和太阳能干燥机，通过干燥 4mm 厚的苹果片进行了试验分析，并对试验结果进行了分析比较。对这两种系统，采用半经验模型对湿度比进行了统计分析，并与经验值进行了比较，计算了方程的相关系数，得到了估算值的标准误差。Mms Dezfouli 等采用多功能太阳能集热器辅助热泵干燥系统和开放式太阳能干燥系统分别对辣椒进行干燥作业。两种干燥系统分别在平均温度 46℃ 和 31℃、湿度 27% 和 61% 的条件下进行试验，结果表明，与开发式太阳能干燥相比，太阳能辅助热泵干燥可节省一半干燥时间，辣椒颜色保持性好，提高了干燥效率。S. M. A. Rahman 等研究了太阳能辅助热泵系统中蒸发器和空气集热器面积的经济最优化。通过模拟对比分析，他们得出了空气集热器面积、蒸发器面积、干燥温度、空气质量流速的最佳结合参数，通过经济性分析得出系统的最小投资回收期为 4.37 年。Seyfi Sevik 采用双向太阳能集热器辅助热泵干燥系统在不同气候条件下对西红柿、草莓等农产品进行试验分析，通过保持干燥空气温度不变，在干燥室内获得均匀温度，确定了 PID 控制对系统的影响，评价了不同产品在 50℃ 下的干燥性能，并进行了干燥分析。

2. 国内研究现状

我国太阳能干燥技术起步较晚，20 世纪 80 年代以前，国内只有 4 座太阳能干燥设备；20 世纪 80 年代中后期，国内太阳能干燥技术发展迅速，太阳能干燥器数量大幅度增加。随着化石能源日趋减少、环境污染日益严重，太阳能干燥技术的研究和应用迎来了新的发展。热泵研究国内开展较晚，20 世纪 90 年代后，我国热泵干燥机的制造和应用有了较大的发展，而且南方的普及率明显高于北方。由于热泵干燥的突出特点，近年来从事热泵干燥理论与试验研究的学者越来越多，并取得了一系列成果。

　　国内的太阳能热泵联合干燥起源于木材干燥行业。目前，太阳能热泵联合干燥的应用范围正逐步扩大，从最初的木材干燥逐渐扩展至玉米、水稻、小麦等谷物的干燥，又有紫薯、西红柿、萝卜、草莓、葡萄等果蔬以及茶叶和三七、枸杞等中草药方面的干燥应用等。北京林业大学先后研制成功了 TRCW 中温型和 GRCT 高温型太阳能热泵联合干燥系统。GRCT 高温型太阳能热泵联合干燥系统由 CRG30G 高温双热源除湿干燥机、太阳能集热器、干燥室和微机监控装置四部分组成。其中 RCG30G 高温双热源除湿干燥机在太阳能不充足的地方可单独运行，而在太阳能较丰富的地方，太阳能集热器供热系统则是该联合干燥中最重要的辅助供热设备。在联合干燥系统中，系统的工作过程由微机监控系统来实现自动控制。太阳能集热器为平板式空气型。热泵除湿干燥机按压缩式制冷循环工作，以热泵供热的方式供给木材干燥所需的热量，而以制冷除湿的方式除去木材蒸发的水分。

　　代彦军等针对粮食就仓干燥的特点设计了并联式太阳能辅助热泵循环加热干燥系统；系统由太阳能辅助热泵干燥装置、通风地上笼送风系统以及粮食翻滚搅拌机械组成；以昆明地区为试验基地，研究了就仓干燥工艺并分析了其运行性能与干燥能耗情况。研究结果表明，在干燥温度为 35℃，送风风速为 5.6m/s 时，系统的加热 COP 值可达到 5.19，而单位能耗除湿量可以达到 3.05kg/(kW•h)，实现了粮食就仓干燥的低能耗性、短周期性、均匀性等。许彩霞等设计了一种太阳能与热泵联合干燥系统，分别进行了单独使用太阳能、单独使用热泵和太阳能热泵联合三种方式的木材干燥对比试验，并进行了能耗、干燥时间等方面的分析；结果表明，太阳能与热泵联合供热可以弥补太阳能或热泵单独供热的缺点，太阳能比联合干燥节能 3.8%，而联合干燥比热泵干燥节能 11.8%，联合干燥比太阳能干燥时间缩短了 14.9%。从能耗及生产效率综合考虑，证明了太阳能与热泵联合干燥是值得推荐的一种干燥方法。

　　王双凤等基于多孔介质热质传递理论，采用数值模拟的方法，根据太阳能辅助热泵干燥粮食时热风随时间变化的情况，采用综合温度和空气绝对湿度作为瞬态边界条件对干燥过程中粮食内部温度和水分的变化进行了模拟研究。通过试验与模拟对比发现，模拟显示小麦水分在干燥 150h 后达到安全水分 13.6%（干基），而试验结果显示小麦水分在干燥 135h 后达到安全水分 13.6%（干基），二者相差不大，说明模拟温度与试验温度吻合较好。秦波、陈团伟等利用太阳能热泵干燥技术获得紫薯干燥最优工艺，采用三元二次通用旋转回归组合设计，探讨了装载密度、切片厚度和转换含水率 3 个变量对紫薯干燥时间、花青素保存率以及单位能耗的影响；根据试验数据建立可描述 3 个指标的二次回归模型，对变量进行响应面分析，并采用评价函数优化干燥工艺。结果表明：装载密度、切片厚度和转换含水率对紫薯干燥时间、花青素保存率以及单位能耗均有显著影响。

　　孟翔宇等结合金属氢化物热泵的特点，提出了一种耦合氢能的太阳能热泵干燥系统，由空气干燥系统、金属氢化物热泵系统、太阳能热水系统等三部分组成。建立了系统各设备的能量转换及㶲分析模型，以干燥种子的算例分析了不同参数对系统性能的影响。结果表明，系统具有较高的除湿率（SMER）值，且其主要与太阳能辐射量大小有关；提高系统整体㶲效率的主要措施是提高金属氢化物热泵的㶲效率，关键在于提高氢气的反应率，并以太阳能辐射量为基准进行优化设计；提出了与太阳能蓄热装置相结合是扩展系统适用气象条件、提高系统平均 SMER 值的有效措施。

通过上述分析可以发现，国内外研究学者关于太阳能热泵干燥系统的研究主要集中在以下几个方面：

a. 干燥物料主要为木材、坚果、蔬菜、食用菌类、烟草、中药材等；

b. 控制系统研究：利用自动控制系统、改变热泵运行工质或者将太阳能蒸发器作为热泵蒸发器使用提升系统的性能；

c. 太阳能集热器研究：提高太阳能集热器集热效率和集热性能措施的研究、平板型太阳能空气集热器的应用和集热器防冻结方法的研究以及自动追踪式太阳能集热器的设计与研究等；

d. 相变储能太阳能热泵干燥系统研究，实现干燥废气余热（显热和潜热）回收以及太阳能和热泵系统多余能量的存储。

国内外研究学者在太阳能热泵联合干燥技术的研究上取得了一定成果，但还存在以下几方面问题：

a. 联合干燥技术主要用于农产品的干燥，粮食干燥应用较少。

b. 目前大多数研究多集中于联合干燥装置的设计与开发，对于联合干燥工艺、物料内部传热传质机理、品质控制机理等基础理论研究较少。

c. 联合干燥装置通常采用干燥箱，由于受到干燥箱体体积和干燥作业限制，干燥规模较小，难以实现连续性生产。

因此，有必要研究采用联合干燥技术对粮食进行干燥作业的过程，并根据被干燥物料特性设计适合的联合干燥装置，研究不同干燥产品含水率变化与干燥温度及干燥时间的关系，优化联合干燥工艺，建立物料内部传热传质模型，探究品质控制机理。

二、太阳能-热泵联合干燥技术应用

1. 太阳能-热泵联合干燥系统

太阳能-热泵联合干燥系统（图 5-32）包括太阳能系统及热泵干燥系统，工作过程中可以实现这两种方式联合。研究表明：这种联合干燥机的干燥能耗较传统干燥可节省能耗约 50%～66.6%。我国从 1980 年开始了对太阳能-热泵联合干燥系统的研究。近年来，太阳能-热泵干燥技术在木材干燥行业已经得到了广泛的应用，同时在蔬菜、粮食等领域的使用也越来越多。我国对太阳能热泵联合干燥肉制品系

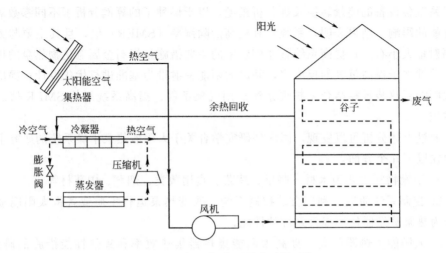

图 5-32　太阳能-热泵联合干燥系统

统进行了研究，结果表明，联合干燥系统与燃料锅炉相比可节省能源约 80％以上，与热管供热系统相比可节能约 75％。此外，当干燥具有热敏性的物料（如药材）时，可以在保证降低干燥时间及能耗的前提下保证干燥物料的品质，从而产生最大的经济效益。

本研究将太阳能-热泵联合干燥系统用于椭球形小杂粮干燥作业，其效率高、能耗小、烘后谷子等杂粮品质不受影响。热泵可与太阳能空气集热器结合，又可单独使用，具有除湿加热功能，可实现干燥仓均匀、快速干燥。热泵还可一机多用，既可干燥粮食，又可冷却粮食。

（1）太阳能-热泵联合干燥粮食系统工作模式

① 在太阳辐照强度很大时可以单独启动集热器系统，而不开启热泵系统。此时只有集热器风道内的循环风机进行工作。循环风机启动，通过风压使百叶窗开启，室内空气通过百叶风口集热器，经集热器加热的空气直接经过风道引入干燥室内。经太阳能集热器利用集热器内的热量加热干燥室，此时 100％利用太阳提供的热量，最为节能。

② 联合工作模式太阳能集热器与热泵联合加热通风，应用于白天太阳能利用情况好时。干燥系统利用太阳能集热系统收集太阳辐射转化为热量送入干燥室内进行干燥，当太阳能满足不了负荷时，启动空气源热泵系统，由空气源热泵机组提供干燥热负荷，保证烘干过程连续性、稳定性；该干燥系统还针对干燥室排出余热高湿空气，通过余热回收器对新风进行预热，从而避免能源浪费，提高系统运行效率。

③ 独立工作模式——热泵单独加热通风，应用于阴雨天和夜间没有太阳的情况。太阳能集热器独立加热通风，应用于白天太阳能利用情况好和空气湿度较低时。装置中的多组蒸发器在不同的干燥阶段可以采用不同的蒸发器，根据各阶段的

相对湿度调节除湿能力。干燥室温度过高时，调节风机流量阀门，通过排气量的大小来控制干燥室内的温度，从而控制干燥过程中的工艺条件。

④ 除湿模式——热泵除湿加热通风，应用于空气湿度比较大的情况，尤其是阴雨天。

（2）太阳能-热泵联合干燥系统原理

太阳能-热泵联合系统由太阳能系统和空气源热泵系统结合组成，是一种新型的干燥系统。太阳能热源在有强烈日照辐射的情况下作为主供热源，而在夜晚或阴雨天气时采用空气源热泵单独供热。联合干燥模式与热泵单独干燥模式具有相同的干燥品质，但是更为节能。

太阳能-热泵联合干燥原理如图 5-33 所示。一种是以太阳能系统作为主热源，当集热器出口处空气温度达不到干燥所需温度时，自动开启热泵干燥系统，打开热泵电磁阀，启动换热器水循环，环境空气经换热器加热，由蒸发器转换热量后进入干燥系统。另一种是以热泵干燥系统作为主热源，通过干燥装置温差可控制太阳集热器循环风机的开启，进而可以达到联合干燥的效果。

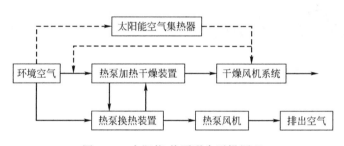

图 5-33　太阳能-热泵联合干燥原理

（3）热泵-热风联合干燥性能

热泵-热风联合干燥兼具了单独的热泵干燥及热风干燥的优点，比如干燥出的产品品质好，干燥过程速率快；同时又克服了单独干燥时存在的缺陷，比如能够弥补热泵干燥在中后期存在的一些问题，干燥速率变低、时间变长、耗能增加等，在农产品干燥工艺中是一种值得推荐的干燥方法。

如图 5-34 所示为粮食干燥过程中室外温度与干燥送风温度的数据采集情况。实验性能测试工作模式是每天晚上 6 点到第二天太阳辐射较弱时间 8 点之间，热泵单独运行将送风温度维持在 35℃，其他时间使用空气集热器加热空气。可以看出不同工况的供热温度受室外环境温度影响有所不同，太阳能集热形成的温度变化明显，总体供风温度值分布较均匀。该系统的空气流量为 20m³/h，热泵压缩机的功率为 25kW，每天热泵工作时间按照 14h 计算，根据图 5-34 中各时间段内空气的温升值，可求得热泵在单独工作时间段内空气温升所得的热量；再比上压缩机与风机消耗的能量，得到热泵单独运行的平均 COP 值，如图 5-35 所示。由空气温升所得的总热量与压缩机及风机消耗能量的比值，即是太阳能热泵联合干燥系统的平均

COP 值，经计算得到热泵在干燥过程中的平均 COP 值为 3.05，太阳能热泵联合系统的平均 COP 值为 6.18。外界空气的温湿度都会对热泵产生影响，再加上测量的误差，所以各个时间段内热泵单独运行的值相差较大；热泵运行的平均 COP 值不同于热泵 COP 值，其中包含了风机的功耗，不含风机热泵的 COP 值为 4.03。整个系统的平均 COP 值达到 6.18，这主要是由于太阳能不需要消耗能量从而提升了整个系统的 COP 值，较单纯的热泵 COP 干燥提高很多，传统的燃烧燃料加热空气进行干燥的方式 COP 值通常为 1.1。可见在这三种干燥方式中太阳能-热泵联合干燥系统优势明显，是最经济的。

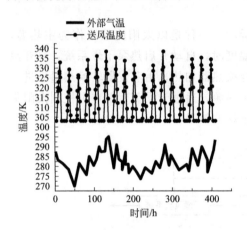

图 5-34　干燥过程中外部气温与送风温度

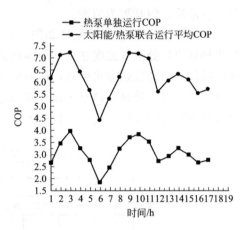

图 5-35　太阳能热泵联合干燥系统 COP

2. 太阳能-热泵热水联合干燥系统

此系统采用并联式太阳能集热系统——热泵系统，由太阳能空气集热系统和空气源热泵热水系统并联组成。太阳能-热泵热水联合干燥农产品设备是农产品干燥新技术，具有效率高、能耗小、烘后物料品质优的特点。热泵可和太阳能空气集热器结合，又可单独使用，具有除湿加热功能，可实现物料均匀、快速干燥。

（1）结构与原理

该干燥设备由太阳能空气系统与热泵热水系统并联而成。其中，太阳能空气系统由多块空气集热板、干燥箱、多翼式离心通风机、螺旋风管、尼龙带钢丝伸缩软管、风阀等组成。系统原理：该系统由集热器吸热板吸收太阳能，把系统的空气加热到 50~70℃；风机的作用使系统空气循环流动，把热空气通入干燥室内与物料进行热质交换，达到对物料进行干燥的目的。

热泵热水系统主要由热泵系统和热水系统两部分组合而成。热泵系统由格力空气能热水器组成，空气能热水器由蒸发器、冷凝器、压缩机和电子膨胀阀等组成，通过让热泵工质 R22 不断完成蒸发→压缩→冷凝→节流→再蒸发的热力循环过程，将环境里的热量转移到水中。

热水系统由膨胀水箱、冷热水循环泵、黄铜过滤器、Y-100压力表，卧式风机盘管、转子流量计（1000L/h），全塑球阀（$DN25\text{mm}$）、三通水管接头（T25）、塑钢水管（$DN25\text{mm}$）连接而成。其工作流程是热水由水箱出来，在水泵的作用下进入风机盘管，然后回水管回到水箱，进行下一循环。风机盘管依靠风机的强制作用，将干燥室内通过加热器使表面的空气被加热后送入干燥室内，强化了散热器与空气间的对流换热，能够迅速加热干燥室内的空气；再利用大风量的风机来强化传热，使干燥室内空气温度升高，再加上抽湿机的作用，使干燥室内空气循环，达到物料干燥的目的。

平板型太阳能空气集热系统主要由风机、集热板、干燥箱、风管、风阀等连接而成。该平板型太阳能空气集热系统属于集热器型干燥系统。工作原理：该系统由集热器吸热板吸收太阳能，把系统的空气加热到50～70℃；风机的作用是使系统空气循环流动，把热空气通入干燥室内与物料进行热质交换，达到对物料进行干燥的目的。干燥器一般设计为主动式，用离心风机为系统空气循环提供动力，同时增大干燥室内介质流通速度，增强干燥效率。

集热风管系统中安装了3个风阀，风阀的开度可以设置为全开、1/2开、1/3开或者闭合，进而可以对系统风量大小进行控制。如图5-36所示，风阀1控制进入干燥箱的风量大小，风阀2控制进入集热器1的风量大小。风阀3控制进入集热器2的风量大小。排气阀的作用是可以排出干燥箱出口的湿热空气，降低系统中空气的湿度。

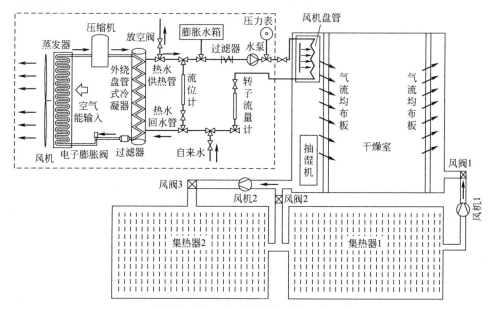

图5-36　太阳能-热泵热水联合干燥系统

（2）运行工况

并联式太阳能空气-热泵热水联合干燥系统的运行工况如下：

① 独立工作模式。太阳能空气集热系统独立工作，应用于白天天气晴朗的时候；热泵单独除湿工作模式，应用于阴雨天和夜间没有太阳能的情况。

② 联合工作模式。白天太阳能利用情况好时，利用太阳能集热器独立干燥模式；在阴雨天和夜间没有太阳的情况，开启热泵加热除湿模式，可以达到干燥过程连续、高效地进行。

③ 空气源热泵机组在不需要干燥作业的时段，还可以用来直接供给生活热水。在不需要干燥的时段，所用热水完全可以由空气源热泵机组提供，可以节约常规能源电能，一机多用，节省开支。

（3）系统特点

① 太阳能集气系统与热泵热水系统组合使用可实现优势互补。太阳能空气集热系统的优势为：在天气晴朗、光照好的情况下，整个系统耗能极低，仅为热泵系统的一半左右。其缺点是：当天气条件不利时，为了使干燥过程连续进行，需要依靠辅助热源进行加热。空气源热泵系统与太阳能空气系统相比，最大优势是可以全天候供应热量，弥补了太阳能系统本身存在的缺陷。

② 响应节能环保的要求。如果太阳能直接供给热能占全部能量的40%～50%，其50%～60%的供热量由热泵承担，在这部分热负荷中，以热泵COP值为3计算，那么实际耗电仅为系统的15%～20%。实践证明，通过合理的系统设计可以实现或接近这一能耗目标。

③ 该系统初始投资较高，性价比高。

（4）实时控制系统

本系统将热源（水为介质）经干燥室外散热器释放于干燥室，散热后的水继续回流热泵蓄热水箱持续加热，经循环泵强制周而复始完成吸收、转换、释放全过程自动循环。太阳能集热器由风机的主动作用使系统空气循环流动，把热空气压入干燥室内与物料进行热质交换。当太阳能子系统和热泵子系统同时启动时，此系统会根据集热器风道和干燥室两者温度的差值，通过自控系统控制集热器子系统中循环风机的启停来调节联合运行模式。当集热器风道温度与干燥室内温差高于设置的温差时，循环风机自动启动，通过风压使室内空气经气流均风调节板进入空气集热器，空气在集热器中被加热之后送入室内。同时因为系统中循环风机在过程中一直处于工作状态，干燥室内空气经气流均风调节板进入集热器继续被加热，如此循环，使室内温度升高。与此同时，若室内温度没有达到设定的目标值，则热泵开启辅助加热，直至升温至目标值，热泵停止工作。如果太阳辐射很强，集热器温度很高时，可以达到未启动热泵，仅依靠集热器内太阳能提供的热量就可以将室内温度加热到目标值的工作要求。当集热器风道温度与干燥室内温差低于设置的温差时，为防止干燥室内的空气经过冷的集热器反而引发热量散失的情况，循环风机自动停止运行。此时，干燥室内的空气不经过集热器子系统。这时若干燥室内温度仍未达到设定值，热泵启动，继续为干燥室加热，此时的加热模式与热泵单独加热模式相同；当室内温度到达目标值时，热泵停止工作。若干燥室内温度或者湿度高于目标值，排湿风机开启，干燥室内高温高湿的空气通过排风风道，被排湿风机引至室外，同时室外空气通过进风风道向室内补充新风。

实时控制系统采用大规模集成电路和数字温度传感器、热像传感器及温湿度监控仪，设计了微电脑温湿度自控装置程序，研发了内置热循环、除湿等自动控制系统，运用在线传感器与专家系统结合，可以快速获取农产品加工质量方面的工艺决策。传感器安装在重要部位，实时测量产品质量参数，信号返回专家系统，并向控制器传递决策信号。实时调整热空气参数，以减少干燥物料的表层裂纹并改善颜色，以确保不同品种农副产品在烘干各阶段按最佳工艺条件变化。

在太阳能-热泵热水联合干燥系统中烘干时间、烘干温度、湿度等因素是影响烘干物料品质的重要指标，本控制方案围绕热泵供热温度、热水温度、集热温度、集热风阀开度和风机转速的耦合控制，构建自主控制系统架构。控制系统总体框架图如图 5-37 所示。控制系统由 ARM 处理器、温度采集模块、执行结构、触摸屏等组成。通过模拟量输入接口采集各点的温度和湿度，采用相关芯片集成多路 NTC 温度传感器并转接入控制器进行算法处理转成相应的湿度，根据采集控制数据利用 PID 结合专家系统计算并转换输出数据量控制执行器（电磁阀、电子膨胀阀、继电器等），利用实测温度与目标设定温度的偏差进行实时输出控制，达到设备精确操作和控制的效果。人机交互通过触摸屏实现，可以实时显示烘干工艺工况并对相关参数进行设置。

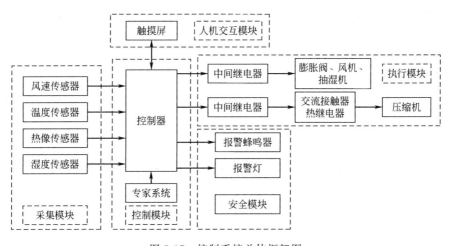

图 5-37　控制系统总体框架图

第六章

气相旋转换热器的试验研究

气相旋转式换热器是一种针对粮食干燥机设计的新型的节能型换热器，此种换热器符合节能环保的绿色农业发展要求，设备通过对旋转壳体的结构改进，创新性地研制了螺旋叶片结构，解决了传统换热器由于烟气沉积导致的受热不均、换热效率低等问题。该设备虽然提高了换热效率，但是由于设备主体为旋转结构，使换热器的密封性能受到了一定的影响，旋转壳体与气流分配室连接处的热能损失成为制约其换热效率进一步提高的主要原因。本章以气相旋转换热器试验台为研究平台，结合红外热成像技术对试验台进行试验研究与模拟分析，并通过对换热器旋转壳体嵌合结构改进来减少换热器的热能损失，以便进一步提高换热器换热效率。目前，现有各种结构的换热器主要采用数值模拟的方法对换热器的传热性能进行研究。以气相旋转管壳式换热器的壳程传热性能为研究对象，以冷、热空气为介质，以壳程转速及雷诺数 Re 为试验因素，以努塞尔数 Nu 及壳程压降 Δp 为评价指标，根据试验数据，分析旋转机构转速对壳程传热性能的影响，确定转速，为理论分析提供基础。运用 FLUENT 软件对已验证的数值模型进行数值计算，对比分析换热器在静止状态和 25r/min 的流场、温度场、压力场及综合换热系数，确定气相旋转管壳式换热器在 25r/min 情况下的壳程传热优势。因此，为了优化气相旋转管壳式换热器的结构与壳程传热性能，本章主要对气相旋转换热器嵌合结构、密封与传热性能试验研究。

第一节 气相旋转换热器热量损失试验研究

气相旋转换热器是一种应用于粮食干燥机上的以节能环保为设计宗旨的换热器，通过对国内外研究现状的总结可知，在换热器的研发与改进过程中，减少热能损失、提高换热效率一直是对其改进的目标。本章主要对运行条件下的换热器壳程烟气主要损失位置进行试验研究，寻找旋转换热器烟气损失量以及热能损失量最大的部位。首先，根据粮食干燥用气相旋转换热器的基本原理和结构设计搭建试验台，对试验仪器的使用原理、量程、精度等进行了解，并使用 FLIR T420 红外热成像仪对气相旋转换热器壳体外壁进行热谱图拍摄；然后使用 MATLAB 软件分析热谱图温度数据，并绘制等温线图以及温度分布三维图，通过温度数据判断烟气流体损失量的大小，并分析原因。

一、试验设备及试验仪器

（1）试验设备

根据对粮食干燥换热器的理论研究，黑龙江八一农垦大学智能装备试验室自主研发并设计制作了基于强化传热技术的粮食干燥用气相旋转换热器，如图 6-1 所示。

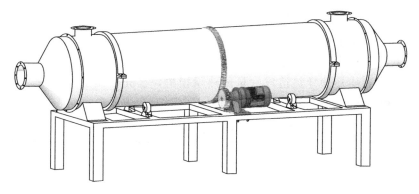

图 6-1　气相旋转换热器

气相旋转换热器主要换热结构由旋转壳体、螺旋叶片以及换热管组成，如图 6-2 所示。采用气-气式逆流换热，其工作时，电动机转动通过齿轮和安装在滚筒外壁的齿圈啮合带动滚筒旋转，滚筒带动安装在滚筒内壁的螺旋叶片旋转。螺旋叶片的主要作用是搅动壳程烟气，使烟气在壳程内部形成涡流，避免烟气沉积在壳程底部，延长了壳程烟气与管内空气的对流换热时间，使两种气体能够充分接触并进行热量传递，提高了换热器的换热效率。

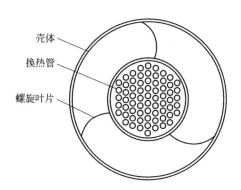

壳体
换热管
螺旋叶片

图 6-2　换热器工作部件截面图

该试验台主要由换热系统和数据采集系统组成，换热器系统的工作流程如图 6-3 所示。工作时，热烟气将热量传递给冷空气使冷空气加热，完成换热过程。

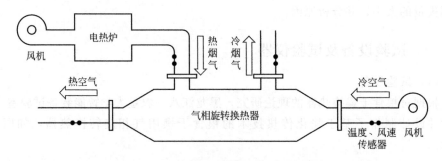

图 6-3　气相旋转换热器系统的工作流程

　　该试验台主要由壳体、螺旋叶片、换热管、旋转电动机等部分组成，其中，螺旋叶片焊接在壳程内壁，由电动机带动壳体，壳体带动螺旋叶片完成旋转工作。同时，为了减少壳体外壁导热造成大量的热量损失，在壳体制造过程中，采取了钢板-岩棉-钢板的结构，其中岩棉厚度为 10mm。试验台主要参数如表 6-1 所示。

表 6-1　气相旋转换热器主要参数

参数名称	数值大小
壳体内径/mm	610
螺旋角/(°)	135
节距/mm	412
换热管长度/mm	2982
换热管直径/mm	35
换热管根数/根	48
螺旋叶片厚度/mm	6
旋转部件转速/(r/min)	5～25
保温岩棉厚度/mm	10

（2）换热器热能交换系统

　　在试验过程中，整个换热系统主要由冷流体系统和热流体系统组成，以冷热流体中的热量交换来实现换热作业。在流体系统中，冷流体系统主要由风机，换热器管程以及风温、风速传感器组成。其中，风机选用 DF-1.6-1 型离心鼓风机，该风机主要参数如表 6-2 所示。冷流体系统主要工作流程为：使用换热器控制柜启动离心鼓风机，设置风机转速，风机将冷空气吹入换热器的换热管中，在换热管中被加热后吹出换热器。

表 6-2　DF-1.6-1 型离心风机参数

额定电压	频率	额定功率	额定转速	风量
380V	50Hz	250W	2800r/min	504m³/h

　　热流体系统则由风机、电热炉、换热器壳程等部分组成，风机同样选用

DF-1.6-1 型离心鼓风机。热流体系统的主要工作流程为：使用控制柜设定电热炉温度及风机风速，启动电热炉，待电热炉预热到设定温度后，启动风机，风机将空气吹入电热炉加热，再由电热炉经管道进入换热器壳程，将热量传递给管程内冷空气后，吹出换热器。其中，为了减少热量损失，在管道外壁缠有岩棉以起到保温作用。

（3）换热器数据采集控制系统

在试验过程中，需要实时采集冷、热气流的风速和四个进出口的风温，以及实时控制壳程转速。因此，在试验台搭建时，安装了风速监测系统、温度检测系统以及电动机控制系统，并与换热器控制柜相连，实现对换热器工作状态的实时监测和控制。

① 风速监测系统。风速检测系统使用 AV104X-3-10-10-X-10-4 型风速传感器对冷、热流体的进、出口进行风温测量，AV104X-3-10-10-X-10-4 型风速传感器量程为 $0\sim10m/s$，精度为 $\pm3\%$。

② 温度监测系统。在监测冷热流体的进、出口温度时，采用 WZP-230 型 Pt100 铂电阻温度传感器；其量程为 $-50\sim400℃$，测量精度为 $\pm1\%$。

③ 壳体转速控制系统。壳体旋转系统原动力为 YS90S-4 型三相异步电动机，该电动机主要参数如表 6-3 所示。并与之搭配一台 XWD3-9-2.2 型减速器，该减速器传动比 $i=9$。转速的改变通过气相旋转换热器控制柜来实现实时控制。

表 6-3　YS90S-4 三相异步电动机主要参数

额定电压	频率	额定功率	额定转速	$\cos\varphi$
380V	50Hz	1.1kW	1400r/min	0.76

气相旋转换热器试验台控制系统由黑龙江八一农垦大学工程学院智能干燥团队研制，可以实现对换热器工作时冷热气流风温、风速以及壳体旋转速度等参数的数据采集和实时控制。该试验台的实时控制界面如图 6-4 所示。

（4）试验仪器及测量原理

在气相旋转换热器泄漏点检测试验研究中，主要使用热成像仪对换热器的壳体外壁进行热谱图拍摄，通过拍摄的热谱图读取壳体外壁温度信息，用以数据处理和计算。本试验采用 FLIR T420 型手持式红外热成像仪，如图 6-5 所示；其量程为 $-20\sim650℃$，测量精度为 $\pm2\%$，测量波长范围为 $7.5\sim14\mu m$，测量视角为 $25°\times19°$。

红外热成像仪是测量物体表面红外辐射能的设备。它将被拍摄物体视为一个红外辐射源，捕捉其辐射出的红外辐射能，再将红外辐射图像转变为电信号，最后形成便于观察的伪色彩热图。它的测温原理是基于被测物体和物体所处环境的发射率和温度不同从而导致的热对比度差异，通过热成像仪的红外探测器捕捉到被测物体表面的热辐射能，再将被测物体表面的辐射能量密度分布用图像的形式直观地显示出来，这就是"热成像"。其热成像的原理如图 6-6 所示。

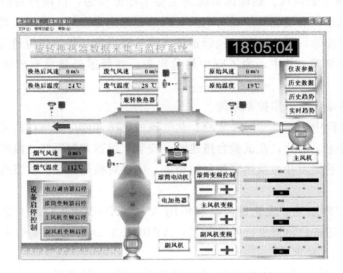

图 6-4　气相旋转换热器试验台的实时控制界面

图 6-5　FLIR T420 型手持式红外热成像仪

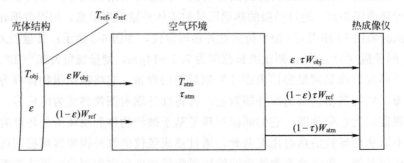

图 6-6　热成像仪热成像原理

图 6-6 中：ε——壳体表面发射率；

   T——温度值，℃；

   W——辐射能，W/m^2；

   τ——大气透射率；

  obj——样本；

  ref——反射；

  atm——空气环境。

在使用红外热成像仪测量温度的过程中，热成像仪能够接收到的有效的红外辐射能主要有被测样本表面的辐射能量值、试验环境的反射辐射能量值以及大气的辐射能量值。则热成像仪接收到的总辐射能公式为：

$$W_{tot}=\varepsilon\tau W_{obj}+(1-\varepsilon)\tau W_{ref}+(1-\tau)W_{atm} \tag{6-1}$$

式中 W_{tot}——热成像仪接收到的总辐射能，W/m^2；

  W_{obj}——样本目标辐射能，W/m^2；

  W_{ref}——试验环境的反射辐射能，W/m^2；

  W_{atm}——大气辐射能，W/m^2；

  ε——壳体表面发射率；

  τ——大气透射率（因试验环境的大气透射率接近于 1，所以此处 $\tau=1$）。

在使用热成像仪对物体表面进行热谱图拍摄时，需要提前在热像仪中设置被测物体的表面发射率。在红外辐射基本理论中，发射率是评定理想黑体与实际物理辐射关系引入的，物体的发射率越大，则其越是接近理想黑体状态。在本试验中，壳体外表面的发射率 ε 通过以下公式计算得到：

$$\varepsilon=\frac{W_{tot}-W_{ref}}{W_{obj}-W_{ref}} \tag{6-2}$$

$$W_{ref}=E_{b1}(F_{b(0-\lambda_2 T_{ref})}-F_{b(0-\lambda_1 T_{ref})}) \tag{6-3}$$

$$W_{obj}=E_{b2}(F_{b(0-\lambda_2 T_{obj})}-F_{b(0-\lambda_1 T_{obj})}) \tag{6-4}$$

式中 E_{b1}——T_{ref} 温度下的黑体辐射力，W/m^2；

  E_{b2}——T_{obj} 温度下的黑体辐射力，W/m^2；

  λ_1，λ_2——波长，μm；

 $F_{b(0-\lambda_2 T_{ref})}$——$T_{ref}$ 温度时，波长在 $0\sim\lambda_2$ 时，黑体辐射力 E_{b1} 的百分数；

 $F_{b(0-\lambda_1 T_{ref})}$——$T_{ref}$ 温度时，波长在 $0\sim\lambda_1$ 时，黑体辐射力 E_{b1} 的百分数；

 $F_{b(0-\lambda_2 T_{obj})}$——$T_{obj}$ 温度时，波长在 $0\sim\lambda_2$ 时，黑体辐射力 E_{b2} 的百分数；

 $F_{b(0-\lambda_1 T_{obj})}$——$T_{obj}$ 温度时，波长在 $0\sim\lambda_1$ 时，黑体辐射力 E_{b2} 的百分数。

本试验使用的 FLIR T420 热成像仪能够接收 $8\sim14\mu m$ 的远红外波段范围，故在计算时，代入 $\lambda_1=8\mu m$，$\lambda_2=14\mu m$。

在使用热成像仪对被测物体进行温度测量和热谱图拍摄时，需要提前计算出热成像仪的拍摄位置，以便完整地将被测物体拍摄入热谱图。参考 FLIR T420 热成像仪的参数可知，其拍摄视角为 $25° \times 19°$，测量得气相旋转换热器试验台主体的整体高度为 1.40m，计算可得热成像仪与试验台之间的距离应为 4.1m，则一个拍摄点可拍摄到的试验台宽度经计算可知为 1.77m。气相旋转换热器试验台的主体设计宽度为 3.20m，因此应设置两个拍摄点。

在使用热成像仪采集物体表面的反射温度 T_{ref} 数据时，根据热成像仪拍摄物体表面反射温度的原理可知，T_{ref} 可以近似看成将反射率近似为 1 的褶皱铝箔覆盖在被测物体表面时铝箔表面的温度值，其测量方法如图 6-7 所示。其操作方法具体为：将褶皱铝箔覆盖在换热器壳体外壁，使其与换热器壳体外壁同轴，设置热成像仪中表面发射率为 1，将热成像仪与换热器保持 4m 距离，调节热成像仪焦距，待热谱图清晰时，读取此时热成像仪显示屏显示出的铝箔表面温度，反复测量 5 次，计算平均值，即为换热器壳体表面的反射温度 T_{ref}。

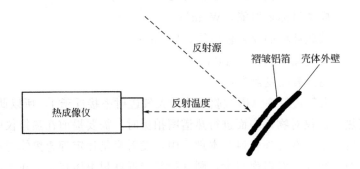

图 6-7　反射温度测量方法

二、气相旋转换热器热量损失试验

（1）试验方法

由于气相旋转换热器是适用于东北寒地粮食干燥作业使用的设备，所以在试验时，应尽量模拟换热器的真实运行环境。东北地区粮食干燥作业大多在初冬季节完成，而换热器的作业大多在换热器室内工作，工作温度在 5～10℃，所以在试验进行前，需通过室内外通风方式，将温度控制在 8℃时进行试验。

试验时，控制换热器管程流体风速为 4m/s 不变，壳程流体风速为 4m/s 不变，换热器壳程的旋转速度取 5r/min、10r/min、15r/min、20r/min、25r/min 五个转速，热风温度取 60℃、100℃、130℃三个温度，待运行稳定后，拍摄热谱图。

（2）试验步骤

① 在进行试验前，需检查试验设备和仪器，避免出现安全隐患；检查各连接管件连接情况，排查泄漏，避免造成不必要的影响；检查设备供电是否正常，检查完毕后，打开电源总开关，为设备供电。

② 启动气相旋转换热器试验台控制柜，打开工控电源开关，启动控制柜计算机，进入控制界面。

③ 启动冷、热流体风机，设置风速为 4m/s 保持不变。启动电加热，设置电加热温度为 60℃，为电热炉进行预热，待温度达到 60℃时，进行下一步试验。

④ 根据所设计的试验，设置热流体温度分别为 60℃、100℃、130℃，设置换热器壳体转速为 5r/min、10r/min、15r/min、20r/min、25r/min，分别使用热成像仪拍摄换热器运转时的壳体外壁热谱图，每组图片五张，每次更换壳体转速后，需等到外壁温度稳定时进行拍摄。

⑤ 在换热器控制柜的数据采集页面上观察换热器内部的温度数据，待数据稳定后，读取数据，每组数据采集 5 次，试验结果取平均值。

⑥ 试验完成后，停止换热器壳体旋转，同时关闭电热炉，风机继续工作，待电热炉及换热器温度冷却后关闭风机，退出控制页面，关闭计算机及换热器控制柜，切断总电源。

（3）热成像图处理与结果分析

① 热成像图的处理。在本试验中，温度数据的获取主要使用 FLIR T420 热成像仪拍摄所测物体的热成像图，如图 6-8 所示。通过热成像图，可以直观地观察到被测物体的最高温度数据、最低温度数据以及大致的温度分布情况，但无法读取其中某一位置具体的温度数据，这就需要对热成像图进行图像处理，并通过其他软件分析其中某一位置的温度数据，并且通过等温线图、温度分布三维图等确定其温度分布情况，以便对气相旋转换热器外部温度分布进行研究。

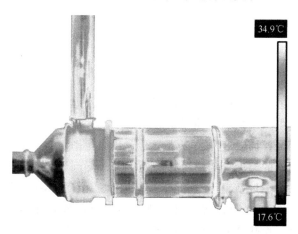

图 6-8 气相旋转换热器试验台热成像图

借助 MATLAB 软件对热成像图进行图片处理、温度分析。利用 MATLAB 软件，分析热成像图中每一个部位的温度数据，并且绘制热成像图的等温线图以及温度分布三维图等，以方便后续的研究工作。在使用 MATLAB 软件分析热像图的过程中，首先要选用 MATLAB 软件中的图像分析模块，然后针对要分析的内容进行编程。在程序编辑的过程中，首先设置 ColorMap 数据，作为对热成像图中温度分析的标准，以便软件根据 ColorMap 数据分析热成像图中不同的色彩所代表的不同的温度数据，此处选取 FLIR T420 拍摄的热成像图中右侧的温度条作为标准。在设定好 ColorMap 数据后，编辑温度分析程序。分析程序的流程设定为：选择红外热成像图→输入热成像图图例温度范围→分析热成像图等温线图→分析热成像图温度分布三维图→选取所需的温度区域→显示该区域温度。其在 MATLAB 软件中的程序编辑图如图 6-9 所示。此程序适用于所有热成像图，在使用此程序分析不同的热成像图时，需要提前去掉热成像图中颜色标尺等部分，保留主体部分，以免对分析结果造成干扰，产生误差。在分析时，只需将图片的温度范围设置进程序即可；测量所需部位温度数据时，选中所需区域，即可分析出区域内平均温度，方便对大量的热成像图做分析、处理以及数据的读取。

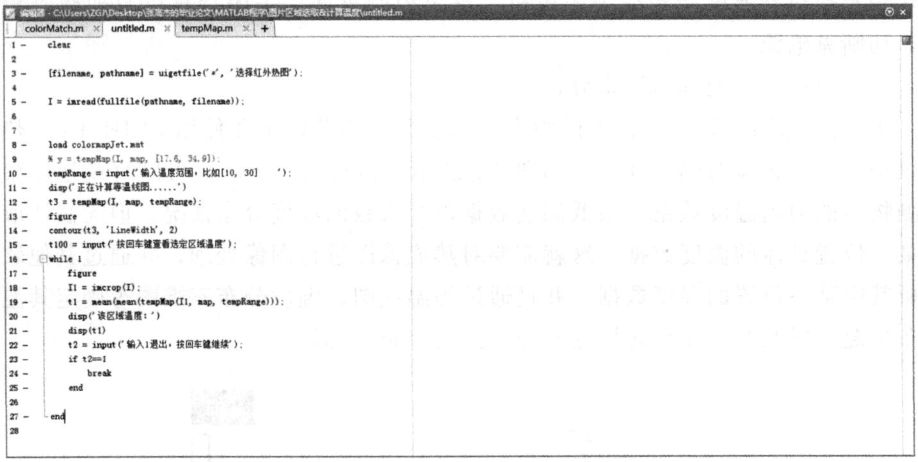

图 6-9　MATLAB 软件程序编辑图

在对热成像图进行分析的过程中，等温线图以及温度分布三维图是一个重要的分析环节。等温线图是用弯曲的曲线来表示同一温度部位，可以直观地表述热成像图中温度的分布情况；而温度分布三维图结合热成像图可以更为准确地观察气相旋转换热器试验台外壁的温度分布情况，以便对其泄漏问题进行详细研究。气相旋转换热器壳体的等温线图以及温度分布三维图如图 6-10、图 6-11 所示。

通过图 6-10、图 6-11 可以观察出气相旋转换热器外壳在换热器运行稳定时外壁的温度分布情况。换热器旋转壳体由于采用了 45 钢-岩棉-45 钢的复合材料结构，保温性能良好，热量散失较少，所以整体温度较低；而在旋转壳体外壁的托轮滚动槽以及齿圈部分温度较高，由于托轮滚动槽以及齿圈是焊接在旋转壳体外壁上的，其结构不影响整个旋转壳体的整体保温性能，所以结合壳体外壁其他部位温度可知，造成此两处温度较高的原因为摩擦作用，并非壳体内部烟气温度的外泄；旋转壳体与非旋转部件连接处温度较其他部位高出很多，且在不同转速下，此处温度较

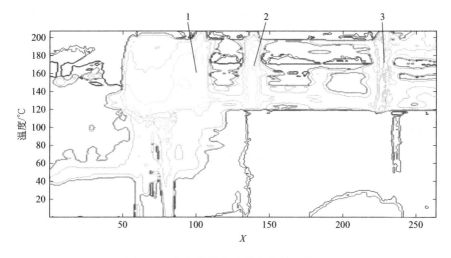

图 6-10　气相旋转换热器壳体等温线图

1—气流分配室与旋转壳体连接部位；2—托轮滚动槽；3—齿圈

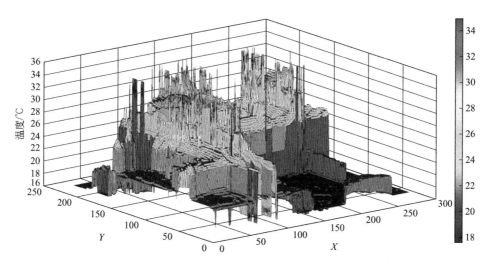

图 6-11　气相旋转换热器壳体温度分布三维图

其他位置均高出许多，同时此处温度会随着热烟气温度的提高而大幅提高，考虑此处温度异常为内部热量的泄漏造成。

② 数据处理与分析。气相旋转换热器试验台壳体外壁温度是衡量换热器热损失情况的一个重要指标，而热损失量的多少，会直接影响到换热器的换热效率。因此，在换热器的研究与发展中，如何解决换热器的密封保温问题、减少换热器的热损失量是提高换热器换热效率、减少能源浪费的一个重要手段。

本次试验中，在使用 MATLAB 编辑程序读取热谱图中气相旋转换热器试验台外壁不同部位的温度数据时，在每张热成像图片上选取换热器试验台烟气进口一侧上横向 10 个等距监测点来读取其温度数据，每点数据读取三次，计算三次读取结果的平均值记录为该点在该环境下的温度大小。监测点分布如图 6-12 所示，MATLAB 温度读取窗口如图 6-13 所示。

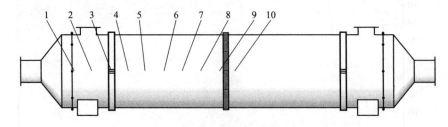

图 6-12　等距监测点分布

1～10—等距温度监测点

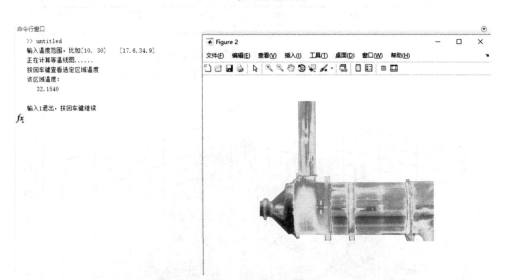

图 6-13　MATLAB 温度数据读取窗口

根据每一点读取的三次数据，分别进行方差分析，分析监测点位置与壳体转速对壳程外壁温度的影响是否显著。此处以烟气温度为 60℃、壳体转速 5r/min 时读取的温度数据进行方差分析，分析监测点位置对壳程外壁温度的影响。所取数据如表 6-4 所示。

表 6-4　烟气温度 60℃、壳体转速 5r/min 时监测点温度数据（±2%）

项目	温度/℃		
监测点 1	24.6	24.5	24.4
监测点 2	28.4	28.3	28.5
监测点 3	31.9	31.7	31.8
监测点 4	27.1	27.0	27.2
监测点 5	22.1	22.3	21.9

续表

项目	温度/℃		
监测点 6	22.0	21.9	22.1
监测点 7	21.5	21.6	21.4
监测点 8	21.8	21.9	21.7
监测点 9	22.4	22.3	22.5
监测点 10	22.3	22.3	22.3

　　针对以上数据，利用 Origin 2018 软件进行方差分析，设置置信区间为 0.05，方差检验结果在 0.05 水平下，总体均值是显著不同的，则监测点位置对换热器壳体外壁温度影响显著。所得方差分析结果如图 6-14 所示。

图 6-14　监测点对温度影响方差分析

　　同理对监测点 1 在不同转速下的温度数据进行方差分析，其温度数据和方差分析结果分别见表 6-5 以及图 6-15。方差分析结果为：壳体转速对换热器壳体外部温度影响显著。

表 6-5 监测点 1 在不同转速下的温度数据（±2%）   单位：℃

项目	壳体转速/(r/min)				
	5	10	15	20	25
监测点 1	24.5	23.9	24.3	22.5	22.6
	24.4	23.8	24.2	22.5	22.8
	24.6	24.0	24.4	22.5	22.4

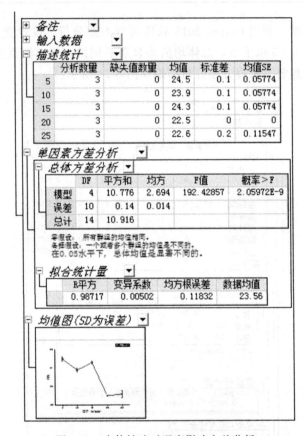

图 6-15 壳体转速对温度影响方差分析

对每组数据进行方差分析后，所得平均数据如表 6-6～表 6-8 所示。

表 6-6 烟气温度为 60℃ 时换热器外壁温度（±2%）   单位：℃

项目	壳体转速/(r/min)				
	5	10	15	20	25
监测点 1	24.5	23.9	24.3	22.5	22.6
监测点 2	28.4	27.9	28.2	26.2	27.1
监测点 3	31.8	31.6	31.7	29.5	31.2

续表

项目	壳体转速/(r/min)				
	5	10	15	20	25
监测点 4	27.1	27.0	26.9	25.9	26.7
监测点 5	22.1	22.2	22.0	22.2	22.1
监测点 6	22.0	22.1	22.0	22.1	22.0
监测点 7	21.5	21.5	21.6	21.7	21.5
监测点 8	21.8	22.1	22.7	22.3	22.4
监测点 9	22.4	22.9	24.0	23.1	23.5
监测点 10	22.3	22.7	24.1	23.0	23.2

表 6-7　烟气温度 100℃ 时换热器外壁温度（±2%）　　单位：℃

项目	壳体转速/(r/min)				
	5	10	15	20	25
监测点 1	42.5	42.3	42.4	42.0	42.4
监测点 2	44.9	45.0	44.8	43.6	44.7
监测点 3	47.2	47.5	47.1	45.1	46.8
监测点 4	39.9	40.0	39.7	38.6	39.6
监测点 5	32.3	32.2	32.0	31.8	32.1
监测点 6	29.3	29.3	29.3	29.2	29.3
监测点 7	26.1	26.2	26.4	26.4	26.4
监测点 8	26.2	26.3	26.3	26.4	26.5
监测点 9	26.3	26.5	26.4	26.5	26.5
监测点 10	26.2	26.3	26.3	26.4	26.5

表 6-8　烟气温度 130℃ 时换热器外壁温度（±2%）　　单位：℃

项目	壳体转速/(r/min)				
	5	10	15	20	25
监测点 1	42.7	42.8	42.6	42.1	42.5
监测点 2	48.1	48.2	48.1	46.8	48.0
监测点 3	53.1	53.3	53.2	51.1	53.1
监测点 4	46.3	46.3	46.4	45.1	46.2
监测点 5	39.3	39.2	39.4	38.9	39.1
监测点 6	32.3	32.2	32.2	32.0	32.1
监测点 7	24.9	24.8	24.7	24.7	24.8
监测点 8	24.5	24.4	24.4	24.2	24.4
监测点 9	23.8	23.7	23.9	23.5	23.7
监测点 10	23.8	23.7	23.9	23.4	23.5

　　根据以上数据，运用 Origin 软件绘制烟气温度为 60℃、100℃ 以及 130℃ 时的换热器外壁温度曲线图，通过不同温度、不同转速条件下同一部位和不同部位温度数据的对比来分析换热器壳体外壁的温度分布情况及造成的原因。监测外壁温度曲线如图 6-16 所示。

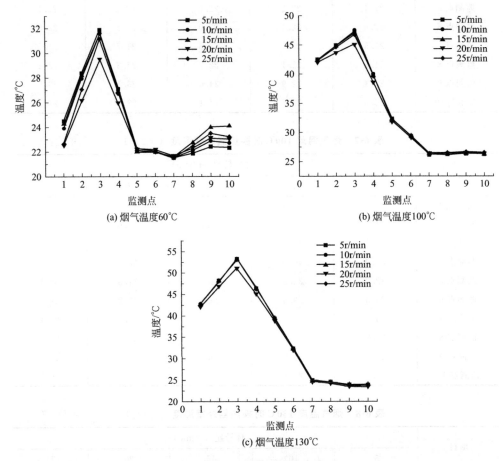

图 6-16　监测外壁温度曲线

　　通过观察以上各监测点温度曲线可知：气相旋转热器试验台外壁温度在监测点 3 时达到最高值，结合监测点 3 对应气相旋转热器试验台的旋转壳体与气流分配室连接处，考虑是由于密封性能较差壳程烟气及热量损失造成的；在监测点 3 的两侧，温度均逐渐下降，得出造成此现象的原因为监测点 3 处泄漏的温度沿换热器外壁传递所致；监测点 7 温度达到最低值，此处对应换热器旋转壳体，证明旋转壳体的 45 钢-岩棉-45 钢结构达到了理想的保温效果；监测点 8 温度有所上升，结合监测点为换热器齿圈补位，导致温度升高的原因为传动时摩擦。对比换热器试验台在烟气温度为 60℃、100℃、130℃ 时的三个监测点温度曲线图发现，在换热器的旋转外壳转速为 20r/min 时，到达运行平稳状态后监测点 3 即旋转壳体与气流分配室的连接处温度较其他旋转速度条件下的温度均有一定程度的下降；结合旋转换热器的运行稳定状态，可推论在旋转速度为 20r/min 时，气相旋转换热器试验台达到相对平稳的运行状态，设备运转对密封部件性能的影响较小。

第二节　换热器壳体嵌合结构模型建立与数值模拟

目前针对换热器的研究，国内外学者及研究人员常利用物理模型建立与数值模拟分析的方法来对换热器的结构、性能等进行仿真分析。结合前文中试验结果可知，气相旋转换热器壳程烟气在嵌合结构部分热损失较为严重，需重点进行结构优化，从而减少壳程热烟气的损失。因此，本节主要对气相旋转换热器试验台进行了物理模型的建立，并结合主要数值模拟的部分，对换热器物理模型进行简化，根据其工作原理及设计结构，保留待分析部分，针对气相旋转换热器旋转壳体与气流分配室连接部分结构，运用 ANSYS-FLUENT 对气相旋转换热器的壳程气流分配室及旋转壳体的嵌合密封结构进行流体仿真分析，分析不同的嵌入对接结构对接口处泄漏的影响。

一、物理模型建立

（1）换热器壳程物理模型建立

在建立气相旋转换热器试验台物理模型前，需要对气相旋转换热器的结构进行深入分析，并分析其工作流程及工作原理。该试验台主要由冷空气进出口、热烟气进出口、气流分配室、密封轴套、换热列管以及壳程螺旋导流叶片组成，热烟气走壳程，冷空气走管程，冷热流体采用对流换热的换热形式，其结构如图 6-17 所示。

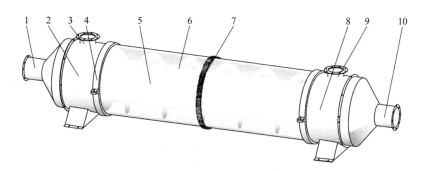

图 6-17　气相旋转换热器试验台物理模型结构

1—空气出口；2—气流分配室；3—烟气入口；4—密封轴套；5—换热管；
6—螺旋导流叶片；7—传动齿圈；8—气流分配室；9—烟气出口；10—空气入口

此时气相旋转换热器连接处嵌合结构为旋转壳体内嵌气流分配室嵌合结构，如图 6-18 所示。而优化后的旋转壳体外嵌气流分配室嵌合结构如图 6-19 所示。

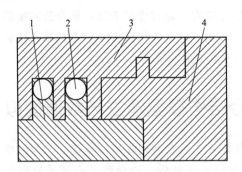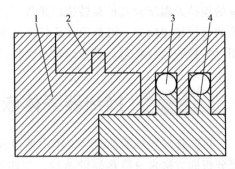

图 6-18　旋转壳体内嵌气流分配室嵌合结构　　图 6-19　旋转壳体外嵌气流分配室嵌合结构
1—旋转壳体；2—密封圈；　　　　　　　　　1—气流分配室；2—密封轴套；

3—密封轴套；4—气流分配室　　　　　　　　3—密封圈；4—旋转壳体

　　旋转壳体内嵌气流分配室与旋转壳体外嵌气流分配室两种嵌合结构均采用密封圈密封与迷宫密封相结合的密封形式。其中，迷宫密封是指在旋转滚筒与气流分配室连接处添加曲折的小室，当壳程烟气通过曲折的迷宫结构间隙时产生节流效应，从而减少流体的损失。这种流体经过迷宫间隙时产生阻力并减少其流量的现象又被称为"迷宫效应"，其密封机理包括摩阻效应、流束收缩效应、热力学效应以及透气效应等。

　　（2）物理模型简化处理

　　根据监测点温度曲线值可知，目前气相旋转换热器试验台的旋转壳体与非旋转部件气流分配室连接处热量损失较为严重，且处于热烟气进口处的热损失最为严重。所以下面将重点对连接处结构进行研究，探究不同的连接方式对其连接处密封性能的影响。针对连接处的研究采用仿真研究与试验验证的方法进行。仿真研究主要针对换热器内壳程的流体性能进行分析，也就是计算流体动力学分析即 CFD（computational fluid dynamics），它是一种基于电子计算机技术并利用不同离散数学模型对流体进行仿真分析的手段。CFD 技术起源于 20 世纪 60 年代，之后随着计算机技术的发展迅速发展，已逐渐成为国内外学者研究流体问题的主要手段之一。该技术是将试验研究法与理论论证法相结合的研究方式，且可以使研究不再受试验条件的限制，尤其对试验设备庞大、试验条件极端（高温高压等）以及试验介质有一定安全隐患（有毒有害）的试验有着其特有的优势。在流体设备的研究发明过程中，通过 CFD 技术的应用可大大减少产品研发的成本投入，提高研发效率，减少研发时间。目前国内外学者常用的 CFD 软件主要有 CFX、FLUENT、Star-CD、COMSOL、PHOENICS、Flow-3D、AUTODESK CFD 等，而在众多的软件中，CFX、FLUENT、Star-CD、COMSOL 等软件以其通用求解器的身份适用于各种流体问题的求解而被更广泛应用。

　　下面使用 ANSYS-FLUENT 软件对气相旋转换热器试验台旋转部件与非旋转部件连接处的泄漏问题进行仿真分析。FLUENT 是一款功能强大的 CFD 软件，它具有物理模型广泛、处理能力强大以及数值模拟方法先进等优点，从而适用于各种涉及流体、传热等问题的仿真模拟分析。在使用软件进行数值分析时，FLUENT软件可采用不同的数值模拟方法和离散格式对流场、压力场、传热传质等进行分析，因此模拟效率和数值精度更高，模拟结果更具可信性。

在使用 ANSYS-FLUENT 进行数值模拟分析时，前期处理任务为几何模型的建立和处理。首先，为了使仿真分析更为简便，需要对气相旋转换热器试验台物理模型进行简化，保留主要影响因素，简化次要影响因素。保留壳程进出口及旋转壳体，按照烟气进口的两种不同对接嵌入方式进行简化模型的建立，简化后的物理模型如图 6-20 所示。

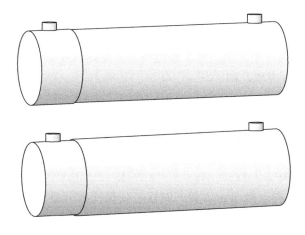

图 6-20 简化后的物理模型

二、数学模型建立及理论基础

（1）控制方程的选用

在使用 CFD 软件解决流体相关问题时，均需满足质量守恒定律、能量守恒定律以及动量守恒定律。在 ANSYS-FLUENT 中主要应用这三个定律在 CFD 中的控制方程对仿真进行数值模拟，下面将对以上三种定律对应的 CFD 方程进行简单介绍。

① 质量守恒定律表示在单位时间内流入控制单元的流体总质量等于流出控制单元的总质量，故在三维坐标系中，质量守恒定律可以表述为：

$$\frac{\partial \rho}{\partial t}+\frac{\partial(\rho u)}{\partial x}+\frac{\partial(\rho v)}{\partial y}+\frac{\partial(\rho w)}{\partial z}=0 \tag{6-5}$$

此方程适用于任何流体的数值模拟与计算，无论流体是否为可压缩流体、有无黏性以及是否处于定常流动状态，均可适用。对于定常流动的流体，因流体的密度 ρ 不受时间影响，则上述公式可变为：

$$\frac{\partial(\rho u)}{\partial x}+\frac{\partial(\rho v)}{\partial y}+\frac{\partial(\rho w)}{\partial z}=0 \tag{6-6}$$

而对于定常流动状态下的不可压缩流体，流体密度 ρ 是一固定常数，则上述公式又可改写为：

$$\frac{\partial u}{\partial x}+\frac{\partial v}{\partial y}+\frac{\partial w}{\partial z}=0 \tag{6-7}$$

气相旋转换热器的换热介质为空气与热烟气，假设换热介质为定常流动状态且不可压缩，则其满足公式(6-7)。

② 在使用 CFD 软件分析换热器相关流体问题时，能量守恒定律的控制方程设置为导热方程，则三维导热微分方程为：

$$\rho c\,\frac{\partial t}{\partial \tau}=\frac{\partial}{\partial x}\left(\lambda\,\frac{\partial t}{\partial x}\right)+\frac{\partial}{\partial y}\left(\lambda\,\frac{\partial t}{\partial y}\right)+\frac{\partial}{\partial z}\left(\lambda\,\frac{\partial t}{\partial z}\right)+\phi \tag{6-8}$$

如将热导率视为一个常数，且工作过程无内部热源并处于稳态状态，上述公式可以简化为 Laplace 方程，即：

$$\frac{\partial^2 t}{\partial x^2}+\frac{\partial^2 t}{\partial y^2}+\frac{\partial^2 t}{\partial z^2}=0 \tag{6-9}$$

则用来求解气相旋转换热器对流换热过程的能量守恒定律方程为：

$$\frac{\partial t}{\partial \tau}+u\,\frac{\partial t}{\partial x}+v\,\frac{\partial t}{\partial y}+w\,\frac{\partial t}{\partial z}=\alpha\left(\frac{\partial^2 t}{\partial x^2}+\frac{\partial^2 t}{\partial y^2}+\frac{\partial^2 t}{\partial z^2}\right) \tag{6-10}$$

③ 动量守恒方程也称 N-S 方程，同样是任何流体问题均需满足的基本定律方程。动量守恒方程在三维坐标系下的表达式为：

$$\rho\,\frac{\mathrm{d}u}{\mathrm{d}t}=\rho F_x-\frac{\partial p}{\partial x}+\frac{\partial}{\partial x}\left(\mu\,\frac{\partial u}{\partial x}\right)+\frac{\partial}{\partial y}\left(\mu\,\frac{\partial u}{\partial y}\right)+\frac{\partial}{\partial z}\left(\mu\,\frac{\partial u}{\partial z}\right)+\frac{\partial}{\partial x}\left[\frac{\mu}{3}\left(\frac{\partial u}{\partial x}+\frac{\partial v}{\partial y}+\frac{\partial w}{\partial z}\right)\right]$$
$$\tag{6-11}$$

$$\rho\,\frac{\mathrm{d}v}{\mathrm{d}t}=\rho F_y-\frac{\partial p}{\partial y}+\frac{\partial}{\partial x}\left(\mu\,\frac{\partial v}{\partial x}\right)+\frac{\partial}{\partial y}\left(\mu\,\frac{\partial v}{\partial y}\right)+\frac{\partial}{\partial z}\left(\mu\,\frac{\partial v}{\partial z}\right)+\frac{\partial}{\partial y}\left[\frac{\mu}{3}\left(\frac{\partial u}{\partial x}+\frac{\partial v}{\partial y}+\frac{\partial w}{\partial z}\right)\right]$$
$$\tag{6-12}$$

$$\rho\,\frac{\mathrm{d}w}{\mathrm{d}t}=\rho F_z-\frac{\partial p}{\partial z}+\frac{\partial}{\partial x}\left(\mu\,\frac{\partial w}{\partial x}\right)+\frac{\partial}{\partial y}\left(\mu\,\frac{\partial w}{\partial y}\right)+\frac{\partial}{\partial z}\left(\mu\,\frac{\partial w}{\partial z}\right)+\frac{\partial}{\partial z}\left[\frac{\mu}{3}\left(\frac{\partial u}{\partial x}+\frac{\partial v}{\partial y}+\frac{\partial w}{\partial z}\right)\right]$$
$$\tag{6-13}$$

若流体是不可压缩且为常黏度系数流体，则上述各式可简化为：

$$\rho\left(\frac{\partial u}{\partial t}+u\,\frac{\partial u}{\partial x}+v\,\frac{\partial u}{\partial y}+w\,\frac{\partial u}{\partial z}\right)=\rho F_x-\frac{\partial p}{\partial x}+\mu\left(\frac{\partial^2 u}{\partial x^2}+\frac{\partial^2 u}{\partial y^2}+\frac{\partial^2 u}{\partial z^2}\right) \tag{6-14}$$

$$\rho\left(\frac{\partial v}{\partial t}+u\,\frac{\partial v}{\partial x}+v\,\frac{\partial v}{\partial y}+w\,\frac{\partial v}{\partial z}\right)=\rho F_x-\frac{\partial p}{\partial y}+\mu\left(\frac{\partial^2 v}{\partial x^2}+\frac{\partial^2 v}{\partial y^2}+\frac{\partial^2 v}{\partial z^2}\right) \tag{6-15}$$

$$\rho\left(\frac{\partial w}{\partial t}+u\,\frac{\partial w}{\partial x}+v\,\frac{\partial w}{\partial y}+w\,\frac{\partial w}{\partial z}\right)=\rho F_x-\frac{\partial p}{\partial z}+\mu\left(\frac{\partial^2 w}{\partial x^2}+\frac{\partial^2 w}{\partial y^2}+\frac{\partial^2 w}{\partial z^2}\right) \tag{6-16}$$

若不考虑换热过程中流体介质的流体黏性，上述公式可推导出欧拉公式，即：

$$\frac{\mathrm{d}u}{\mathrm{d}t}=\frac{\partial u}{\partial t}+u\,\frac{\partial u}{\partial x}+v\,\frac{\partial u}{\partial y}+w\,\frac{\partial u}{\partial z}=F_{\mathrm{x}}-\frac{\partial \rho}{\rho \partial x} \tag{6-17}$$

$$\frac{\mathrm{d}v}{\mathrm{d}t}=\frac{\partial v}{\partial t}+u\,\frac{\partial v}{\partial x}+v\,\frac{\partial v}{\partial y}+w\,\frac{\partial u}{\partial z}=F_{\mathrm{y}}-\frac{\partial \rho}{\rho \partial y} \tag{6-18}$$

$$\frac{\mathrm{d}w}{\mathrm{d}t}=\frac{\partial w}{\partial t}+u\,\frac{\partial w}{\partial x}+v\,\frac{\partial w}{\partial y}+w\,\frac{\partial w}{\partial z}=F_{\mathrm{z}}-\frac{\partial \rho}{\rho \partial z} \tag{6-19}$$

以上各公式即为使用 CFD 软件解决气相旋转换热器需要满足的控制方程，其中动量守恒方程即 N-S 方程可以较为准确且相对真实地描述流体的流动情况，但 N-S 方程具有非线性控制项，所以需要适当合理地设置求解边界条件，才能更好地进行仿真分析。

（2）流动模型的选择

流体介质在工作时，其运动形式可按照质点的流动方式不同来进行分类，气相旋转换热器在工作时工作介质为热烟气与冷空气对流换热；流体介质在工作时，其内部各质点作不规则运动，不遵循任何运动规律，除了沿壳体内壁与换热管内壁的轴向流动外，还存在对其管壁的横向冲击，各种流线相互交叉。

CFD 对湍流模型的数值模拟与机选多采用直接法和非直接法两种计算形式，直接计算法是通过直接计算与此湍流模型问题对应的关系方程，得到相应的计算结果；而非直接计算法首先要对湍流模型控制模型进行简化和近似，对其形式进行改变，从而方便计算结果。目前 CFD 解决湍流模型的非直接计算法主要有以下几种形式：

① 零方程模型。零方程模型只是针对流体黏度与时均值关系，并非是从微分方程的角度分析流体性质，其利用雷诺方程和时序方程组成与物理模型相对应的模型求解方程，并将雷诺应力以速度梯度的形式代替。在零方程模型中，混合长度模型应用量较高，使用范围较广，其表达公式为：

$$\mu_{\mathrm{t}}=l_{\mathrm{m}}^{2}\left|\frac{\partial u_{\mathrm{t}}}{\partial y}\right| \tag{6-20}$$

式中　μ_{t} ——湍流黏度；

　　　u_{t} ——流动速度；

　　　l_{m} ——混合长度。

根据以上公式可知，流体的黏度与混合长度和速度变化率的乘积成正比关系。该模型虽相对简单，但确定混合长度值较为困难，因此只适用于简单的流体运动模型。

② 一方程模型。一方程模型是在零方程模型的基础上，加入湍流流体的湍动能方程，以表现流体黏度与湍动能的关系。其中，湍动能表达式为：

$$\frac{\partial(\rho k)}{\partial t}+\frac{\partial(\rho k u_{\mathrm{i}})}{\partial x_{\mathrm{i}}}=\frac{\partial}{\partial x_{\mathrm{i}}}\left[\left(\mu+\frac{u_{\mathrm{i}}}{\sigma_{\mathrm{k}}}\right)\frac{\partial k}{\partial x_{\mathrm{i}}}\right]+\mu_{\mathrm{i}}\left(\frac{\partial u_{\mathrm{i}}}{\partial x_{\mathrm{j}}}+\frac{\partial u_{\mathrm{j}}}{\partial x_{\mathrm{i}}}\right)\frac{\partial u_{\mathrm{i}}}{\partial x_{\mathrm{i}}}-\rho C_{\mathrm{D}}\frac{k^{\frac{3}{2}}}{l} \tag{6-21}$$

③ 标准 k-ε 两方程模型。在标准 k-ε 两方程模型中，湍动能

$$k = \frac{1}{2}(\overline{u'^2} + \overline{v'^2} + \overline{w'^2}) \tag{6-22}$$

式中，u'、v'、w' 分别表示三维坐标系中三个方向的流速大小。流体湍动能的整体耗散率表达式为：

$$\varepsilon = \frac{\mu}{\rho}\left(\overline{\frac{\partial u_i'}{\partial x_k} + \frac{\partial u_j'}{\partial x_k}}\right) \tag{6-23}$$

$$\mu_t = \rho C_u \frac{k^2}{\varepsilon} \tag{6-24}$$

式中 C_u——经验常数。

流体介质工作时流体的浮力与速度梯度同样会产生湍动能，其表达形式如下：

$$G_k = \mu_t\left(\frac{\partial u_i}{\partial x_j} + \frac{\partial u_j}{\partial x_i}\right)\frac{\partial u_i}{\partial x_j} \tag{6-25}$$

当流体为不可压缩流体时，$G_b = 0$，当流体为可压缩流体时，G_b 的表达式为：

$$G_b = \beta g_i \frac{\mu_t}{Pr_t} \times \frac{\partial T}{\partial x_i} \tag{6-26}$$

气相旋转换热器工作时，假设其工作介质为不可压缩流体，当不计流体源项时，标准 k-ε 模型表达式为：

$$\frac{\partial(\rho k)}{\partial t} + \frac{\partial(\rho k u_i)}{\partial x_i} = \frac{\partial}{\partial x_j}\left[\left(\mu + \frac{u_t}{\sigma_k}\right)\frac{\partial k}{\partial x_j}\right] + G_k - \rho\varepsilon \tag{6-27}$$

$$\frac{\partial(\rho\varepsilon)}{\partial t} + \frac{\partial(\rho\varepsilon u_i)}{\partial x_i} = \frac{\partial}{\partial x_j}\left[\left(\mu + \frac{u_t}{\sigma_\varepsilon}\right)\frac{\partial\varepsilon}{\partial x_j}\right] + \frac{G_{1\varepsilon}\varepsilon}{\kappa} - C_{2\varepsilon}\rho\frac{\varepsilon^2}{\kappa} \tag{6-28}$$

以上方程中 $C_{1\varepsilon}$、$C_{2\varepsilon}$、σ_ε 均为经验常数，其取值分别为：$C_{1\varepsilon} = 1.44$，$C_{2\varepsilon} = 1.92$，$\sigma_\varepsilon = 1.3$。

④ 雷诺应力模型（RSM）。雷诺应力又叫湍流应力，在使用雷诺应力模型时，首先需要正确表示出流体流动时湍流应力的运输方程，其运输方程表达式为：

$$\frac{\partial(\rho\overline{u_i'u_j'})}{\partial t} + \frac{\partial(\rho u_k\overline{u_i'u_j'})}{\partial x_k} = -\frac{\partial}{\partial x_k}(\rho\overline{u_i'u_j'u_j'} + \overline{pu_i'}\delta_{kj}) + \frac{\partial}{\partial x_k}\left[\mu\frac{\partial}{\partial x_k}(\overline{u_i'u_j'})\right] -$$
$$\rho\left(\overline{\mu_i'\mu_k'}\frac{\partial u_i}{\partial x_k} + \overline{\mu_j'\mu_k'}\frac{\partial u_i}{\partial x_k}\right) - \rho\beta(g_i\overline{u_j'\theta} + g_i\overline{u_i'\theta}) + p'\overline{\left(\frac{\partial u_i'}{\partial x_j} + \frac{\partial u_j'}{\partial x_i}\right)} -$$
$$2\mu\frac{\partial u_i'u_j'}{\partial x_k\partial x_k} - 2\rho\Omega_k(\overline{u_i'u_m'}e_{ikm} + \overline{u_j'u_m'}e_{ikm}) \tag{6-29}$$

除了应力运输方程外，在使用雷诺模型时，还应该将湍动能 k、耗散率 ε 补充完整，补充公式为：

$$\frac{\partial(\rho\kappa)}{\partial t} + \frac{\partial(\rho\kappa u_i)}{\partial x_i} = \frac{\partial}{\partial x_j}\left[\left(\mu + \frac{u_t}{\sigma_k}\right)\frac{\partial\kappa}{\partial x_j}\right] + \frac{1}{2}(\rho_{ij} + c_{ij}) - \rho\varepsilon \tag{6-30}$$

$$\frac{\partial(\rho\varepsilon)}{\partial t}+\frac{\partial(\rho\varepsilon u_{\mathrm{i}})}{\partial x_{\mathrm{i}}}=\frac{\partial}{\partial x_{\mathrm{j}}}\left[\left(\mu+\frac{u_{\mathrm{t}}}{\sigma_{\varepsilon}}\right)\frac{\partial\varepsilon}{\partial x_{\mathrm{j}}}\right]+C_{\mathrm{i}\varepsilon}+\frac{1}{2}(p_{\mathrm{ij}}+C_{3\varepsilon}+G_{\mathrm{ij}})-C_{2\varepsilon}\rho\,\frac{\varepsilon^2}{\kappa}$$

$$(6\text{-}31)$$

在进行湍流模型选择时，一般需综合考虑流体是否为可压缩流体、模拟仿真精度要求以及计算机硬件水平等因素进行选择。因此，综合以上因素选用标准 k-ε 两方程模型。

三、物理模型网格划分

在气相旋转换热器简化后的物理模型建立后，需要对物理模型进行网格划分。一般来说，网格划分过程约占整个仿真过程工作量的 60%。网格划分的合理性以及网格质量好坏对仿真结果的准确性有很大的影响。同时网格数量的多少也要设置得当，网格数量太少，会导致仿真计算的结果误差较大甚至无法得到收敛结果；网格数量太多虽然一定程度上提高了计算精度，但增效不高，反而使运算时间大大增加，工作量也大幅提高。在网格质量较好且网格数量合理时，FLUENT 的数值模拟仿真结果稳定性较好，无较大的计算发散发生，迭代收敛速度将大幅提高。

ANSYS Workbench 囊括多种网格划分程序，常用的划分程序有 ICEM CFD、ANSYS Prep/Post、CFX 等。需根据所分析模型的类型进行选择，这里主要分析气相旋转换热器壳程的泄漏情况，属于流体模块，因此选用 ICEM CFD 对模型进行网格划分。

（1）网格形状选择

ANSYS Workbench 中提供的立体网格主要有四面体、六面体、棱柱和棱锥四种基本 3D 网格形状，而使用较多的为四面体网格和六面体网格。其中，四面体网格是一种非结构化网格，适用于复杂的几何模型，且四面体网格可快速生成，但其划分节点较多，计算时效有所提高。而六面体网格通常为结构化网格，由于其节点数量约为四面体网格结构的一半，因此，可以实现用较少的单元数量来进行仿真数值求解。但是在面对复杂几何模型时，六面体网格的划分和生成需要有多个过程来得到网格数量以及网格质量合理的网格，因此，考虑到在分析复杂几何模型时六面体网格的局限性，本文在使用 ICEM CFD 进行网格划分时，主体部位采用四面体网格划分的形式，而在壳体嵌入部分，则采用六面体网格以提高数值模拟分析结果的精度。

（2）装配体模型网格连续性

在 ICEM CFD 模块中导入 IGS 模型后，即进行网格划分工作。选用 CFD 流体分析对物理模型进行网格的自动生成之后，根据分析要求对网格划分默认设置进行一定更改，以提高仿真分析精度。

这里主要对气相旋转换热器的壳程进行泄漏分析，物理模型为壳程部件装配体，在实际操作中，当将 IGS 模型导入 ICEM CFD 工具中时，装配体各部分无相关联系。此时的模型是一个多体多部组合件，这种模型在网格划分后各部件网格不连续，在对应面处存在不同的节点。因此，在网格划分处理时，首先将模型重组为多体部件，在多体部件建立后，之前无相互联系的部件即可实现节点匹配，在保持网格独立性的前提下，实现网格连续。网格划分连续图如图 6-21 所示。

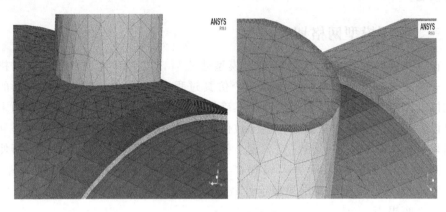

图 6-21　网格划分连续图

（3）网格质量检验

在使用 FLUENT 进行流体仿真分析时，网格质量直接影响求解收敛性和仿真结果的准确性，如果网格质量较差，不仅在迭代时会造成收敛困难，使迭代结果误差大甚至迭代结果错误，影响仿真结果。因此，在网格划分工作完成后，需要对网格质量进行检验，以确保仿真精度及准确性。ICEM CFD 提供了网格质量的不同检测方式，主要有 Skewness 单元畸变度检测、Element Quality 单元质量检测和 Orthogonal Quality 正交质量检测等。

Skewness 单元畸变度检测是网格质量检测的一种基本检查项目，Skewness 单元畸变度主要有两种定义形式，其中一种为等变形的体误差定义，这种定义检测适用于三角形和四面体的畸变度检测，其定义见式（6-32）及图 6-22。

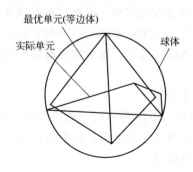

图 6-22　Skewness 定义

$$\text{Skewness 值} = \frac{最优单元尺寸 - 实际单元尺寸}{最优单元尺寸} \tag{6-32}$$

Skewness 单元畸变度检测的第二种定义为角误差定义，这种方法适用于所有的网格面及网格形状，其定义式如下。

$$\text{Skewness 值} = \max\left[\frac{\theta_{max} - \theta_e}{180 - \theta_e}, \frac{\theta_e - \theta_{min}}{\theta_e}\right] \tag{6-33}$$

式中，θ_e 为等角的单元或面的角度值，当网格为三角形或四面体时，$\theta_e = 60°$，当网格为四边形或六面体时，$\theta_e = 90°$。

Skewness 单元畸变度取值为 $0 \sim 1$，取值越小，网格质量越佳。通常情况下，网格畸变度的值为 0 时，网格质量极好，而在不超过 0.95 时为畸变度可接受数值。Skewness 值评价参考如表 6-9 所示。

表 6-9　Skewness 值评价参考

Skewness 值	$0 \sim 0.25$	$0.25 \sim 0.50$	$0.50 \sim 0.80$	$0.80 \sim 0.95$	$0.95 \sim 0.98$	$0.98 \sim 1.00$
结果	优秀	很好	好	可接受	不好	不可接受

Element Quality 单元质量检测是以单元网格的体积与边长的比值作为评价因子对网格质量进行评价的，评价因子取值同样为 $0 \sim 1$ 且取值越大表示网格划分质量越好。

Orthogonal Quality 正交质量检测的检测值同样也为 $0 \sim 1$，且以趋近于 1 为网格质量最佳，因此，应使检测值尽可能趋近于 1。

比较不同的网格质量检测方法，由于本装配体模型采用了四面体与六面体混合的网格划分形式，因此，采用 Skewness 单元畸变度检测法对网格质量进行评定，为后续的仿真研究提供准确性的必要条件。

（4）网格划分结果

壳体内嵌模型网格划分见图 6-23，壳体外嵌模型网格划分见图 6-24。将物理模型导入 ICEM CFD 模块并经历网格形状选择、网格连续性设置且按分析要求修改相应网格格式后，即可划分网格并得到网格划分结果。本文模型网格划分后得到的网格数为 800000，经 Skewness 单元畸变度检测后，单元畸变因子均小于 0.95，

图 6-23　壳体内嵌模型网格划分图

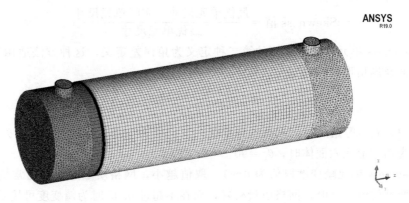

图 6-24　壳体外嵌模型网格划分图

网格质量满足基本要求，网格划分合理，可进行下一步仿真分析与数值模拟。

（5）网格独立性

网格独立性直接影响研究模型的网格划分对后续数值模拟仿真结果的优劣：网格独立时，模型生成的网格单元数量多少对数值模拟仿真结果的影响较小，可忽略不计；反之，当网格不独立时，所生成的网格单元数量对数值模拟仿真结果影响较大。单元网格数量不同时数值模拟结果相差较大，此时网格为非独立网格，则数值模拟仿真结果不准确，可信度较低。而发生网格非独立现象的原因为网格划分单元数量较少，无法准确完整地捕捉到模型内部流体流动特征，此时，应该在已划分完成的网格基础上，加密网格划分，以寻找一个网格划分单元数量的临界点。当网格数量低于此临界点数量时，网格数量对数值仿真分析结果有较大影响，而当网格数量高于此临界点时，网格数量的改变对仿真结果的影响较小，则视高于此单元数量点时网格为独立网格。通常情况下，网格独立性检测的一般思路为：选取数值模拟仿真过程中的一个或多个变量，将所研究物理模型的网格划分数量不断增加，对比不同网格状态下所选取变量的变化情况，当网格数量对所研究变量结果影响较小可忽略不计时，即认为此时网格是独立的。

（6）边界条件设置

根据气相旋转换热器的工作原理以及运行情况，设置换热器壳程数值仿真模拟边界条件，以便求解仿真结果。

① 入口边界条件设置。根据气相旋转换热器的工作条件可知，壳程流体为热烟气，设置其为不可压缩气体，设置入口处的边界条件为速度边界条件 Velocity Magnitude，入口处的风速大小为 4m/s；Thermal/Temperature 流体入口温度条件为 373K（100℃）。

② 出口边界条件设置。换热器壳程模型出口边界条件选用压力出口边界条件（pressure outlet）约束，设置模型出口处的静压力平均大小为 0Pa。

③ 壁面边界条件设置。壁面边界条件用于约束流体与固体壁面接触区域，设

置换热器壳程内壁为无滑移壁面，且不考虑壳程壁面材料厚度影响。

四、数值模拟仿真结果分析

（1）仿真结果速度云图分析

通过对壳体内、外嵌入模型的数值模拟与仿真计算，绘制两种模型的速度云图，比较两种模型下壳程气体在壳程内部的速度分布情况。图 6-25 分别为壳体内、外嵌结构的速度分析云图。

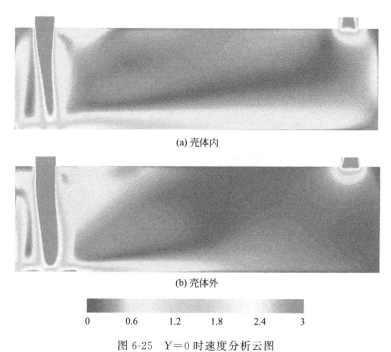

(a) 壳体内

(b) 壳体外

0　0.6　1.2　1.8　2.4　3

图 6-25　$Y=0$ 时速度分析云图

通过速度云图的比较可以发现，壳体外嵌结构时对壳程内气体流速分布影响较小，壳程内部流体流速极低区域面积较小，流速分布相对较为均匀，流场相对壳体内嵌结构较好。同时，可以发现在进口两部件连接处均有一定程度泄漏现象，但由于气相旋转换热器模型容积较大，而泄漏部分较小，较难直观观察两者泄漏量的大小，所以对流速分析云图进行局部放大，以期直观观察两者泄漏量大小。速度分析云图局部放大图如图 6-26 所示。

截取 $Y=0$ 时，壳程流体进口连接处的速度云图，以及 Z 方向速度云图，如图 6-27 所示。通过比较可明显发现两模型在连接处均存在流体泄漏现象，壳体内嵌模型处泄漏较多，呈明显的长条形色块状态，表示此处流速较大，泄漏量较多；而壳体外嵌形式泄漏部分主体呈现圆弧形色块状态，说明此处也有泄漏现象发生，但流速小于壳体内嵌形式。说明此壳体外嵌结构可减少壳程气体的泄漏。

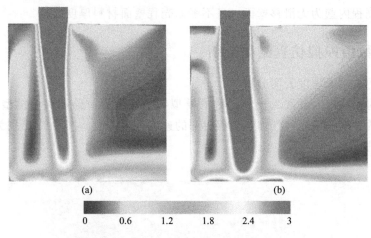

图 6-26　$Y=0$ 时速度云图局部放大图

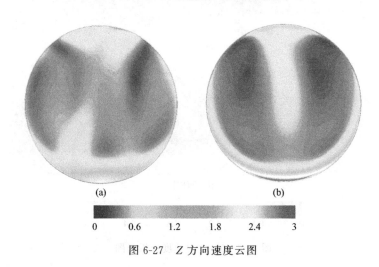

图 6-27　Z 方向速度云图

（2）数值模拟结果分析

对气相旋转换热器进行数值模拟分析，得出数值模拟分析结果，如图 6-28 所示。

通过数值模拟计算得出以下结果：在采用旋转壳体内嵌气流分配室结构时，连接处的泄漏量为 $-0.0095075378\mathrm{kg/s}$，而壳程流体总流入量为 $0.026895294\mathrm{kg/s}$，热损失比例为 35.35%。同理可计算采用旋转壳体外嵌气流分配室结构时连接处的热损失量为 22.80%。数值模拟结果与以上仿真图像结果对应，从而可知连接结构对壳体的密封性能有较为显著的影响，通过改变壳体嵌合结构，可以使流体损失量减少 12.55%，可进一步减少换热器的热量损失、提高换热器的换热效率。由于气相旋转换热器在运行过程中，连接处间隙为周期性、间断性出现，而仿真时设置间隙为固定存在式，因此，气相旋转换热器在两种不同的嵌合结构下真实泄漏量均应略小于数值模拟结果；但不影响两者间存在的差距，因此，旋转壳体外嵌气流分配室

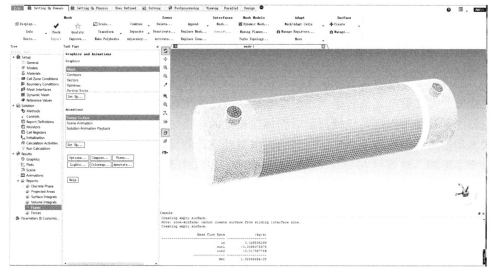

图 6-28　数值模拟结果显示窗口

式连接结构仍优于旋转壳体内嵌气流分配室式连接结构。

五、小结

根据研究对象气相旋转换热器试验台，运用 Solidworks 软件建立 1∶1 物理模型，并根据数值模拟仿真所需要的换热器壳程进行物理模型简化工作，以方便后续仿真工作。同时根据仿真要求，仿真控制模型选择质量守恒方程、动量守恒方程、能量守恒方程为基本控制方程，流体模型为湍流模型。

根据仿真需求，经过网格形状选择、网格连续性设置、网格质量检验等过程完成对物理模型的网格划分工作，得到网格划分结果；通过网格独立性检验确保网格独立，满足仿真需求，设置边界条件。对仿真结果进行速度云图分析，并且通过数值模拟结果，发现旋转壳体内嵌气流分配室结构与旋转壳体外嵌气流分配室结构对连接处的流体损失影响差别较大，两者相差 12.55％。

第三节　振动测量与嵌合结构优化试验

本章将针对温度数据分析得出的在现有转速条件下，转速在 20r/min 时换热器运行最稳定的推论，设计振动测量试验，探究机械振动对气相旋转换热器壳体外壁温度的影响，以验证推论的可信度。同时，根据前文内容可知，换热器壳程的数值模拟与仿真计算通过模型建立、模型简化、数学模型选用、流体模型选用以及网格划分等工作，完成了数值模拟与仿真分析，分析结果表明旋转壳体外嵌气流分配室结构优于旋转壳体内嵌气流分配室结构，热损失更小。因此，同样运用试验研究的方法，搭建旋转壳体外嵌气流分配室结构试验台，通过试验研究的方法验证仿真结果的准确性。

一、机械振动测量试验

通过以上温度数据的分析发现：在换热器壳体转速为 $20r/min$ 时，换热器壳体连接处的温度低于其他转速下的温度数据，因此推论在壳体转速为 $20r/min$ 时，换热器的运行最为稳定，机械振动对壳体连接处的热损失影响最小。本节将借助活塞式振动器对气相旋转换热器运行时的机械振动进行测量，探究机械振动对壳体外壁温度的影响。活塞式振动器如图 6-29 所示，与其匹配的传感器型号及参数如表6-10所示。

图 6-29　活塞式振动器

表 6-10　传感器型号及参数

传感器型号	灵敏度/(mv/ms²)	量程/g	类型
A1500W	501.2	1	加速度传感器
A1050W	50.08	10	加速度传感器

在使用活塞式振动器以及加速度传感器探头进行设备振动测量时，需提前设计好测试探头位置，以便对气相旋转换热器试验台的 X、Y、Z 三个方向采集振动数据以及合理的测试位置，更有利于对换热器振动的测量。因此监测点位置设计如图6-30所示。测振点 3、6 用来采集 X 方向振动数据，测振点 2、5 用来采集 Y 方向振动数据，测振点 1、4 用来采集 Z 方向数据。

（1）试验步骤

① 检查试验设备及试验仪器状态，检查供电线路是否正常，以保证试验安全进行。移除试验台杂物，避免影响振动测量结果。检查完毕后，启动电源开关，为试验设备供电。

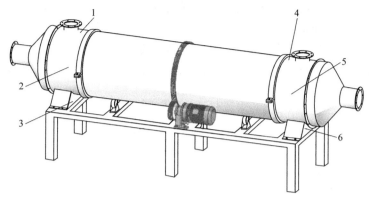

图 6-30　测振点分布

1～6—测振点

② 启动气相旋转换热器试验台控制系统，按下工控开关按钮，启动控制计算机，进入试验台控制界面。

③ 启动冷、热流体供风风机，设置风速为 4m/s 保持不变。布置测振仪传感器探头位置，探头位置布置如图 6-31 所示。启动活塞式测振器以及数据采集计算机。

图 6-31　测振仪传感器探头位置布置

④ 启动气相旋转换热器试验台旋转壳体转动电动机，分别设置壳体转速为 5r/min、10r/min、15r/min、20r/min、25r/min；待换热器运行稳定后，分别使用活塞式振动器对气相旋转换热器试验台进行振动测量，并使用计算机采集和记录振动数据。

⑤ 试验完成后，关闭旋转电动机，关闭供风风机，退出试验台控制界面，关闭计算机以及控制柜，切断总电源，整理试验测量仪器。

（2）试验数据整理及分析

在测振试验中，使用活塞式测振器及加速度传感器探头测量振动时，其测振原理为：加速度传感器将机械振动转换为电荷信号，电荷放大器将电荷信号转变为电压信号，则这个电压信号的有效值和峰值即代表振动加速度，就可以得到振动加速度的幅值大小。数据通过传感器探头传递至振动器，再由振动器传递给计算机进行数据的记录以及加速度图的绘制，并将采集数据以 Excel 表格的形式保存下来。振动测试数据采集窗口如图 6-32 所示。

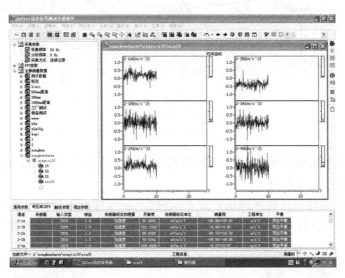

图 6-32　振动测试数据采集窗口

机械振动对气相旋转换热器连接处热量损失的影响主要是因为旋转滚筒的径向振动导致连接处出现间断性间隙从而导致热流体流失，因此，此处将重点分析旋转壳体在不同转速下的径向振动。此处选取 2-3A 传感器探头在不同转速下的振动数据，并利用 Origin 软件绘制折线图，如图 6-33 所示。结合不同壳体转速下的外壁温度数据，分析机械振动对气相旋转换热器旋转壳体与气流分配室连接处热损失的影响。

通过图 6-33 可知，在气相旋转换热器壳体转速为 20r/min 时，机械振动加速度幅值最小，因此，可知其壳体转速为 20r/min 时，换热器设备运行最为平稳。且结合不同壳体转速下，外部温度折线图在 20r/min 时壳体外壁温度最低，可得以下结论：壳体转速的不同会影响气相旋转换热器运行中机械振动的改变，而机械振动又会直接影响到换热器旋转壳体与气流分配室连接处的热量损失；在现有转速条件下，壳体转速为 20r/min 时，机械振动较小，运行较为平稳，同时连接处热损失较小。表 6-11 为振动加速度幅值。

表 6-11　振动加速度幅值

转速/(r/min)	5	10	15	20	25
幅值	1.44578	1.05482	0.86807	0.25422	0.72289

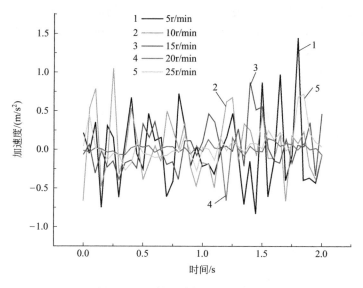

图 6-33　机械振动加速度折线图

二、嵌合结构优化试验验证

针对数值仿真模拟结果，设计对比试验，探究壳体内、外嵌气流分配室结构对气相旋转换热器壳程气体泄漏的影响，以验证以上数值模拟与仿真研究的准确性以及可信度。

在进行验证试验时，首先，改进气相旋转换热器壳程结构，将原有的壳程内嵌结构更改为壳程外接结构，并进行试运行以确保设备运行正常，为对比试验的进行奠定基础。同时，在进行对比试验时，也要保持试验环境与气相旋转换热器真实工作环境类似，控制室内温度在8℃左右时，进行试验。

（1）试验步骤

① 试验准备工作：检查试验设备以及试验仪器，确保试验设备和仪器处于良好的工作状态，避免试验事故的发生；检查试验设备、供电设备以及管路的连接是否正常，避免短路、断路以及泄漏现象的发生，同时减少不必要因素对试验结果的影响。

② 待试验环境在8℃左右时，为气相旋转换热器控制柜通电，启动控制柜，启动工控电源，打开控制计算机，进入试验台控制界面。

③ 启动壳程气体以及管程气体供气风机，设置风速均为4m/s，启动电加热开关，设置电加热温度为100℃，待壳程气体进口温度稳定在100℃时，进行下一步试验。

④ 分别设置气相旋转换热器壳体转速为5r/min、10r/min、15r/min、20r/min、25r/min，待转速稳定时，使用FLIR T420红外热成像仪进行热谱图拍摄。

　　⑤待 5 组试验均完成后，关闭壳程旋转电动机同时关闭电加热，供气风机继续工作，待气相旋转换热器试验台冷却到室温后，风机停止运转，关闭工控计算机，切断所有设备电源。

　　（2）试验结果对比与分析

　　密封结构优化后的对比试验同样运用气相旋转换热器壳程的外壁温度来间接表示热能损失量的多少，同样使用 MATLAB 软件对试验拍摄的热谱图进行图像处理和温度数值的读取。热谱图以及等温线图如图 6-34 所示。

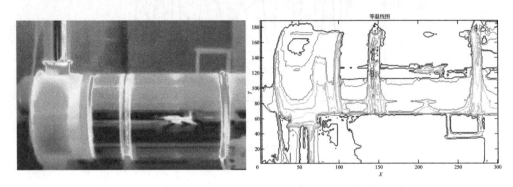

图 6-34　热谱图及等温线图

　　在以上热谱图中选取与气相旋转试验中热谱图相对应的 10 个温度监测点，使用 MATLAB 软件读取各点的温度数据，每组数据取 3 次，并对数据进行方差分析，最终取 3 次数据平均值作为该监测点温度数据以便进行对比。平均温度数据如表 6-12 所示。

表 6-12　对比试验数据表（±2%）　　　　　　　单位：℃

烟气温度 100℃	壳体转速/(r/min)				
	5	10	15	20	25
监测点 1	37.3	37.3	37.5	37.1	37.3
监测点 2	39.4	39.6	39.4	39.2	39.5
监测点 3	42.8	43.1	42.6	40.9	42.4
监测点 4	34.5	34.6	34.4	33.8	34.3
监测点 5	28.9	28.7	28.8	28.3	28.7
监测点 6	26.9	26.7	26.8	26.8	26.5
监测点 7	26.2	26.5	26.1	26.3	26.1
监测点 8	26.1	26.3	26.2	26.1	26.2
监测点 9	26.4	26.4	26.2	26.3	26.4
监测点 10	26.3	26.2	26.2	26.4	26.4

　　根据以上试验数据可以发现监测点 1～监测点 5 的温度均有一定程度的下降，

这说明，在旋转部件与非旋转部件连接处的热烟气泄漏量有所下降，密封性能较结构改进前有一定程度提高。下面将通过折线图对比的形式直观分析结构改进前后的壳程外壁温度分布情况。壳程内嵌结构与壳程外嵌结构在烟气温度为100℃时的试验数据折线图如图6-35所示。

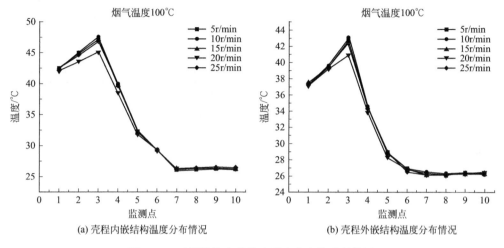

图 6-35　不同结构壳程外壁温度分布情况折线图

通过以上壳程外壁温度分布情况折线图对比，可以得出以下结论：

① 气相旋转换热器壳体连接结构的改进，可一定程度使换热器壳体连接处外壁温度降低，减少壳程热烟气的泄漏，从而进一步提高气相旋转换热器的换热效率，减少能源浪费。

② 监测点7～监测点10温度主要受测试环境温度的影响，受连接处泄漏影响微乎其微。而试验环境温度的改变则是由于壳程气体和管程气体出口均为试验室环境，热气直接排入试验室所致，所以结构的改进对监测点7～监测点10外壁温度的变化影响不大。

试验结果表明，旋转壳体外嵌气流分配室的连接结构在减少连接处热损失问题上优于旋转壳体内嵌气流分配室结构，能够一定程度上减少连接处的热损失，提高换热效率；与数值模拟仿真结果相符，则证明数值仿真模拟结果可信度较高。

第四节　气相旋转管壳式换热器的性能试验研究

本节对壳程定温条件下换热器的运动参数进行试验研究，着重研究了换热器雷诺数 Re 和壳程转速 N 对努塞尔数 Nu 和壳程压降 Δp 的影响。首先，针对现有的气相旋转管壳式换热器搭建试验台，对试验仪器进行了误差计算，确定试验仪器带来的误差满足试验条件；其次，利用多因素单变量的试验方法，分析了雷诺数 Re 和壳程转速 N 对努塞尔数 Nu 和壳程压降 Δp 的影响，并拟合出壳程努塞尔数的关联式，运用极值法确定了最佳壳程运动参数，为后续研究提供依据。

一、试验条件与手段

（1）试验装置

气相旋转管壳式换热器试验系统流程如图 6-36 所示，主要由测试对象、流体系统、数据采集系统三部分组成。

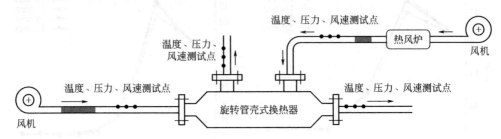

图 6-36　气相旋转管壳式换热器试验系统流程

（2）试验对象

测试对象为黑龙江八一农垦大学自主研发设计的气相旋转管壳式换热器样机。该气相旋转管壳式换热器结构如图 6-37 所示，壳程内侧焊有螺旋叶片，在齿轮的带动下进行旋转工作。为减小气体在换热器壳程内流动过程中热能量的损失，在换热器壳体外侧有 3cm 厚保温岩棉。

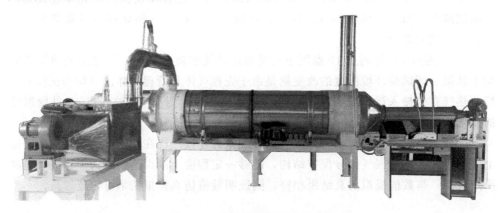

图 6-37　气相旋转管壳式换热器

（3）流体系统

① 冷风系统。试验中，冷风系统主要由风机、气相旋转管壳式换热器、风速传感器、流量传感器、压力传感器、温度传感器等组成。风机采用型号为 DF-1.6-1 的低噪声离心式鼓风机，参数如表 6-13 所示。冷风流动过程为：在数据采集平台上，设置冷风入口风速，启动风机，冷风流入旋转管壳式换热器列管内，在换热器内被加热后，从列管流出。

表 6-13　DF-1.6-1 低噪声离心式鼓风机

电压	频率	功率	转速	流量
380V	50Hz	250W	2800r/min	504m³/h

② 热风系统。试验中，热风系统由鼓风机、热风炉、管道、速度传感器、温度传感器、流量传感器、压力传感器等组成，其中鼓风机采用和冷风系统相同的 DF-1.6-1 型低噪声离心式鼓风机。为防止热量的损失，在热风炉与换热器之间的管道上加有保温棉。热风流动过程为：设定热风温度、热风风速，启动风机和热风炉，空气进入热风炉进行加热，流入管道，流经温度传感器和速度传感器后进入换热器壳程，与管程内的冷风进行热量交换后，转换成高温净洁热空气排出换热器。

（4）数据采集系统

试验过程中需要采集冷热风的风速、进出口温度、进出口压力差及换热器在工作过程中的转速。因此，数据采集系统包括风速测控系统、温度测控系统、压力测控系统及转速控制系统。

① 进、出口风速测控系统。进、出口风速测控系统都采用型号为 AV104X-3-10-10-X-10-4 的风速传感器对冷、热风的进、出口进行测量，量程为 0～10m/s（最小可测风速为 0.4m/s），输出为 4～20mA，精度为 3%FS，工作温度为 0～200℃。

② 温度测控系统。采用 WZP-230 型铂金电阻温度传感器测量换热器进、出口气体温度，其测量精度为 A 级，测量范围为 −50～200℃，

③ 压力测控系统。流体进出口压差的测量采用 MS-122-LCD 型压差变送器，量程为 0～100Pa，精度为 ±0.1%，压力差的变化可直接从数显表中读出。

④ 转速控制系统。带动换热器外壳进行旋转的电动机采用型号为 YS90S-4 的三相异步电动机，功率为 1.1kW。

搭建好的气相旋转管壳式换热器试验台如图 6-38 所示。

二、换热器壳程传热性能的试验研究

1. 研究方法

气相旋转管壳式换热器流动传热过程中，壳程热风与管程冷风呈逆流状态。试验中，根据东北初冬季节时，换热器通常在保温室下工作，且保温室内温度通常在 5～10℃，因此控制室内温度为 7℃ 时进行试验。本文针对壳程温度在定温条件下时，壳程的传热性能进行研究，因此选择改变热风风速及壳程转速来研究气相旋转管壳式换热器的传热性能及流动阻力。

试验中，设定管程冷风风速为 3.5m/s，壳程热风温度为 100℃，换热器分别取 5r/min、10r/min、15r/min、20r/min、25r/min 五个转速，热风风速取 2m/s、

图 6-38　气相旋转管壳式换热器试验台

3m/s、4m/s、5m/s、6m/s、7m/s、8m/s、9m/s、10m/s，每组试验重复 5 次。

2. 试验步骤

① 试验前准备：检查各管路连接情况，无泄漏情况；试验用电供应正常，合上总开关，打开控制柜电源，打开计算机，进入实时监控界面。

② 打开冷风入口处鼓风机，向换热器列管内输送冷风，确认入口风速为 7℃，上下浮动不可超过 1℃，设定入口风速为 3.5m/s；打开热风炉，设定温度为 100℃，为后面试验做准备。当列管进出口风速值稳定，热风炉温度达到 100℃时，开始试验。

③ 根据试验设计，设置热风进口风速为 2m/s、3m/s、4m/s、5m/s、6m/s、7m/s、8m/s、9m/s、10m/s，设置换热器壳体转速为 5r/min、10r/min、15r/min、20r/min、25r/min。

④ 在监控界面上实时监测冷热流体进出口温度、风速及压力差，待数据稳定后，进行数据采集。每组试验取 5 次结果，最后取 5 次结果的平均值。

⑤ 试验数据采集结束后，关闭热风鼓风机及热风炉，冷风鼓风机继续工作；热风出口温度降至 10℃时，将壳体转速调为 0r/min，关闭冷风鼓风机，退出监控界面，关闭计算机，关闭控制柜电源，断开总开关。

3. 数据处理

（1）换热量的计算

由牛顿冷却定律可知壳程热风换热量为：

$$Q_r = c_r q_m (t_2 - t_1) \tag{6-34}$$

式中　Q_r——换热量，kJ/h；

　　　c_r——热流体比热容，m³/kg；

q_m——质量流量，m^3/h；

t_1，t_2——壳程热流体进、出口温度，$℃$。

其中，热流体比热容 c_r、热流体密度 ρ_r 可从空气物理特性表查得；质量流量 q_{rv}，壳程热流体进出口温度 t_1、t_2 由试验测得。

（2）对数平均温差的计算

壳程平均温差的计算采用对数平均温差法：

$$\Delta t_m = \frac{\Delta t_{max} - \Delta t_{min}}{\ln \dfrac{\Delta t_{max}}{\Delta t_{min}}} \tag{6-35}$$

$$\Delta t_{max} = t_r' - t_1'' \tag{6-36}$$

$$\Delta t_{min} = t_r'' - t_1' \tag{6-37}$$

式中　t_1'——冷风入口温度，$℃$；

$\qquad t_1''$——冷风出口温度，$℃$；

$\qquad t_r'$——热风入口温度，$℃$；

$\qquad t_r''$——热风出口温度，$℃$；

$\quad \Delta t_{max}$——最大温差，$℃$；

$\quad \Delta t_{min}$——最小温差，$℃$。

（3）努塞尔数的计算

对流换热系数：

$$h = \frac{\dfrac{Q_r}{A}}{\Delta t_m} \tag{6-38}$$

式中　A——换热面积，m^2。

努塞尔数：

$$Nu = \frac{hd}{\lambda} \tag{6-39}$$

式中　d——当量直径，mm；

$\qquad \lambda$——流体热导率，$W/(m \cdot K)$。

（4）壳程阻力系数的计算

$$f = \frac{\Delta p}{\dfrac{1}{2}\rho v^2} d \tag{6-40}$$

式中　Δp——壳程压降，MPa；

$\qquad \rho$——流体的密度，kg/m^3；

$\qquad v$——流体的速度，m/s。

（5）雷诺数 Re

$$Re = \frac{\rho v d}{\mu} \tag{6-41}$$

式中　μ——流体的黏性系数，Pa·s。

　　测量物理量的方法有直接测量和间接测量。其中，间接测量结果是由直接测量结果组成的函数。在试验过程中，误差的来源有仪器精度、试验者以及环境等。误差是不可避免的，通过对各物理量进行试验仪器误差分析，对试验仪器的精度、误差的大小进行计算，确定测量结果的精度及准确性。假设直接测量得到物理量 x_1，$x_2,x_3,\cdots,x_n$，且 $x_1,x_2,x_3,\cdots,x_n$ 之间相互独立，互不影响，则间接测量的物理量 $y=f(x_1,x_2,x_3,\cdots,x_n)$。

　　y 的绝对误差：

$$\delta y=\pm\sqrt{\left(\frac{\partial f}{\partial x_1}\right)^2(\delta x_1)^2+\left(\frac{\partial f}{\partial x_2}\right)^2(\delta x_2)^2+\cdots+\left(\frac{\partial f}{\partial x_n}\right)^2(\delta x_n)^2} \qquad (6\text{-}42)$$

　　y 的相对误差：

$$E(\delta y)=\left|\frac{\delta y}{y}\right|=\sqrt{\left(\frac{\partial\ln f}{\partial x_1}\right)^2(\delta x_1)^2+\left(\frac{\partial\ln f}{\partial x_2}\right)^2(\delta x_2)^2+\cdots+\left(\frac{\partial\ln f}{\partial x_n}\right)^2(\delta x_n)^2}$$

$$(6\text{-}43)$$

　　(1) 换热量 Q 的误差分析

　　因此，换热量 Q_r 为间接测量结果，最大绝对误差为：

$$|\delta Q_r|=c_r\rho_r\sqrt{q_{rv}^2(\delta t_r')^2+q_{rv}^2(\delta t_r'')^2+(\delta v_r)^2(t_r''-t_r')^2} \qquad (6\text{-}44)$$

　　式中，$\delta t_r'$、$\delta t_r''$、δq_{rv}、δQ_r 分别为热风进口温度、出口温度、流速及换热量的最大误差。因此，换热量最大相对误差为：

$$E(\delta Q_r)_{max}=\left|\frac{\delta Q_r}{Q_r}\right|=\sqrt{\frac{(\delta t_2)^2+(\delta t_1)^2}{(t_r''-t_r')^2}+\left(\frac{\delta v_r}{v_r}\right)^2} \qquad (6\text{-}45)$$

　　根据仪器精度可知温度传感器的精度为 A 级，因此温度测量系统的最大绝对误差为 0.1℃，速度传感器的相对误差为 0.3%。

　　(2) 对数平均温差误差

　　根据上述相对误差计算方法可知 Δt_{max} 和 Δt_{min} 的最大相对误差为：

$$E[\delta(\Delta t_{max})]=\left|\frac{\delta(\Delta t_{max})}{\Delta t_{max}}\right|=\sqrt{\frac{(\delta t_r')^2+(\delta t_1'')^2}{(t_r'-t_1'')^2}} \qquad (6\text{-}46)$$

$$E[\delta(\Delta t_{min})]=\left|\frac{\delta(\Delta t_{min})}{\Delta t_{min}}\right|=\sqrt{\frac{(\delta t_r'')^2+(\delta t_1')^2}{(t_r''-t_1')^2}} \qquad (6\text{-}47)$$

　　因此，对数平均温差 Δt_m 的最大相对误差为：

$$E[\delta(\Delta t_m)]=\left|\frac{\delta(\Delta t_m)}{\Delta t_m}\right|$$

$$=\sqrt{\left(\frac{\Delta t_{max}}{\Delta t_{max}-\Delta t_{min}}-\frac{1}{\ln\dfrac{\Delta t_{max}}{\Delta t_{min}}}\right)^2\left(\frac{\delta(\Delta t_{max})}{\Delta t_{max}}\right)^2+\left(\frac{1}{\ln\dfrac{\Delta t_{max}}{\Delta t_{min}}}-\frac{\Delta t_{min}}{\Delta t_{max}-\Delta t_{min}}\right)^2\left(\frac{\delta(\Delta t_{min})}{\Delta t_{min}}\right)^2}$$

$$(6\text{-}48)$$

（3）努塞尔数 Nu 的误差

$$E(\delta Nu)=\left|\frac{\delta Nu}{Nu}\right|=\sqrt{\left(\frac{\delta h}{h}\right)^2}=\sqrt{\left(\frac{\delta Q}{Q}\right)^2+4\left(\frac{\delta \Delta t_m}{\Delta t_m}\right)} \qquad (6\text{-}49)$$

（4）壳程压降 Δp 的误差

根据压差变送器精度可知，压差相对误差为 0.1%。

根据上述计算方法，以壳程转速 10r/min 为例，对壳程温度为 100℃、管程温度为 7℃、管程风速为 3.5m/s 时换热量 Q、对数平均温差 Δt_m、努塞尔数 Nu、壳程压降 Δp 的最大试验误差进行计算，结果如表 6-14 所示。

表 6-14　壳程相关物理量最大试验误差

入口风速/(m/s)	Q/%	Δt_m/%	Nu/%	Δp/%
2	0.015	0.006	0.019	0.1%
3	0.011	0.005	0.017	0.1%
4	0.008	0.005	0.016	0.1%
5	0.006	0.004	0.014	0.1%
6	0.006	0.002	0.013	0.1%

可知各物理量试验误差均小于 0.1%，试验结果精度高，因此试验结果可信。

4. 结果分析

试验结果如表 6-15 所示。

表 6-15　试验结果

壳体转速对努塞尔数 Nu 的影响						
雷诺数 Re	热风风速/(m/s)	壳体转速/(r/min)				
		5	10	15	20	25
12095	2	89.145	91.292	105.332	110.575	116.153
18142	3	108.190	110.482	111.632	119.620	120.923
24190	4	121.437	126.667	129.471	127.341	130.602
30237	5	134.219	135.904	138.979	140.187	145.809
36284	6	146.240	147.086	147.294	149.617	155.063
42332	7	162.418	159.174	162.602	165.058	168.265
48380	8	170.259	171.232	173.860	172.613	171.763
54427	9	176.267	179.833	181.021	182.662	183.922
60474	10	186.392	188.095	189.310	190.740	191.982

雷诺数 Re	热风风速 /(m/s)	壳体转速/(r/min)				
		5	10	15	20	25
12095	2	4.7	4.5	4.4	4.3	4.5
18142	3	10.2	9.5	9.4	9.3	10.8
24190	4	17.0	16.6	16.4	16.5	16.4
30237	5	25.8	25.4	25.1	24.8	24.8
36284	6	36.9	36.3	36.0	35.9	35.7
42332	7	47.8	46.5	46.4	50.9	51.0
48380	8	63.1	62.2	61.8	62.3	62.8
54427	9	79.7	78.3	77.9	78.9	79.1
60474	10	96.7	96.5	95.8	95.7	95.7

壳体转速对壳程压降 Δp 的影响

运用 SPSS 软件对试验数据进行处理,由表 6-16 可知,壳程转速 N 及雷诺数 Re 对努塞尔数 Nu 的影响显著性检验均小于 0.05,说明壳程转速及雷诺数 Re 对努塞尔数 Nu 的影响显著;壳程转速 N 对壳程压降的影响显著性检验 Sig. = 0.147>0.05,雷诺数 Re 对壳程压降的影响显著性检验小于 0.05,说明雷诺数 Re 对壳程压降的影响显著,转速对壳程压降影响不显著。

表 6-16　试验结果显著性检验

对壳程努塞尔数的影响

源	Ⅲ类平方和	自由度	均方	F	显著性
修正模型	37182.257[a]	12	3098.521	245.261	0.000
截距	1030359.65	1	1030359.65	89904.969	0.000
转速	612.996	4	153.249	12.130	0.000
雷诺数	36569.261	8	4571.158	361.826	0.000
误差	404.274	32	12.634		
总计	1067945.596	45			
修正后总计	37586.531	44			

对壳程压降的影响

源	Ⅲ类平方和	自由度	均方	F	显著性
修正模型	40720.341[a]	12	3393.362	4773.686	0.000
截距	79405.202	1	79405.202	111705.018	0.000
转速	5.697	4	1.424	2.004	0.118
雷诺数	40714.644	8	5089.331	7159.528	0.000

续表

源	Ⅲ类平方和	自由度	均方	F	显著性
误差	22.747	32	0.711		
总计	120148.290	45			
修正后总计	40743.088	44			

注：a 表示 $R^2=0.999$（调整后 $R^2=0.999$）。

对试验结果进行拟合，绘制曲线。由图 6-39 可知，在转速一定的情况下，壳程努塞尔数 Nu 随着雷诺数 Re（即壳程烟气的风速）增大而增大；由变化曲线可知，近似呈指数型函数增长。同时，壳程压降 Δp 也随着雷诺数 Re（即壳程烟气的风速）的增大而增大。

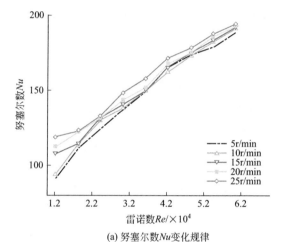

(a) 努塞尔数 Nu 变化规律

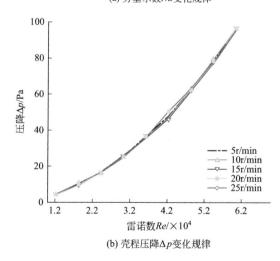

(b) 壳程压降 Δp 变化规律

图 6-39　试验结果曲线图

三、气相旋转管壳式换热器的运动参数研究

根据表 6-16 可知，以空气为工作介质，确定壳程热风温度为 100℃条件下影响气相旋转管壳式换热器壳程努塞尔数 Nu 的主要因素为：壳程雷诺数 Re 和壳程转速 N。因此，根据试验数据表 6-15，在冷风温度为 7℃，冷风风速为 3.5m/s，壳程热风温度为 100℃，热风风速在 2～10m/s，壳程转速为 5～25r/min 工况下，拟合壳程努塞尔数 Nu 关联式。

1. 换热器壳程努塞尔数 Nu 关联式

根据试验数据表 6-16，在定温（既壳程热风温度为 100℃）条件下，气相旋转管壳式换热器的外壳转速 N 对壳程努塞尔数 Nu 影响显著。以外壳转速 N 和雷诺数 Re 为影响因素，运用 SPSS 软件，绘制 3D-散点图，如图 6-40 所示。

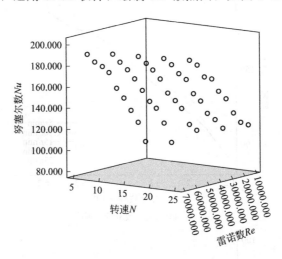

图 6-40　3D-散点图

根据散点图的分布，确认努塞尔数 Nu 与雷诺数 Re 和转速 N 线性相关。设努塞尔数 Nu 为 Y，雷诺数 Re 为 X_1，转速 N 为 X_2，得到壳侧努塞尔数 Nu 方程的拟合形式：

$$Y = aX_1 + bX_2 + c \qquad (6\text{-}50)$$

运用 SPSS 软件对试验数据表 6-16 进行数据处理，进行多元线性回归分析，拟合到方程式：

$$Y = 0.002X_1 + 0.519X_2 + 77.468 \qquad (6\text{-}51)$$

在统计学中，R 为多元相关系数，R^2 为模型拟合度，当 R^2 越接近 1 时，说明模型与观测值的拟合程度越好。调整后 R^2 比 R^2 在评价模型拟合度上更为严格。努塞尔数 Nu 的回归统计相关参数如表 6-17 所示。表示拟合的努塞尔数 Nu 回归方程与原始数据间的拟合度：努塞尔数 Nu 的调整 R^2 为 0.983，也就是拟合的努塞

尔数 Nu 回归方程对原始数据的反应程度为 98.3%，说明努塞尔数 Nu 回归方程的拟合程度好。

表 6-17　回归统计相关参数

模型	R	R^2	调整后 R^2	标准估算的误差	德宾-沃森
1	0.992	0.984	0.983	3.828006	1.433

预测变量：雷诺数，转速；因变量：努塞尔数。根据公式(6-51)，运用 MATLAB 软件对壳程雷诺数 Re 和气相旋转管壳式换热器外壳转速 N 对努塞尔数 Nu 的影响进行响应面分析，如图 6-41 所示。

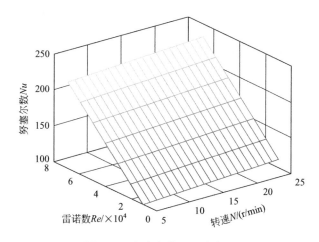

图 6-41　努塞尔数 Nu 响应面

运用 MATLAB 软件分析式(6-51)在定义域 $X_1 \in [12095, 60474]$，$X_2 \in [5, 25]$ 内的最大值：$X_1 = 60474$，$X_2 = 25\text{r/min}$ 时，$Y_{\max} = 211.391$，$Re = 60474$，$N = 25\text{r/min}$，$Nu_{\max} = 211.391$。

2. 气相旋转管壳式换热器关联式的拟合

目前，许多学者针对不同结构的列管式换热器在不同工况下的壳程努塞尔数关联式进行了拟合。由于气相旋转管壳式换热器为黑龙江八一农垦大学自主研发设计，暂无对此换热器关联式的拟合。已确定在定温（壳程热风温度 100℃）条件下，壳程努塞尔数 Nu 最大时，气相旋转管壳式换热器的转速为 25r/min。

在壳程热风温度 100℃下，以转速为 25r/min 的气相旋转管壳式换热器壳程传热系数 h 为研究目标，应用量纲分析法，导出其有关的无量纲量：

$$h = f(v, d, \lambda, \mu, \rho) \tag{6-52}$$

以上 6 个物理量的量纲均由时间量纲 T、长度量纲 L、质量量纲 M 和温度量纲 Θ 这 4 个基本量的量纲组成，即 $n = 6$、$m = 4$，因此，可以组成 2 个无量纲量。

取 υ、d、λ、μ 为基本物理量，将基本量依次与剩余各量组成无量纲量，用 π 表示：

$$\pi_1 = h\upsilon^{a_1}d^{b_1}\lambda^{c_1}\mu^{d_1} \tag{6-53}$$

$$\pi_2 = \rho\upsilon^{a_2}d^{b_2}\lambda^{c_2}\mu^{d_2} \tag{6-54}$$

π_1、π_2 各物理量的量纲：

$$\dim h = M\Theta^{-1}T^{-3}, \dim\rho = ML^{-3}$$

$$\dim\upsilon = LT^{-1}, \dim d = L$$

$$\dim\lambda = ML\Theta^{-1}T^{-3}, \dim\mu = ML^{-1}T^{-1}$$

将上述结果分别带入式(6-53)、式(6-54)，整理得：

$$\dim\pi_1 = L^{a_1+b_1+c_1-d_1}M^{c_1+d_1+1}\Theta^{-1-c_1}T^{-a_1-d_1-3c_1-3} \tag{6-55}$$

$$\dim\pi_2 = L^{-3+a_2+b_2+c_2-d_2}M^{1+c_2+d_2}\Theta^{-c_2}T^{-a-3c_2-d_2} \tag{6-56}$$

根据量纲和谐原理，并对方程组求解得：

$$\begin{cases} a_1+b_1+c_1-d_1=0 \\ c_1+d_1+l_1=0 \\ -l-c_1=0 \\ -a_1-d_1-3c_1-3=0 \end{cases} \Rightarrow \begin{cases} a_1=0 \\ b_1=1 \\ c_1=-1 \\ d_1=0 \end{cases} \tag{6-57}$$

$$\begin{cases} a_2+b_2+c_2-d_2-3=0 \\ c_2+d_2+1=0 \\ -c_2=0 \\ -a_2-d_2-3c_2=0 \end{cases} \Rightarrow \begin{cases} a_2=1 \\ b_2=1 \\ c_2=0 \\ d_2=-1 \end{cases} \tag{6-58}$$

将式(6-57) 和式(6-58) 结果代入到式(6-53) 和式(6-54) 中，得：

$$\pi_1 = h\upsilon^0 d\lambda^{-1}\mu^0 = \frac{hd}{\lambda} = Nu$$

$$\pi_2 = \rho\upsilon d\lambda^0\mu^{-1} = \frac{\rho\upsilon d}{\mu} = Re$$

因此，式(6-52) 可转化为：

$$Nu = f(Re) \tag{6-59}$$

综上所述可知，在定温、定转速条件下，壳程努塞尔数 Nu 与雷诺数 Re 相关，且根据表 6-16 也证明了这一点。壳程努塞尔数 Nu 的试验关联式是一种经验式，在对流传热的研究中，已定准则的幂函数形式整理相关试验数据的方法使用较为广泛，因此选取的努塞尔数 Nu 的关联式形式为：

$$Nu = CRe^n \tag{6-60}$$

将关联式进行对数化，从而将其转化为多元线性回归，得到关联式

$$\ln Nu = \ln C + n\ln Re \tag{6-61}$$

通过利用 SPSS 数据处理软件对表 6-15 中，25r/min 气相旋转管壳式换热器壳

程努塞尔数 Nu 进行多元线性回归分析，拟合到努塞尔数的关联式

$$Nu = 5.083Re^{0.329} \qquad (6\text{-}62)$$

由表 6-18 可知，$\ln Nu$ 的调整后 R^2 为 0.957，表示拟合的努塞尔数 Nu 关联式与原始数据的反应程度为 95.7%，说明努塞尔数 Nu 关联式的拟合程度好。

表 6-18 回归统计

项目	R	R^2	调整后 R^2	标准估算的误差	德宾-沃森
$\ln Nu$	0.981[a]	0.963	0.957	0.03718	1.413

四、总结

以气相旋转管壳式换热器壳程为研究对象，以确定换热器转速为试验目的，确定试验装置与流程，根据现有的试验条件，搭建气相旋转管壳式换热器试验测试平台，确定壳程传热性能的试验方案，进行换热器运动参数的试验研究。试验过程中保证管程的冷空气温度为 7℃，入口风速为 3.5m/s 及热风温度为 100℃不变，通过改变热风风速及换热器转速进行试验，研究转速对换热器传热性能的影响。对试验结果进行分析，得到以下主要结论：

① 试验过程中，管程试验参数保持不变，热风温度不变保持在 100℃，转速为 10r/min，改变热风风速，对壳程进行试验，并对试验仪器进行了误差计算，换热量、对数平均温差、努塞尔数、壳程压降的最大试验误差均小于 0.1，认为该试验结果可靠。

② 壳程雷诺数 Re 和气相旋转管壳式换热器外壳转速 N 对努塞尔数 Nu 影响显著，壳程雷诺数 Re 对壳程压降 Δp 影响显著，转速 N 对壳程压降 Δp 影响不显著，拟合得到努塞尔数方程 $Y = 0.002X_1 + 0.519X_2 + 77.468$，对原始数据的反应程度为 98.3%，确定 $Re = 60474$，$N = 25$r/min，$Nu_{max} = 211.391$。

③ 外壳转速 $N = 25$r/min、热风温度 100℃条件下，拟合努塞尔数 Nu 的关联式，$Nu = 5.083Re^{0.329}$；并根据数据进行了拟合度检验，拟合的努塞尔数 Nu 关联式对原始数据的反应程度为 95.7%，说明 Nu 关联式的拟合程度好。

第五节 气相旋转管壳式换热器数值模拟研究

一、气相旋转管壳式换热器数值模型的建立与验证

目前，国内外学者利用数值模拟的方法对换热器的传热性能进行了分析。在这些数值模拟研究中，针对研究对象进行模型简化。本节对气相旋转管壳式换热器的模型进行简化，根据其工作原理，保留其原有的主要结构。通过 FLUENT 对气相

旋转管壳式换热器和管壳式换热器进行数值模拟计算，得到温度场、流场和压力场，并进行对比分析。

1. 物理模型的建立

气相旋转管壳式换热器主要由烟气进出口、旋转叶片机构、冷气进出口、列管、电动机、驱动齿轮和被动齿轮组成，如图 6-42 所示。其中，壳程旋转叶片机构主要由壳体和螺旋叶片组成，管程有 48 根列管呈正三角形排列。

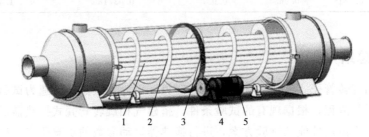

图 6-42　气相旋转管壳式换热器

1—导热管；2—旋转叶片机构；3—被动齿轮；4—驱动齿轮；5—电动机

根据气相旋转管壳式换热器的实际情况，为便于有限元分析，对换热器模型进行简化。根据表 6-1 气相旋转管壳式换热器的结构参数，运用 SolidWorks 软件，建立气相旋转管壳式换热器的简化模型，如图 6-43 所示。

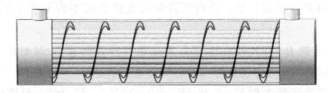

图 6-43　气相旋转管壳式换热器的简化模型

2. 数学模型的建立

（1）控制方程

流体流动传热需遵循质量守恒定律、动量守恒定律和能量守恒定律。气相旋转管壳式换热器流体的流动状态处于湍流状态，还要遵循湍流运输方程。旋转管壳式换热器壳程烟气的流动状态为稳态湍流。对应的控制方程如下：

质量守恒方程：

$$\frac{\partial u}{\partial x}+\frac{\partial u}{\partial y}+\frac{\partial u}{\partial z}=0 \tag{6-63}$$

动量守恒方程：

$$X\text{ 方向：}\rho\left(\frac{\partial u}{\partial \tau}+u\ \frac{\partial u}{\partial x}+v\ \frac{\partial u}{\partial y}+w\ \frac{\partial u}{\partial z}\right)=X-\frac{\partial p}{\partial x}+\frac{\partial \tau_{xx}}{\partial x}+\frac{\partial \tau_{yx}}{\partial y}+\frac{\partial \tau_{zx}}{\partial z} \tag{6-64}$$

$$Y\ 方向：\quad \rho\left(\frac{\partial v}{\partial \tau}+u\frac{\partial v}{\partial x}+v\frac{\partial v}{\partial y}+w\frac{\partial v}{\partial z}\right)=Y-\frac{\partial p}{\partial y}+\frac{\partial \tau_{xy}}{\partial x}+\frac{\partial \tau_{yy}}{\partial y}+\frac{\partial \tau_{zy}}{\partial z} \quad (6\text{-}65)$$

$$Z\ 方向：\quad \rho\left(\frac{\partial w}{\partial \tau}+u\frac{\partial w}{\partial x}+v\frac{\partial w}{\partial y}+w\frac{\partial w}{\partial z}\right)=Z-\frac{\partial p}{\partial z}+\frac{\partial \tau_{xz}}{\partial x}+\frac{\partial \tau_{yz}}{\partial y}+\frac{\partial \tau_{zz}}{\partial z} \quad (6\text{-}66)$$

式中　u,v,w——分别为速度矢量在直角坐标轴 x、y、z 方向上的分量；

ρ——流体密度；

p——流体微团的压力；

X,Y,Z——流体微团 x、y、z 三个方向上的分力。

能量守恒方程：

$$\rho c_p\left(\frac{\partial t}{\partial \tau}+u\frac{\partial t}{\partial x}+v\frac{\partial t}{\partial y}+w\frac{\partial t}{\partial z}\right)=\lambda\left(\frac{\partial^2 t}{\partial x^2}+\frac{\partial^2 t}{\partial y^2}+\frac{\partial^2 t}{\partial z^2}\right) \quad (6\text{-}67)$$

（2）湍流模型

在速度变化的区域中有湍流现象，使流体介质之间产生了动量和能量的传递，同时浓度也产生了变化，引起了数量的波动。这些波动是一种高频小尺寸波动，实际计算过程中直接模拟会产生巨大的计算量，因此引入湍流模型对其进行简化。FLUENT 软件中提供的湍流模型包括：Spalart-Allmaras 模型、k-ε 模型以及 k-ω 模型。

① Spalart-Allmaras 模型。该模型仅有一组方程，忽略了和剪应力层厚度相关的长度尺度，减小了计算量，适用于低雷诺数模型。因此，在对计算精度要求不高时，可选择 Spalart-Allmaras 模型。

② k-ε 模型。最简单完整的湍流模型是从实验现象中总结而来的，是个半经验公式，由两个方程模型组成，对速度和长度尺度两个变量进行求解。其中，在工程流场计算中，标准 k-ε 模型应用最为广泛。

③ k-ω 模型。标准 k-ω 模型适用于在低雷诺数、可压缩性和剪切流的条件下，预测多种自由剪切流的传播速率，如尾流、混合流动、平板绕流、圆柱绕流等，可用于墙壁束缚流动和自由剪切流动。

一般在选择模型时，主要从是否为可压缩流动、精度要求、计算机的硬件水平、时间期限这四个方面进行判断，除此之外还可以选择在前人研究的基础上进行判断。k-ε 模型可以更好地处理高应变率及流线弯曲程度较大的流动，对螺旋折流板换热器而言比较合适，因此本文采用 k-ε 模型。k-ε 模型如下：

$$\frac{\partial(\rho k)}{\partial t}+\frac{\partial(\rho k u_i)}{\partial x_i}=\frac{\partial}{\partial x_j}\left[\left(\mu+\frac{\mu_t}{\sigma_k}\right)\frac{\partial k}{\partial x_j}\right]+G_k+G_b-\rho\varepsilon-Y_M+S_k \quad (6\text{-}68)$$

$$\frac{\partial(\rho \varepsilon)}{\partial t}+\frac{\partial(\rho \varepsilon u_i)}{\partial x_i}=\frac{\partial}{\partial x_j}\left[\left(\mu+\frac{\mu_t}{\sigma_\varepsilon}\right)\frac{\partial \varepsilon}{\partial x_j}\right]+\frac{C_{1\varepsilon}\varepsilon}{k}(G_k+C_{3\varepsilon}G_b)-C_{2\varepsilon}\rho\frac{\varepsilon^2}{k}+S_\varepsilon$$

$$(6\text{-}69)$$

在该式中湍流动能 k 为：

$$k = \frac{\overline{u_i' u_i'}}{2} \tag{6-70}$$

湍动耗散率 ε 为：

$$\varepsilon = \frac{\mu}{\rho} \overline{\left(\frac{\partial u_i'}{\partial x_k}\right)\left(\frac{\partial u_i'}{\partial x_k}\right)} \tag{6-71}$$

湍流黏度 μ_t 可以表示成 k 和 ε 的函数，即：

$$\mu_t = \rho C_\mu \frac{k^2}{\varepsilon} \tag{6-72}$$

3. 网格划分及独立性检验

利用 ANSYS ICEM 对几何模型进行网格划分，由于计算模型几何形状复杂，因此采用四面体网格进行划分。为消除网格数量对计算结果的影响，对网格进行独立性检验。对模型划分了五组网格，分别为 223 万、391 万、436 万、551 万、610 万。对壳程计算结果进行独立性检验，如图 6-44 所示，随着网格数量的增多，Nu 越来越大。当网格数量从 223 万增长到 551 万时，Nu 的数值变化开始变小，各点的增长率依次为 7.91%、3.92%、7.92%、1.58%，因此壳程的数值计算网格数量不得少于 551 万。由于 551 万与 610 万网格增长小，综合考虑计算条件，确定网格数量为 551 万，并在此条件下进行数值模拟。

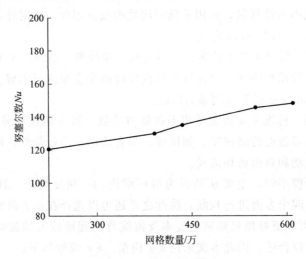

图 6-44　网格独立性检验

4. 边界条件及求解器设置

根据气相旋转管壳式换热器的工作原理及实际工况，确定壳程走热空气，管程走冷气，确定边界条件。

（1）入口边界设置

壳程流体为不可压缩流体，在入口处采用速度入口边界条件。给定冷风流速、温度及相应的湍流条件，与试验工况一致，热空气温度为100℃，入口流速为2～10m/s。速度方向垂直于入口边界。

管程流体为不可压缩流体，在入口处采用速度入口边界条件。给定热风流速温度及相应的湍流条件与试验工况一致，冷空气温度为7℃，入口流速为3.5m/s。速度方向垂直于入口边界。空气流体物理性质如表6-19所示。

表6-19 空气流体物理性质表

项目	密度 ρ /(kg/m³)	比定压热容 c_p/[J/(kg·K)]	热导率 λ/[10^{-2}W /(m·K)]	动力黏度 μ /10^{-5}Pa·s	运动黏度 ν	普朗特数 Pr
热空气	0.972	1.009	3.207	2.19	23.13	0.695
冷空气	1.2608	1.005	2.48	1.755	13.896	0.708

（2）出口边界设置

废气出口与换热气体出口均采用压力出口边界条件，出口处平均静压为0Pa。

（3）壁面边界条件设置

假定螺旋叶片与换热器壳体内壁紧密结合无缝隙，不会有流体通过，旋转机构为壳程流体域外壁，因此外壁设置为无渗漏转动壁面，转速为25r/min。其余均为无滑移不可渗透壁面，且换热管壁温恒定。壳体内壁面与螺旋叶片壁面设置为绝热边界条件，忽略了换热器壳体与外界环境之间的换热以及螺旋叶片的导热。

（4）求解器设置

SIMPLE算法是一种计算不可压流场的主要方法，并且在计算流体力学及传热学界得到了广泛的应用。因此，该数值模型的计算采用SIMPLE算法，分离变量法因式求解，保证收敛的稳定性，采用二阶迎风格式，控制残差在10^{-4}。

5. 试验验证

该试验目的是验证数值模拟的可靠性，已确定换热器的转速为25r/min，且研究对象为壳程的传热性能，因此保证管程的参数不变，选择前文中转速为25r/min时，壳程流速为自变量的试验结果，并将其结果与数值模拟结果进行对比。

（1）实验设计

气相旋转管壳式换热器流动传热过程中，冷空气和热烟气成逆流状态。根据上述章节，选择25r/min时的试验参数与结果，控制壳程冷气入口风速为3.5m/s，温度为7℃，如表6-20所示。

（2）结果分析与验证

壳程试验结果与模拟结果如表6-21。

表 6-20 转速为 25r/min 时壳程试验参数与结果

流速/(m/s)	进口温度/℃	压降/Pa	努塞尔数
2.0	100	4.5	119.025
3.0	100	10.8	123.31
4.0	100	16.4	133.459
5.0	100	24.8	148.762
6.0	100	35.7	157.899
7.0	100	51	171.091
8.0	100	62.8	174.681
9.0	100	79.1	187.937
10.0	100	95.7	194.212

表 6-21 壳程试验结果与模拟结果

流速/(m/s)	进口温度/℃	压降/Pa		努塞尔数	
		试验值	模拟值	试验值	模拟值
2.0	100	4.5	4.1	119.025	116.153
3.0	100	10.8	10.2	123.31	119.923
4.0	100	16.4	15.8	133.459	130.602
5.0	100	24.8	24.1	148.762	145.809
6.0	100	35.7	35.1	157.899	153.063
7.0	100	51	49.5	171.091	167.865
8.0	100	62.8	61.9	174.681	171.763
9.0	100	79.1	77.4	187.937	183.922
10.0	100	95.7	93.8	194.212	191.982

图 6-45 为 25r/min 壳程数值模拟与试验结果对比拟合的曲线图，可知：模拟结果与试验结果的变化趋势相同。由壳程试验结果与模拟结果的相对误差表（表 6-22）可知：管程介质冷风速度为 3.5m/s，温度为 7℃，壳程介质为 100℃热风，风速为 2～10m/s 时，壳程压降 Δp 试验值与模拟值的绝对误差为 0.4～0.9，相对误差在 1.4%～8.9%；努塞尔数 Nu 试验值与模拟值的绝对误差为 2.230～4.836，相对误差为 1.15%～3.06%。

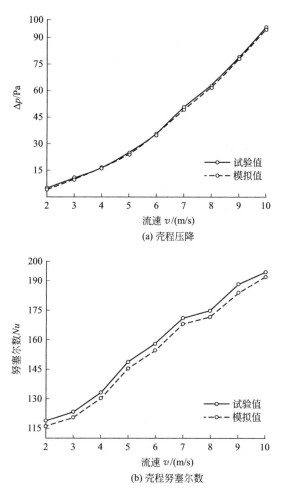

(a) 壳程压降

(b) 壳程努塞尔数

图 6-45　25r/min 壳程数值模拟与试验结果对比

表 6-22　壳程试验结果与模拟结果相对误差表

流速/(m/s)	进口温度/℃	压降/Pa		努塞尔数	
		绝对误差	相对误差	绝对误差	相对误差
2.0	100	0.4	8.9%	2.872	2.41%
3.0	100	0.6	5.6%	3.387	2.74%
4.0	100	0.6	3.7%	3.157	2.36%
5.0	100	0.7	2.8%	2.953	1.98%
6.0	100	0.6	1.7%	4.836	3.06%
7.0	100	0.6	2.9%	3.226	1.88%
8.0	100	0.5	1.4%	2.918	1.67%
9.0	100	0.7	2.1%	4.015	2.13%
10.0	100	0.9	2.0%	2.230	1.15%

综上所述，由于几何模型由原机模型简化得到，且避免温度恒定，根据以上结果比较，壳程与管程的压降 Δp 与努塞尔数 Nu 的试验结果和模拟结果吻合度较好，则气相旋转管壳式换热器阻力性能与传热性能的模型建立可靠，求解方法可行，模拟结果可用来进行理论分析。

6. 总结

本节根据测试对象，建立了 $1:1$ 气相旋转管壳式换热器壳程与管程模型，阐述了计算模型的选择与网格的划分方法，选择了最佳的网格，设置了边界条件；换热器转速为 25r/min，管程冷风入口风速为 3.5m/s，温度为 $7℃$，壳程热风入口风速为 $2\sim10\text{m/s}$，温度为 $100℃$。在相同工况下，以壳程压降 Δp 和努塞尔数 Nu 作为评价指标，对换热器壳程进行数值模拟，与 25r/min 时的试验结果比较并进行误差分析，得到努塞尔数 Nu 的相对误差为 $1.15\%\sim3.06\%$，壳程压降 Δp 相对误差在 $1.4\%\sim8.9\%$，说明试验结果与数值模拟的结果吻合度好，验证了气相旋转管壳式换热器数值模型的可靠性，确定了气相旋转管壳式换热器的数值计算模型，可基于此模型进行进一步的理论分析。

二、气相旋转管壳式换热器壳程数值模拟研究

根据已完成的气相旋转管壳式换热器几何模型的建立和模型边界条件的设定，将气相旋转管壳式换热器在 25r/min 和静止状态下换热器壳侧入口风速为 $2\sim10\text{m/s}$ 时，把换热性能的模拟结果以曲线及云图的方式表达出来，以方便比较不同运动状态下各参数的变化规律，对流场、温度场、压力场及综合性能进行比较、分析，研究气相旋转管壳式换热器在静止状态下与 25r/min 时壳侧压力降和换热的特点。

1. 流场分析

分别从流场的分布均匀性及壳程热空气动能损失的角度，对静止状态下和 25r/min 换热器的壳侧流场流线图及矢量图进行比较分析。

图 6-46 为壳侧热风入口风速 6m/s 时，静止状态下气相旋转管壳式换热器壳侧流动流线图。由图可知：壳侧流体刚进入壳侧时，在壳内壁上螺旋叶片作用下呈一小段螺旋运动，但随后大部分流线几乎与 X 轴平行，且速度低。这种现象是由于换热器的本身结构引起的，换热器的体积较大，且壳程的流速小，流体未按照壳侧螺旋叶片的结构做螺旋运动而直接流入下一螺距，造成流速的损失；同时使流体快速通过壳侧，无法进行充分换热，造成大量的热量损失。

图 6-47 为相同入口条件时，25r/min 气相旋转管壳式换热器壳侧流动流线图。由图可知：壳侧流体刚进入壳侧时，在壳程开始处，气体做螺旋运动的距离明显大于静止状态下螺旋运动的距离。这是因为壳程流体更充分地混合在壳程空间中，增

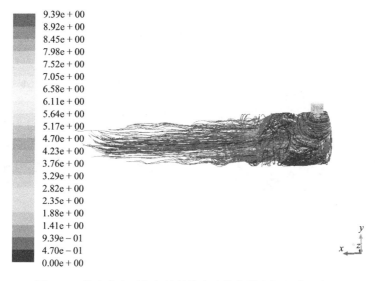

图 6-46　静止状态下气相旋转管壳式换热器壳侧流动流线图

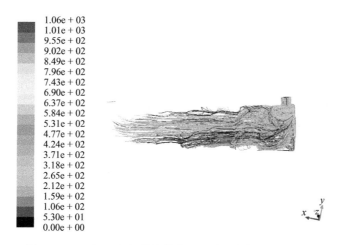

图 6-47　25r/min 气相旋转管壳式换热器壳侧流动流线图

大了换热量；同时延长了壳侧流体域管内流体的接触时间，减少了热量的损失。壳侧流体在扰流作用下，密集分布在管束外侧与壳壁之间，且壳程流体速度大于静止状态时换热器的壳程流体速度。

图 6-48 为气相旋转管壳式换热器壳侧的 X 截面流线图。由图可知：静止时，虽有螺旋叶片的作用，但壳侧烟气多积于壳侧，少有流体围绕在管侧；而 25r/min 时，壳侧烟气在旋转及螺旋叶片的作用下，壳侧烟气紧紧围绕在列管外侧，可清晰看到列管的排列，不存在明显的流动死区。因此，这也是气相旋转管壳式换热器较静止时换热器的优势特点。

图 6-49 为气相旋转管壳式换热器壳侧的 X 截面速度矢量图。由图可知：静止

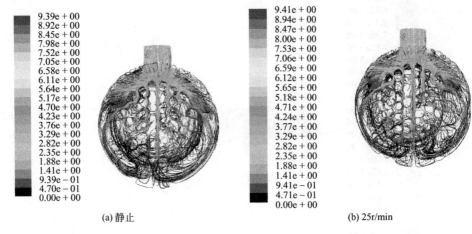

(a) 静止　　　　　　　　　　　　(b) 25r/min

图 6-48　气相旋转管壳式换热器壳侧 X 截面流线图

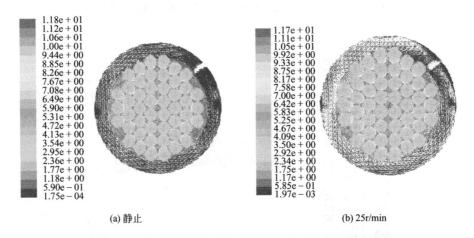

(a) 静止　　　　　　　　　　　　(b) 25r/min

图 6-49　气相旋转管壳式换热器壳侧 X 截面速度矢量图

时，旋转管壳式换热器截面上流体作逆时针流动，流速分布均匀，存在明显的三角区域，靠近三角区流体密集较其他区域变化较大，这是流体逐渐逼近三角区域漏流所致；换热管束外侧与壳壁之间有切向速度，但内侧管束几乎无切向流速，即很少有管束参与换热，这是对壳体空间热量的一种损失。25r/min 时，气相旋转管壳式换热器截面上流体总体呈逆时针流动，换热管束外侧与壳壁之间有切向速度，部分区域在旋转叶片的作用下形成扰流，流入内侧管束，使内侧管束外壁也具有切向速度，当流体触碰到壳程内壁时，在垂直流体主流方向上产生了回流，减少了能量的损失，使壳程湍流程度增强；存在三角区域，但不明显，同时逼近三角区域的流体变化程度较 0r/min 时小，说明换热器在 25r/min 时，逼近三角区域的流体漏流问题有所改善。

2. 温度场分析

图 6-50、图 6-51 分别为壳程热风进口风速 6m/s 时，25r/min 和静止状态下换热器壳侧 $Y=0$、$Z=0$ 的截面温度分布图。由图可知：25r/min 旋转管壳式换热器整体温度变化平稳，而静止状态下的换热器管束周围温度明显低于 25r/min 时，且中心轴线温度明显低于换热区域温度；这主要是三角区域的漏流导致的，流体未能对换热管进行冲刷，高温流体在壳程内的流动掺混不足，致使管内温度变化缓慢。

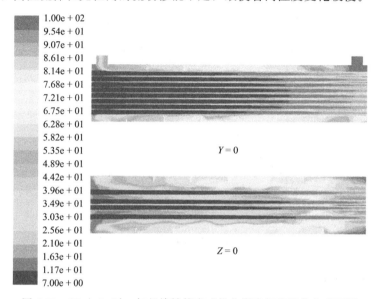

图 6-50　25r/min 时，气相旋转管壳式换热器壳侧温度分布截面图

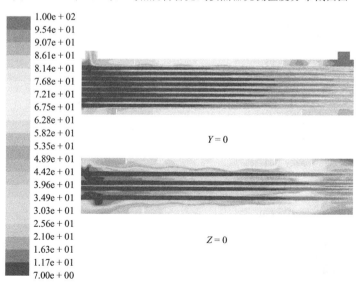

图 6-51　静止状态下气相旋转管壳式换热器壳侧温度分布截面图

通过 FLUENT 软件计算，对比分析在相同雷诺数 Re 范围内，25r/min 和静止状态下换热器壳程努塞尔数 Nu 的大小。图 6-52 为静止状态下和 25r/min 时旋转管壳式换热器各自努塞尔数 Nu 随雷诺数 Re 变化的曲线。由图可知：随着雷诺数的增加，两者的努塞尔数都随之增加；同时在相同的雷诺数条件下，25r/min 气相旋转管壳式换热器的努塞尔数 Nu 明显大于换热器处于静止状态时，说明 25r/min 时气相旋转管壳式换热器的壳程传热性能优于静止状态时。

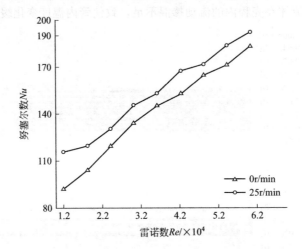

图 6-52　努塞尔数 Nu 随雷诺数 Re 变化关系

3. 压力场分析

图 6-53、图 6-54 分别为入口风速 6m/s 时，两种运动状态下换热器 $Y＝0$、

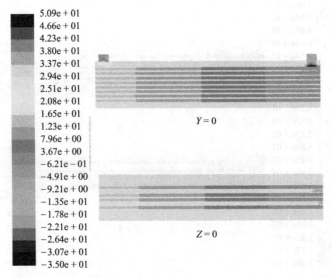

图 6-53　静止状态下气相旋转管壳式换热器壳侧压力分布截面图

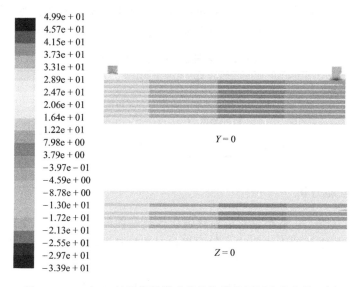

图 6-54　25r/min 气相旋转管壳式换热器壳侧压力分布截面图

$Z=0$ 截面的压力分布云图。通过对两图进行对比可知：静止状态时换热器壳程压力略大于 25r/min 时换热器的壳程压力，不过两种运动状态下的换热器，整体压力变化比较平缓，这是因为壳程大，风速较小；同时说明了在螺旋叶片及转速的作用下，壳程流体整体呈螺旋流动，且在螺旋叶片周围没有形成流动死区。

根据图 6-55 可知，随着雷诺数 Re 的增长，壳程压降呈曲线增长，两种运动状态下的换热器壳程压降几乎相同。因此运用 SPSS 软件采用配对样本 T 检验的方法对两种运动状态下的壳程压降进行分析，设 25r/min 的壳程压降为压降 a，静止状态下壳程压降为压降 b，结果如表 6-23 所示。置信区间为 95%，显著性为 0.108>

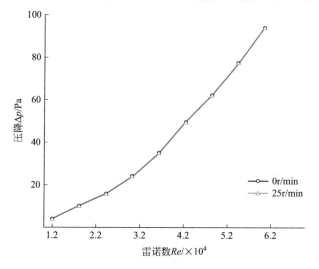

图 6-55　壳程压降 Δp 随雷诺数 Re 变化关系

0.05，说明 25r/min 条件下换热器的壳程压降与静止时相比无显著性差异，同时验证了壳体的转速对换热器壳程压降的影响不显著。

表 6-23   壳程压降配对样本检验

项目	配对差值					t	自由度	显著性（双尾）
	平均值	标准差	标准误差平均值	差值 95％置信区间				
				下限	上限			
压降 a-b	−0.13333	0.22074	0.07358	−0.30301	0.03634	−1.812	8	0.108

4. 综合性能分析

综合性能（PEC）是衡量对流换热强化传热性能的评价方法。现有的强化换热器中流体流动与传热的方式很多，但在强化对流换热的同时，流动阻力等功耗也得到了增加，这是强化传热中的不利因素且多数情况下流动阻力的增加是大于强化传热的。因此为了比较各种换热器的综合性能，需要一个评价指标，能涵盖这两种因素。

由于换热量和换热系数通常成正比，所以根据换热系数提高多少作为评价指标，即 h/h_0 作为评价指标；后又提出根据无量纲努塞尔数的变化作为评价指标，即 Nu/Nu_0 作为评价指标。目前，根据换热强化阻力系数的变化，针对等流量、等压降和等泵功的条件，分别提出了 $(Nu/Nu')/(f/f')$、$(Nu/Nu')/(f/f')^{1/2}$ 和 $(Nu/Nu')/(f/f')^{1/3}$ 是否大于 1 为评价准则，其值大于 1 表示强化表面能传递更多的热量。本文采用等流速（等流量及雷诺数 Re）情况下的热能因子作为换热器的综合性能评价标准，研究静止状态下和 25r/min 时气相旋转管壳式换热器的综合性能。

$$\text{PEC} = \frac{Nu/Nu'}{f/f'} \tag{6-73}$$

$$f = \frac{\Delta p}{\frac{1}{2}\rho v^2} d \tag{6-74}$$

若热能性因子大于 1，表示在相同流量下 25r/min 能够传递更多的热量，达到了强化换热的效果。该值越大，综合性能提高得越多。热性能因子对流量的变化如图 6-56 所示。在该段壳程流量范围内，热性能因子均大于 1，在 1.031～1.267 之间，说明 25r/min 气相旋转管壳式换热器的综合性能优于静止状态下气相旋转管壳式换热器的综合性能。

5. 总结

通过对静止和 25r/min 气相旋转管壳式换热器壳侧流场、温度场、压力场的流动和换热特性进行分析，得出：

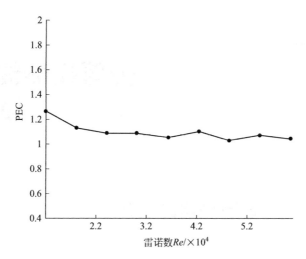

图 6-56　综合性能 PEC 随雷诺数 Re 变化关系

① 在壳程转速为 25r/min，壳侧流体刚进入壳侧时，在壳程开始处，气体做螺旋运动的距离明显大于换热器处于静止状态时，这时壳程流体更充分地混合在壳程空间中，增大了换热量，同时延长了壳侧流体域管内流体的接触时间，减少了热量的损失。

② 在旋转叶片的作用下形成扰流，流入内侧管束，使内侧管束外壁也具有切向速度；当流体触碰到壳程内壁时，在垂直流体主流方向上产生了回流，减少了能量的损失，使壳程湍流程度增强。

③ 在相同工况下，25r/min 气相旋转管壳式换热器较静止状态时两流体接触更为充分，热量损失少；在相同的雷诺数 Re 下，虽然二者的壳程压降无显著性差异，但 25r/min 换热器壳程努塞尔数 Nu 明显大于静止状态时的换热器壳程努塞尔数，说明壳程的传热性能优于静止状态时，同时通过综合性能分析，综合性能在 1.031～1.267，说明 25r/min 时换热器的综合性能优于静止状态时换热器的综合性能。

第七章

列管换热器设计与试验研究

第一节 列管换热器的设计

一、换热器概述

换热器又称热交换器，广泛应用于化工、制冷、轻工、粮食干燥、海水淡化等领域，有列管式（管壳式）、无管式、热管式和导热油式等多种形式。目前，粮食干燥作业中多采用列管式换热器，其结构简单、制造容易、检修方便，换热效率可达到70%，在余热回收、节约能源、保护环境等方面起着重要作用。

我国北方是粮食生产主要区域，每年粮食的产量占全国粮食总产量的2/3。受自然条件的影响，玉米收获时含水率为20%～30%，水稻收获时含水率为18%～25%，粮食干燥已经成为保障粮食安全的重要环节，而烘储的质量和成本取决于高效换热技术的应用。换热器是一种将热流体能量传递给冷流体，使两种或更多种流体之间进行能量交换的设备，是粮食干燥系统的重要组成部分。在能量的转换或转移过程中，减少能量损失、提高能源的利用率引起了越来越多研究者的关注。换热器的换热效率决定了粮食干燥的后期工作，同时提高换热效率也能够节省大量的资源，符合今后我国国情的发展形势。

二、小型列管换热器结构设计

在干燥过程中，冷、热流体通过换热器进行换热，热介质在风机作用下向干燥机供热，如图7-1所示。因此，在计算换热器换热量时，需要对风机风量进行计算。

（1）风机风量计算

$$Q = \frac{VW_h}{d_2 - d_1} \tag{7-1}$$

式中　V——热介质的比体积，$m^3/kg_{干空气}$；

　　　d_1——常温介质的湿含量，kg 水/$kg_{干空气}$；

　　　d_2——废气介质的湿含量，kg 水/$kg_{干空气}$；

W_h——干燥机小时去水量，计算公式如下：

$$W_h = g_1 \frac{M_1 - M_2}{100 - M_2} \qquad (7\text{-}2)$$

式中 M_1——原粮水分（湿基），%；

      M_2——干燥后要求的水分（湿基），%；

      g_1——单位时间内进入干燥机物料的总质量，kg。

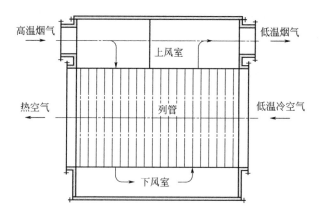
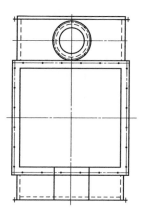

图 7-1   列管式换热器结构示意图

（2）换热量的计算

在粮食干燥过程中，换热器通过换热过程为干燥系统供热，因此，换热器的换热量为干燥机所需的小时供热量，计算公式如下：

$$H_h = \frac{Q}{V} \Delta I \qquad (7\text{-}3)$$

式中 H_h——换热量，kJ/h；

      Q——风机风量，m³/h；

      V——热介质的比体积，m³/kg$_{干空气}$；

      ΔI——冷、热流体的焓值差，kJ/kg$_{干空气}$。

（3）两种流体平均温差的计算

换热可分为顺流换热、逆流换热和交叉流换热三种形式，不同形式换热的冷、热流体温差沿换热面移动的情况有所不同。如果两种流体在进入换热器时的温差与离开换热器时的温差相差较小时，无论采用何种换热形式，两种流体的温差都可以按平均温差或对数平均温差处理，其换热值计算结果均比较相近。

采用平均温差，其计算公式为：

$$\Delta t = \frac{1}{2} (\Delta t' + \Delta t'') \qquad (7\text{-}4)$$

式中 $\Delta t'$——两种流体的入口温差，℃；

      $\Delta t''$——两种流体的出口温差，℃。

以顺流换热为例，两种流体对数平均温差的计算公式如下：

$$\Delta t = \frac{\Delta t' - \Delta t''}{\ln \dfrac{\Delta t'}{\Delta t''}} = \frac{(t_1' - t_2'') - (t_1'' - t_2')}{\ln \dfrac{(t_1' - t_2'')}{(t_1'' - t_2')}} \tag{7-5}$$

式中　t_1'——炉气进入换热器的温度，℃；

　　　t_1''——炉气经换热后的温度，℃；

　　　t_2'——冷空气进入换热器的温度，℃；

　　　t_2''——冷空气经换热后的温度，℃。

（4）总换热面积的计算

列管换热器是两种不同温度、不同湿度的流体通过固体间壁进行换热，其换热过程为热流体向固体间壁传热，通过热传导向冷流体放热，其总换热面积公式如下：

$$F = \frac{H_h}{K \Delta t} \tag{7-6}$$

式中　F——换热面积，m^2；

　　　H_h——换热量，kJ/h；

　　　Δt——冷、热流体温度差，℃；

　　　K——传热系数，$kJ/(m^2 \cdot ℃ \cdot h)$，可通过下式进行计算：

$$K = \frac{1}{\dfrac{1}{\alpha_1} + \dfrac{\delta}{\lambda} + \dfrac{1}{\alpha_2}} \tag{7-7}$$

式中　α_1——热流体对固体壁的对流换热系数，$kJ/(m^2 \cdot ℃ \cdot h)$；

　　　α_2——冷流体对固体壁的对流换热系数，$kJ/(m^2 \cdot ℃ \cdot h)$；

　　　δ——固体壁厚，m；

　　　λ——固体壁的热导率，$kJ/(m^2 \cdot ℃ \cdot h)$。

一般情况下，K 取为 $50 \sim 70 kJ/(m^2 \cdot ℃ \cdot h)$。

（5）换热器管子总数的计算

$$N = \frac{F}{\pi d_m L} \tag{7-8}$$

式中　N——换热器管子总数，根；

　　　d_m——换热管平均直径，m；

　　　L——管长，m。

（6）烟气流量的计算

$$Q_y = \frac{H_h V_y \eta}{c(\Delta t' - \Delta t'')} \tag{7-9}$$

式中　Q_y——烟气流量，m^3/h；

　　　V_y——烟气的比体积，m^3/kg；

η——换热效率，取值范围为 $0.8\sim0.9$；

c——干炉气的比热容，取 $c\approx c'_g=1.005\text{kJ}/(\text{kg} \cdot ℃)$；

$\Delta t'$——烟气进入换热器时的温度，一般为 $800\sim1000℃$；

$\Delta t''$——烟气离开换热器时的温度，为 $120\sim200℃$。

在实际计算应用时，南方地区可取低限，北方地区则取高限，以防出现冬季烟囱里积存硫化物或结冰等现象。

（7）校核换热管数

$$N' = \frac{Q_y}{3600V \times \frac{\pi}{4} \times d_2^2} \tag{7-10}$$

式中 V——管中的空气流速，一般为 0.5m/s；

d_2——换热器的直径，m。

当 N 与 N' 一致时，则可确定列管换热器的总换热管数。

（8）换热器尺寸

换热器的主要几何参数如表 7-1 所示。

表 7-1 列管式换热器主要几何参数

参数	数值
换热管长度/mm	950
换热管直径/mm	51
换热管数量/个	96
换热管排列方式	正三角形

三、列管换热器设计应用

黑龙江省某粮食处理中心一座供热量为 $200\times10^4\text{kcal/h}$ 的直接供热式稻壳炉，拟增加一个列管式换热器使其成为间接加热式热风炉，要求供热量为 140×10^4 kcal/h（5859000kJ/h）。

1. 已知生产条件

① 供出的热风量为 $50000\text{m}^3/\text{h}$；

② 稻壳炉的烟气量为 $20000\sim30000\text{m}^3/\text{h}$；

③ 烟气进入换热器的温度为 $400℃$，排出温度为 $150℃$；

④ 环境温度为 $-20℃$；

⑤ 换热器的结构尺寸（长×宽×高）不得超过 $4\text{m}\times2\text{m}\times3\text{m}$。

2. 换热器设计方案

该换热器的方案为：三管程、三壳程逆流换热式列管换热器，管径为 50mm，管壁厚为 1.5mm，管长为 3m，管子间距按正三角形配置，管中心距为 0.1m。具体结构如图 7-2 所示，换热过程如图 7-3 所示，列管排列如图 7-4 所示。

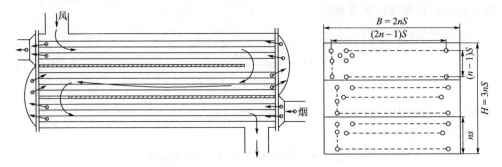

图 7-2　三壳程换热器结构

H—壳高；B—壳宽；S—管距；n—列管数量

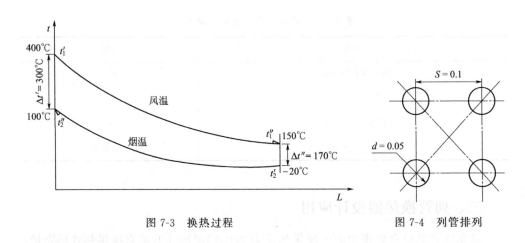

图 7-3　换热过程

图 7-4　列管排列

3. 热力计算

（1）热风温度计算

$$H_h = Q r c (t_f - t) \qquad (7-11)$$

式中　H_h——换热量，kJ/h；

　　　Q——热空气流量，m^3/h；

　　　r——热空气密度，kg/m^3；

　　　t_f——热风温度，℃；

　　　t——环境空气温度，℃；

　　　c——热风比热容，约为 $1kJ/(kg \cdot ℃)$。

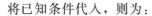

将已知条件代入，则为：

$$5859000 = 50000 \times 1 \times 1 \times (t_f + 20) \tag{7-12}$$

所以

$$t_f = \frac{5859000}{50000 \times 1 \times 1} - 20 \approx 100(\text{℃}) \tag{7-13}$$

（2）换热器总换热面积

$$H_h = K \Delta t F \tag{7-14}$$

式中　K——换热系数，$50 \sim 70 \text{kJ}/(\text{m}^2 \cdot \text{h} \cdot \text{℃})$；

　　H_h——换热量，kJ/h；

　　Δt——烟气与空气的平均温度差；

　　F——换热面积。

其中，

$$\Delta t = \frac{\Delta t' - \Delta t''}{\ln \dfrac{\Delta t'}{\Delta t''}} = \frac{300 - 170}{\ln \dfrac{300}{170}} = 229(\text{℃}) \tag{7-15}$$

代入已知条件，得：

$$F = \frac{H_h}{K \Delta t} = \frac{5860000}{60 \times 229} = 426(\text{m}^2) \tag{7-16}$$

（3）换热管总管数初算

$$F = N \pi d L \tag{7-17}$$

式中　N——总管数；

　　d——换热管平均直径；

　　L——换热管长度。

代入已知条件，则得总管数 N（初定）：

$$N = \frac{F}{\pi d L} = \frac{426}{\pi \times 0.05 \times 3} = 904(\text{根}) \tag{7-18}$$

（4）管程内的管子配置及壳体尺寸

根据初步选定的换热器宽、高比为 $2:3$，以及管芯配置按正三角形的排列关系，可得出该换热器断面的尺寸关系，即：

$$N = 3[n \times 2n + (n-1)(2n-1)] = 12n^2 - 9n + 3 \tag{7-19}$$

或　　　　$$12n^2 - 9n - (N-3) = 0, \quad n = \frac{9 + \sqrt{81 + 48(N-3)}}{24} \tag{7-20}$$

式中　N——换热器的总换热管数；

　　n——每个管壳内每列中的最大管排数。

代入已知条件，可得 n 为 9。

则：$N = 12n^2 - 9n + 3 = 894$（根），每个管壳内的管子数为 298 根。

换热器的管壳宽度 $B = 2nS = 2 \times 9 \times 0.1 = 1.8(\text{m})$。

换热器的管壳总高 $H=3nS=3\times9\times0.1=2.7(\mathrm{m})$。

（5）烟气在管内的流速及空气在管壳内的流速校核

$$V_{\mathrm{Y}}=\frac{Q_{\mathrm{Y}}\times3}{N\,\dfrac{\pi}{4}d^{2}\times3600} \tag{7-21}$$

式中　V_{Y}——烟气在管内的流速；

　　　Q_{Y}——烟气流量，$\mathrm{m^3/h}$；

　　　N——三个管壳内的管子数；

　　　d——换热管平均直径。

代入已知条件，得：

$$V_{\mathrm{Y}}=\frac{20000\times3}{894\times\dfrac{\pi\times0.05^{2}}{4}\times3600}=9.5(\mathrm{m/s}) \tag{7-22}$$

若 Q_{Y} 为 $30000\mathrm{m^3/h}$，则 V_{Y} 为 $14.3\mathrm{m/s}$。

$$V_{\mathrm{k}}=\frac{Q_{\mathrm{k}}}{\left(2n^{2}S^{2}-298\,\dfrac{\pi d^{2}}{4}\right)\times3600} \tag{7-23}$$

式中　V_{k}——空气在管壳内的流速；

　　　Q_{k}——空气流量，$\mathrm{m^3/h}$。

代入已知条件，则得：

$$V_{\mathrm{k}}=\frac{50000}{(1.62-0.58)\times3600}=13.3(\mathrm{m/s}) \tag{7-24}$$

综上所述，经设计的换热尺寸为：总换热管数为 842 根，三管程、三壳程，每壳程内的管子数为 298 根，管长为 3m，管壳宽为 1.8m，管壳高为 2.7m。

第二节　列管换热器的数值模拟研究

列管传热实验研究的条件和手段较难实现，如果采用 CFD 技术对管束的传热与流动阻力特性进行研究，具有速度快、费用低、能模拟复杂过程等诸多优点，并能分析不同工作参数对所求解问题的影响，从而获得所求解的相关变量的详细信息及潜在的物理过程。故数值模拟方法在换热器传热和流动阻力特性研究中被广泛采用。

一、CFD 数值模拟理论

1. ANSYS 软件简介

ANSYS 软件是集结构、热、流体、电磁、声学于一体的大型通用有限元分析软件，具有精度高、适应性强以及计算格式规范统一等优点，已广泛应用于机械、航空、汽车、船舶、土木、核工程及海洋工程等诸多领域，成为现代机械产品设计中的一种重要工具。特别是随着电子计算机技术的发展，软件、硬件环境的不断完善以及高档微机和计算机工作站逐步普及，为 ANSYS 的推广应用创造了良好的条件，并将展示出更为广阔的工程应用前景。

2. CFD 数值模拟概述

计算流体动力学是建立在经典流体动力学与计算机技术数值计算方法基础之上的一门新型独立学科。目前 CFD 软件已经成为了分析和研究各种流体流动与传热问题的主要方法和工具，CFD 的功能在于可以精确地模拟所研究设备内的流体流动和温度变化，减少大量的试验研究。

CFD 是在质量守恒方程、动量守恒方程和能量守恒方程三大守恒方程控制下，对流体流动以及传热过程进行的数值模拟，模拟流场中各位置的基本物理量分布，如压力场、速度场、浓度场和温度场等。本章通过 UG 建立换热器三维简易模型，并采用数值模拟分析，可以对换热器的流场、温度场以及压力场等进行研究，能够详尽地预测各种因素对流场和传热过程的影响，有利于换热器综合性能的提高和新型换热结构的开发。

3. CFD 三大守恒方程

任何流体运动的规律都是由以下三个方程为基础的：质量守恒方程、动量守恒方程和能量守恒方程。这些基本定律可由数学方程组来描述，如欧拉方程和 N-S 方程。

（1）质量守恒方程

单位时间内流体微元体中质量的增加等于同一时间间隔内流入微元体的净质量。依此定律可以得出质量守恒方程：

$$\frac{\partial p}{\partial t}+\frac{\partial(\rho u)}{\partial x}+\frac{\partial(\rho v)}{\partial y}+\frac{\partial(\rho w)}{\partial z}=0 \tag{7-25}$$

引入矢量符号 $\mathrm{div}(a)=\frac{\partial \alpha_x}{\partial x}+\frac{\partial \alpha_y}{\partial y}+\frac{\partial \alpha_z}{\partial z}=0$，将式（7-25）改写成：

$$\frac{\partial p}{\partial t}+\mathrm{div}(\rho u)=0 \tag{7-26}$$

（2）动量守恒方程

微元体中流体的动量对时间的变化率等于外界作用在该微元体上各种力的和值。按此定律，导出动量守恒方程，简称动量方程，也称作运动方程。

$$\frac{\partial(\rho u_i)}{\partial x}+\mathrm{div}(\rho u_i u_j)=\frac{\partial p}{x_i}+u\,\mathrm{div}(\mathrm{grad}u_j)+s_i \tag{7-27}$$

（3）能量守恒方程

微元体中能量的增加率等于进入微元体的净热流量加上体力与面力对微元体做的功。它是包含热交换的流动系统必须满足的基本定律。按此定律，导出能量守恒方程，简称能量方程。

$$\frac{\partial(\rho T)}{\partial x}+\mathrm{div}(\rho u T)=\mathrm{div}\left(\frac{k}{c_\rho}\,\mathrm{grad}T\right)+S_\mathrm{T} \tag{7-28}$$

其中 $S_\mathrm{T}=S_\mathrm{h}+\mu\left\{2\left[\left(\dfrac{\partial u}{\partial x}\right)^2+\left(\dfrac{\partial v}{\partial y}\right)^2+\left(\dfrac{\partial w}{\partial z}\right)^2\right]+\left(\dfrac{\partial u}{\partial y}+\dfrac{\partial v}{\partial x}\right)^2+\left(\dfrac{\partial u}{\partial z}+\dfrac{\partial w}{\partial x}\right)^2+\right.$

$$\left.\left(\frac{\partial v}{\partial z}+\frac{\partial w}{\partial y}\right)^2\right\}+\lambda\,\mathrm{div}U \tag{7-29}$$

式中 　S_h——流体内热源。

4. FLUENT 简介

本研究选用 ANSYS 中 FLUENT 模块进行换热器的 CFD 数值模拟。FLUENT 是专业用于复杂几何区域内流体流动和热交换问题分析与模拟的 CFD 软件。FLUENT 软件的结构主要可分为三大模块：

① 前置处理器：具有完整的建模能力、强大的网格生成能力和丰富的 CAD 接口。

② 计算处理器：FLUENT 软件采用有限体积方法，并提供了三种数值算法的求解器。FLUENT 软提供了 8 种工程上常用的湍流模型。

③ 后置处理器：FLUENT 具有强大的后置处理功能，能够完成 CFD 计算所要求的功能，包括速度矢量图、等值线图、等值面图、流动轨迹图；并具有积分功能，可以求得模型所受各种力、力矩及其对应的力和力矩系数、流量等。对于用户关心的参数和计算中的误差以随时进行动态跟踪显示。

5. FLUENT 求解步骤

a. 创建几何形状，生成计算网格；

b. 输入并检查网格；

c. 选择求解器及运行环境；

d. 确定流体的材料物性；

e. 确定边界类型及其边界条件；

f. 条件计算控制参数；

g. 流场初始化；

h. 求解计算；

i. 检查并保存结果，进行后处理等。

二、列管换热器模型建立

1. 物理模型的建立

　　根据小型批式循环粮食干燥机的供热要求和列管换热器设计方案，使用 UG 软件建立列管换热器的三维模型。高温烟气、冷空气流体通过换热器进行换热，获得清洁的热空气供给干燥机干燥作业。如图 7-5 所示，换热器主要由冷空气入口、折流回转室、热空气出口、列管、烟气出口、烟气入口组成。换热管采用正三角形排列，热介质从烟气入口进入间隔通道依次通过四层换热管束，在折流回转室内转向后进入下一管程，经过三次折流回程逐次加热冷空气。

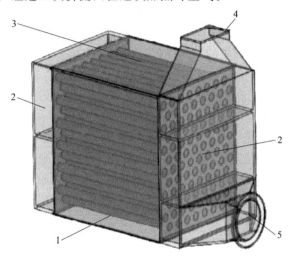

图 7-5　换热器三维模型

1—冷空气入口；2—折流回转室；3—热空气出口；4—烟气出口；5—烟气入口

2. 数学模型的建立

（1）湍流模型的选择

　　湍流流动是工业工程领域和自然界中最常见的流动表现形式，而各类换热器内的介质流动常常也是湍流流动。本文假设换热器内的介质为连续、稳定、不可压缩牛顿流体，且具有明显的湍流流动性质。根据换热器内湍流特性，本节选用了目前在工程中使用最广泛的标准 k-ε 模型，它是典型的双方程模型。标准 k-ε 模型如下所示：

$$\frac{\partial(\rho k)}{\partial t}+\frac{\partial(\rho k u_{i})}{\partial x_{i}}=\frac{\partial}{\partial x_{j}}\left[\left(\mu+\frac{\mu_{t}}{\sigma_{k}}\right)\frac{\partial k}{\partial x_{j}}\right]+G_{k}+G_{b}-\rho\varepsilon-Y_{M}+S_{k} \qquad (7\text{-}30)$$

$$\frac{\partial(\rho\varepsilon)}{\partial t}+\frac{\partial(\rho\varepsilon u_{i})}{\partial x_{i}}=\frac{\partial}{\partial x_{j}}\left[\left(\mu+\frac{\mu_{t}}{\sigma_{\varepsilon}}\right)\frac{\partial\varepsilon}{\partial x_{j}}\right]+\frac{C_{1\varepsilon}\varepsilon}{k}(G_{k}+C_{3\varepsilon}G_{b})-C_{2\varepsilon}\rho\frac{\varepsilon^{2}}{k}+S_{\varepsilon}$$

$$(7\text{-}31)$$

式中　k——湍流动能，计算公式为：

$$k = \frac{\overline{u_i' u_i'}}{2} \tag{7-32}$$

ε——湍流能量的黏性耗散率，为：

$$\varepsilon = \frac{\mu}{\rho} \overline{\left(\frac{\partial u_i'}{\partial x_k}\right)\left(\frac{\partial u_i'}{\partial x_k}\right)} \tag{7-33}$$

μ_t——湍流黏度，可以表示成 k 和 ε 的函数，即：

$$\mu_t = \rho C_\mu \frac{k^2}{\varepsilon} \tag{7-34}$$

C_μ——经验常数，取 0.09；

G_k——平均速度梯度引起的湍流动能 k 的产生项；

G_b——浮力引起的湍流动能 k 的产生项；

σ_k——湍流动能 k 对应的普朗特数，默认取 1.0；

σ_ε——耗散率 ε 对应的普朗特数，取 1.3；

Y_M——可压速湍流脉动膨胀对总的耗散率的影响；

$C_{1\varepsilon}$，$C_{2\varepsilon}$，$C_{3\varepsilon}$——经验常数。

（2）控制方程的确定

流体的流动要遵循质量守恒定律、动量守恒定律和能量守恒定律。流体流动处于湍流状态时，还要遵循湍流输运方程。微元体流场坐标如图 7-6 所示。

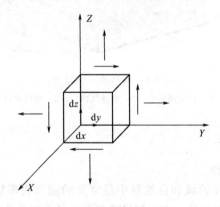

图 7-6　微元体流场坐标

下列方程构成换热器内流场数值计算的控制方程。

① 湍流连续性方程。

$$\frac{\partial u}{\partial x} + \frac{\partial v}{\partial y} + \frac{\partial w}{\partial z} = 0 \tag{7-35}$$

② 动量守恒方程。

$$X \text{ 方向：} \rho\left(\frac{\partial u}{\partial \tau} + u\frac{\partial u}{\partial x} + v\frac{\partial u}{\partial y} + w\frac{\partial u}{\partial z}\right) = X - \frac{\partial p}{\partial x} + \frac{\partial \tau_{xx}}{\partial x} + \frac{\partial \tau_{yx}}{\partial y} + \frac{\partial \tau_{zx}}{\partial z} \tag{7-36}$$

Y 方向：$\rho\left(\dfrac{\partial v}{\partial \tau}+u\,\dfrac{\partial v}{\partial x}+v\,\dfrac{\partial v}{\partial y}+w\,\dfrac{\partial v}{\partial z}\right)=Y-\dfrac{\partial p}{\partial y}+\dfrac{\partial \tau_{xy}}{\partial x}+\dfrac{\partial \tau_{yy}}{\partial y}+\dfrac{\partial \tau_{zy}}{\partial z}$ (7-37)

Z 方向：$\rho\left(\dfrac{\partial w}{\partial \tau}+u\,\dfrac{\partial w}{\partial x}+v\,\dfrac{\partial w}{\partial y}+w\,\dfrac{\partial w}{\partial z}\right)=Z-\dfrac{\partial p}{\partial z}+\dfrac{\partial \tau_{xz}}{\partial x}+\dfrac{\partial \tau_{yz}}{\partial y}+\dfrac{\partial \tau_{zz}}{\partial z}$ (7-38)

式中　u,v,w——分别为速度矢量在直角坐标轴 X、Y、Z 方向上的分量；

　　　　ρ——流体微团的压力；

　　X,Y,Z——流体微团 X、Y、Z 三个方向上的分力。

③ 能量守恒方程。

$$\rho c_{\mathrm{p}}\left(\frac{\partial t}{\partial \tau}+u\,\frac{\partial t}{\partial x}+v\,\frac{\partial t}{\partial y}+w\,\frac{\partial t}{\partial z}\right)=\lambda\left(\frac{\partial^2 t}{\partial x^2}+\frac{\partial^2 t}{\partial y^2}+\frac{\partial^2 t}{\partial z^2}\right)$$ (7-39)

3. 网格的划分

网格划分是 ANSYS 有限元分析的重要环节，网格划分的方法和类型直接影响单元的规模和分析的计算精度。网格划分太稀，计算过于简单，计算精度不高，与实际工作情况相差较大；网格划分精密，能够提高分析结果的计算精度，但同时会使单元规模和计算规模增大，增加计算机的计算负担。因此，要综合考虑计算规模和计算精度来确定网格大小。

4. 边界条件设置

通过 CFD 数值模拟换热器内的气流，研究换热器内的风场及温度场分布均匀性情况。进行数值模拟之前，必须对边界条件进行处理，如气流进、出口的速度等。

（1）气流进、出口边界设置

根据列管换热器的实际运行参数，给定介质气流进口的风速及空气出口风压。定义介质气流空气的密度和黏度等性质。气流进口的边界条件为风速进口，速度方向垂直于入口边界，需输入风速大小、方向以及湍流情况。空气出口的边界条件为压力出口，需输入压力大小。

（2）壁面边界条件设置

在固体壁面设置中，外界温度为 30℃，壁厚为 2mm，假设为恒温边界条件，其他壁面设置与此相同。

（3）求解器设置

SIMPLE 算法是一种计算不可压流场的主要方法，并且在计算流体力学及传热学界得到了广泛的应用。因此，该数值模型的计算采用 SIMPLE 算法，分离变量法因式求解，保证收敛的稳定性，采用二阶迎风格式，控制残差在 10^{-4}。

三、数值模拟分析

1. 流场分析

如图 7-7 所示为换热器流场分布，由于流体截面尺寸的限制，烟气在进口和出口处速度达到 11m/s 以上。列管束截面阻力致使烟气在管内的速度有所下降，在 8～10m/s。由于文丘里效应，在折流回转室烟气速度降到最小，从而使烟气停留蓄热时间增长，有利于换热。冷空气在入口处速度较慢，在进入换热管束间时，有效流场面积减小而速度增加，在热气出口速度有所降低。

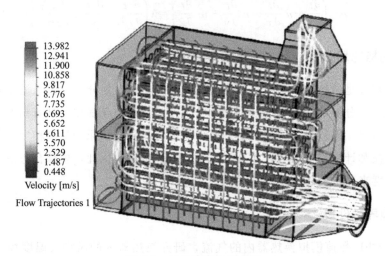

图 7-7　换热器流场分布图

换热器流场分布截面如图 7-8 所示。从图可看出烟气在回转室内会选择最短的路程向前流动，在回转室的边角处形成一个介质相对静止的空间，即介质滞留区。若滞留区的烟气不能及时排走，则影响其他烟气的进入，因此可将边角处设计成圆弧过渡，改变回转室的几何结构，增加烟气的流通量。被加热的冷空气在换热管外绕着外管壁流动，层层向上流动使空气主要通过对流和传导作用被充分加热，带走了烟气中的热量。

2. 温度场分析

温度场分布如图 7-9 所示。烟气入口温度最高，随着管程的增加，温度逐渐降低。在第一管程换热过程中，烟气温度的变化梯度大，因为高温管遇到列管外冷空气时温差大，造成热能传递大，往往换热比重达到 50% 以上。在第二、第三管程内温差有一定程度变化，第四管程内温差变化不明显，烟气出口处温度降至 180℃以下，这与实际换热器相符。同一折流回转室内温度基本一致，这说明，在此处烟气有紊流现象。总体来看，从底部换热管到顶部换热管中烟气的温度是逐渐降低

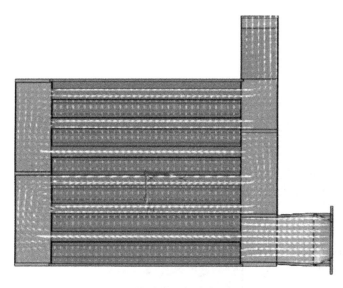

图 7-8　换热器流场分布截面图

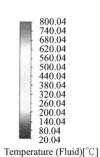
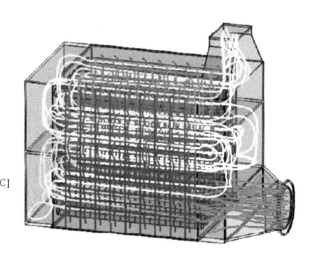

图 7-9　换热器温度场分布图

的，而在换热管外部空间的冷空气，从下至上颜色由深灰色变成浅灰色，说明冷空气被逐渐加热。

　　从换热器温度场分布截面图来看，温度变化的趋势与温度场分布基本一致。如图 7-10 所示，烟气在各个管程中温度存在较大温差，从下而上的温差差距逐渐减小。第一管程烟气平均温度约 727℃，第二管程烟气平均温度约 606℃，第三管程烟气平均温度约 504℃，第四管程烟气平均温度约 433℃。温度梯度呈不均匀变化，第一和第二管程平均温度差最大，说明换热现象在换热器底部空间较显著。随着冷空气的上移，冷热温差逐渐减小，换热效应有所降低。

　　如图 7-11、图 7-12 所示，列管按照正三角形插排布置，换热器管束为错列管

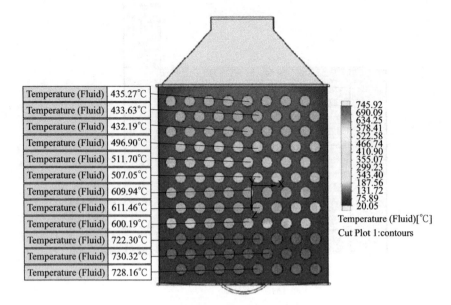

Temperature (Fluid)	435.27℃
Temperature (Fluid)	433.63℃
Temperature (Fluid)	432.19℃
Temperature (Fluid)	496.90℃
Temperature (Fluid)	511.70℃
Temperature (Fluid)	507.05℃
Temperature (Fluid)	609.94℃
Temperature (Fluid)	611.46℃
Temperature (Fluid)	600.19℃
Temperature (Fluid)	722.30℃
Temperature (Fluid)	730.32℃
Temperature (Fluid)	728.16℃

Temperature (Fluid)[℃]
Cut Plot 1:contours

图 7-10　换热器温度场分布截面图

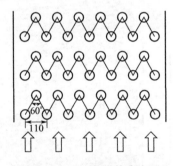

图 7-11　正三角形管束布置

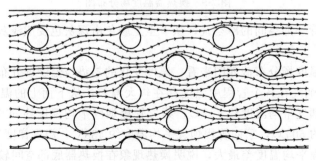

图 7-12　正三角形管束流线分布

束。进入换热器内底部的空气在流动中遇到换热器第一排管道时，由于管排的存在阻碍了空气的流动，从而增加了空气流经正三角形管束时的流动阻力，管束 Nu 和 Eu 均增大。空气从换热管纵向节距中流过，由于斜向节距在纵向尺寸减小，空气流速增大。流体绕过第一排列管，从其间隙中流过后，又遇到第二排列管，使每根换热管周围空气的速度场呈非对称分布，再次产生不规则紊流。第三排列管以后，空气趋于平稳。所以，空气在换热器中的流动是不规则的，错列管束扰动了空气的流动状态，从而提高了空气侧的对流换热系数，增强了空气与换热管的对流换热量。

3. 压力场分析

列管换热器的压力场分布如图 7-13 所示。烟气以正压的形式进入换热器管程之中，冷空气则以负压的形式流入管束间。列管内部和管外流体的压力都存在不同程度的降低，第一管程内部压力高于其他管程的压力，主要原因是初期换热压力损失小，随着管程的延伸，尤其是折流回转室尺寸特征，使管程压力损失突变，导致压力逐步变化明显，中后期整体压力变化比较平缓。由于列管管束采用正三角形排列，通道较通畅。冷空气在管束阻力的影响下，压力变化不显著。

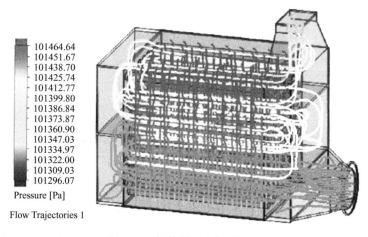

图 7-13　换热器压力场分布图

4. 列管束速度场分析

截取换热器第一管程的流场部分截面速度变化，如图 7-14 所示，截面速度分布如图 7-15 所示。冷空气在换热器管外横向冲刷，其流动形式为强制流动。从图中可以看出，沿冷空气流动方向换热管上部区域空气流速较低，横向间距比纵向间距和斜向间距的流速高，换热器边缘区相比于其他部分的流速有明显的变化，在换热管背风侧形成明显的尾流区。从流动方向截面矢量图中可以看到空气质点的流动轨迹。在换热管上部的空气明显存在回流特征，此区域空气流动方向与空气整体流动方向相反，产生旋涡和湍流，阻碍了空气的流动。由于空气具有黏性，当其冲刷换热管时，由于固体壁面附近存在黏性摩擦阻力，在换热管表面产生边界层。边界层内空气的动能与压力能克服表面处的黏性摩擦阻力，速度与压力存在梯度变化。当空气流动到换热管背部时，流体不再紧贴换热管流动，出现边界层分离的现象，就会在换热管背面形成旋涡区，对空气流动产生阻力。

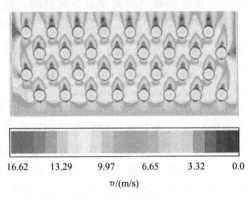

图 7-14   换热器截面速度变化

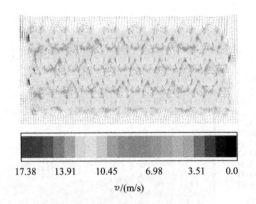

图 7-15   换热器截面速度分布图

从图 7-14、图 7-15 中可以看出，冷空气与换热管外壁面通过对流换热的方式进行热量交换，空气流动的好坏直接决定了换热量的大小，换热管迎风面处换热效果较好，背风面换热效果欠佳，换热管管壁温度高温区集中在列管侧边部。

第三节 列管换热器传热性能试验研究

采用多因素单变量的试验方法，分析了雷诺数 Re 对努塞尔数 Nu 和壳程压降 Δp 的影响，并拟合出正三角形管束壳程努塞尔数的关联式，运用极值法确定了最佳列管壳程运动参数，为后续研究提供依据。

一、试验准备

1. 试验装置

试验装置采用黑龙江八一农垦大学自主研发设计的列管式换热器试验台，如图 7-16 所示。采用 20kW 电加热器提供热空气进入换热管内。在引风机的作用下，管外空气横掠管束进行换热。冷空气先后经过前稳定段、试验段、收缩段和测速段，最后从引风机出口排出。试验所用温度传感器、风速传感器等测量仪器测量得到的数据由数据采集装置读取并同步保存于电脑中。试验系统为减小气体在换热器壳程内流动过程中热能量的损失，在换热器壳体外侧有 3cm 厚保温岩棉。

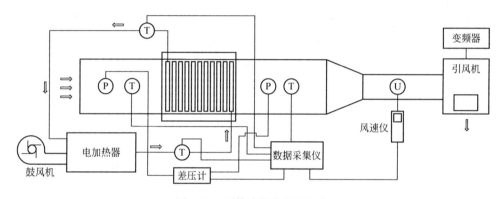

图 7-16 列管式换热器试验台

2. 流体系统

（1）冷风系统

试验中，冷风系统主要由风机、列管换热器、风速传感器、流量传感器、压力传感器、温度传感器等组成。

（2）热风系统

试验中，热风系统由鼓风机、热风炉、管道、速度传感器、温度传感器、流量传感器、压力传感器等组成，其中鼓风机采用和冷风系统相同的 DF-1.6-1 低噪声离心式鼓风机。为防止热量损失，在热风炉与换热器之间的管道上加有保温棉。

3. 数据采集系统

试验过程中需要采集冷热风的风速、进出口温度、进出口压力差及换热器在工作过程中的转速。

进、出口风速测控系统都采用型号为 AV104X-3-10-10-X-10-4 的风速传感器对冷、热风的进、出口进行测量，量程为 0～10m/s（最小可测风速为 0.4m/s），输出为 4～20mA，精度为 3%FS，工作温度为 0～200℃。

采用 WZP-230 型铂金电阻温度传感器测量换热器进出口气体温度，其测量精度为 A 级，测量范围为－50～200℃。

流体进出口压差的测量采用 MS-122-LCD 型压差变送器，量程为 0～100Pa，精度为±0.1%。

二、换热器壳程传热性能的试验研究

1. 研究方法

列管换热器流动传热过程中，壳程热风与管程冷风呈逆流状态。试验中，根据东北初冬季节时，换热器通常在保温室下工作，且保温室内温度通常在 5～10℃时，因此控制室内温度为 7℃时进行试验。针对壳程温度在定温条件下时，壳程的传热性能进行研究，因此选择改变热风风速来研究列管换热器的传热性能及流动阻力。

试验中，设定管程冷风风速为 3.5m/s、壳程热风温度为 100℃进行试验，热风风速取 2m/s、3m/s、4m/s、5m/s、6m/s、7m/s、8m/s、9m/s、10m/s，每组试验重复 5 次。

2. 试验步骤

① 试验前准备：检查各管路连接情况，无泄漏情况；试验用电供应正常，合上总开关，打开控制柜电源。

② 打开冷风入口处鼓风机，向换热器列管内输送冷风，确认入口风速为 7℃，上下浮动不可超过 1℃，设定入口风速为 3.5m/s；打开热风炉，设定温度为 100℃，为后面试验做准备。当列管进出口风速值稳定，热风炉温度达到 100℃时，开始试验。

③ 根据试验设计，设置热风进口风速 2m/s、3m/s、4m/s、5m/s、6m/s、7m/s、8m/s、9m/s、10m/s。

④ 在监控界面上实时监测冷热流体进出口温度、风速及压力差，待数据稳定后，进行数据采集。每组试验取 5 次结果，最终取 5 次结果平均值。

⑤ 试验数据采集结束后，关闭热风鼓风机及热风炉，冷风鼓风机继续工作；热风出口温度降至 10℃时，关闭冷风鼓风机，关闭控制柜电源，断开总开关。

3. 数据处理

（1）努塞尔数的计算

对流换热系数

$$h = \frac{\frac{Q_r}{A}}{\Delta t_m} \tag{7-40}$$

式中　A——换热面积，m^2。

努塞尔数

$$Nu = \frac{hd}{\lambda} \tag{7-41}$$

式中　d——当量直径，mm；

　　　λ——流体热导率，$W/(m \cdot K)$。

（2）壳程阻力系数的计算

$$f = \frac{\Delta p}{\frac{1}{2}\rho v^2}d \tag{7-42}$$

式中　Δp——壳程压降，MPa；

　　　ρ——流体的密度，kg/m^3；

　　　v——流体的速度，m/s。

（3）雷诺数 Re

$$Re = \frac{\rho v d}{\mu} \tag{7-43}$$

式中　μ——流体的黏性系数，$Pa \cdot s$。

（4）欧拉数 Eu

$$Eu = \frac{2\Delta p}{\rho v^2 Z} \tag{7-44}$$

式中　Z——管排数。

（5）综合性能评价因子 η

用综合性能评价准则 PEC 衡量管束的综合传热性能，综合性能评价因子 η 的计算式为：

$$\eta = \frac{Nu/Nu_0}{(Eu/Eu_0)^{1/3}} \tag{7-45}$$

式中　Nu_0，Eu_0——参考管的努塞尔数及欧拉数。

4. 试验结果分析

本试验中正三角形管排方式下 $Re = 5000 \sim 22000$，横/纵向管间距之比为 L_1/L_2，满足流体横掠错排管束表面传热系数的茹卡乌斯卡斯经验关联式为：

$$Nu = 0.35C_1 \left(\frac{L_1}{L_2}\right)^{0.2} Re^{0.6} Pr^{0.36} \left(\frac{Pr}{Pr_w}\right)^{0.25} \tag{7-46}$$

式中，C_1 为管排数修正系数，错排管束管排数为 6 时，取 $C_1 = 0.942$；Re、Pr 为空气侧雷诺数和普朗特数；Pr_w 为按管壁温度确定的空气普朗特数。

试验中正三角形管排方式下试验段空气侧压降 Δp，按 Hausen 推荐的阻力系数经验公式计算：

$$Eu = Re^{0.16}\left[1 + \frac{0.47}{(\sigma_1 - 1)^{1.08}}\right] \tag{7-47}$$

式中，$\sigma_1 = L_1/d$，为管束横向相对节距。

对试验结果进行拟合并绘制曲线。正三角形管排方式下试验值与模拟值的努塞尔数 Nu 随雷诺数 Re 的变化规律如图 7-17 所示。

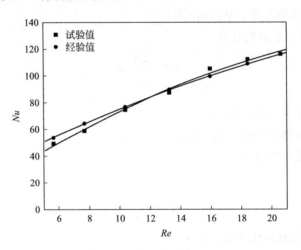

图 7-17　努塞尔数 Nu 随雷诺数 Re 的变化规律

由图 7-17 可知：壳程努塞尔数 Nu 随着雷诺数 Re（即管程烟气的风速）增大而增大，由变化曲线可知，近似呈指数型函数增长；说明管束的换热能力均随空气流速的增加而增强，这是因为随着空气流速的增大，空气在管束间流动的湍流程度增强，这有效地加大了对边界层的扰动，从而强化了传热。正三角形管束 Nu 试验值与经验值的最大相对误差为 9.0%，平均相对误差为 4.5%，试验值与经验值的相对误差均在可接受的范围内。运用 SPSS 软件对试验数据进行处理，由表 7-2 可知，雷诺数 Re 对努塞尔数 Nu 的影响显著性检验小于 0.05，说明雷诺数 Re 对努塞尔数 Nu 的影响显著。

表 7-2　对管束努塞尔数的影响显著性检验

源	III 类平方和	自由度	均方	F	显著性
修正模型	37182.257	12	3098.521	245.261	0.000
截距	1030359.65	1	1030359.65	89904.969	0.000
雷诺数	36569.261	8	4571.158	361.826	0.000
误差	404.274	32	12.634		
总计	1067945.596	45			
修正后总计	37586.531	44			

注：$R^2 = 0.987$。

对试验结果进行拟合并绘制曲线。正三角形管排方式下试验值与模拟值的压降 Δp 随雷诺数 Re 的变化规律如图 7-18 所示。壳程压降 Δp 也随着雷诺数 Re（即壳程烟气的风速）的增大而增大，呈指数型函数增长。

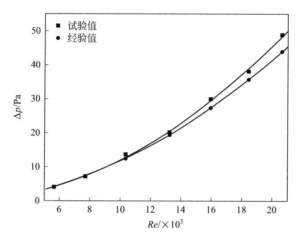

图 7-18　管束压降 Δp 随雷诺数 Re 的变化规律

由图 7-18 可见，Δp 试验值与经验值最大相对误差在 13% 以内，平均相对误差为 5.1%。按经验公式计算 Δp 时空气的物性参数按定值取，而事实上空气经管束加热后密度减小，体积膨胀会导致静压减小，实际试验段前后空气压降要比物性参数按定值取时大。通过分析可知，试验值与经验值的相对误差均在可接受的范围内。运用 SPSS 软件对试验数据进行处理，由表 7-3 可知，雷诺数 Re 对壳程压降的影响显著性检验小于 0.05，说明雷诺数 Re 对壳程压降的影响显著。

表 7-3　对管束压降的影响显著性检验

源	Ⅲ类平方和	自由度	均方	F	显著性
修正模型	40720.341	12	3393.362	4773.686	0.000
截距	79405.202	1	79405.202	111705.018	0.000
雷诺数	40714.644	8	5089.331	7159.528	0.000
误差	22.747	32	0.711		
总计	120148.290	45			
修正后总计	40743.088	44			

注：$R^2=0.999$。

5. 综合传热性能分析

由图 7-19 可见，当 Re 在 5000～10000 时，综合性能评价因子 η 在 0.983～1，此时管束综合传热性能不及正三角形管束。当 Re 在 10000～22000 时，综合性能

评价因子 η 在 $1\sim1.08$，均大于 1，说明在此 Re 范围内，正三角形管束的综合传热性能有所提高。随着 Re 的增加，η 值呈上升趋势，说明综合传热性能提高幅度随着 Re 的增加而增大，在高 Re 时，管束的综合传热性能更好。

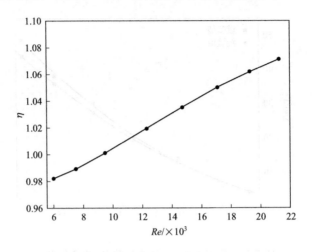

图 7-19　综合性能评价因子 η 随雷诺数 Re 的变化规律

三、总结

应用 CFD 技术对管束的传热与流动阻力特性进行研究，具有速度快、费用低、能模拟复杂传热过程的优点。首先对两种管排方式下管束进行了二维网格划分，描述了控制方程、计算参数设置方法、模拟数据处理方法，用模拟结果验证试验结果，并进行误差分析，然后根据模拟结果对比分析了正三角形管排方式下温度场、速度场、压力场和流线的特性。模拟结果显示正三角形管束努塞尔数 Nu 模拟值与试验值最大误差为 11.1%，平均相对误差为 5.1%，压降 Δp 模拟值与试验值最大误差小于 13%，模拟值与试验值的相对误差均在可接受的范围内，模拟结果具有一定的可靠性。综合性能评价因子 η 在 $1\sim1.08$，均大于 1，说明在此 Re 范围内，正三角形管束的综合传热性能有所提高。随着 Re 的增加，η 值呈上升趋势，说明综合传热性能提高幅度随着 Re 的增加而增大。

附 录

单位换算和基础数据

附表1 压力单位换算

bar	Pa	at(kgf/cm²)	atm	mmHg	mmH$_2$O
巴	帕	工程大气压	标准大气压	毫米汞柱	毫米水柱
1	1×10^5	1.0197	9.8692×10^{-1}	7.5006×10^2	1.0197×10^4
1×10^{-5}	1	1.0197×10^{-3}	9.8692×10^{-6}	7.5006×10^{-3}	1.0197×10^{-1}
9.8067×10^{-1}	9.8067×10^4	1	9.6784×10^{-1}	7.3556×10^2	1×10^4
1.0133	1.0133×10^5	1.0332	1	7.6000×10^2	1.0332×10^4
1.3332×10^{-3}	1.3332×10^2	1.3595×10^{-3}	1.3158×10^{-3}	1	1.3595×10
9.8067×10^{-5}	9.8067	1×10^{-4}	9.6784×10^{-5}	7.3556×10^{-2}	1

附表2 功、热量、能量单位换算

kJ	kgf·m	kcal	kW·h	
千焦	千克力米	千卡	千瓦小时	马力小时
1	1.0197×10^2	2.3885×10^{-1}	2.7778×10^{-4}	3.7767×10^{-4}
9.8067×10^{-3}	1	2.3423×10^{-3}	2.7241×10^{-6}	3.7037×10^{-6}
4.1868	4.2694×10^2	1	1.163×10^{-3}	1.5812×10^{-3}
3.6007×10^3	3.671×10^5	8.5985×10^2	1	1.3596
2.6478×10^3	2.7005×10^3	6.3242×10^2	7.355×10^{-1}	1

附表3 功率单位换算

W	kcal/h	kgf·m/s	
瓦	千卡每时	千克力米每秒	马力
1	8.5985×10^{-1}	1.0197×10^{-1}	1.3596×10^{-3}
1.163	1	1.1859	1.5812×10^{-3}
9.8065	8.4322	1	1.3333×10^{-2}
7.355×10^3	6.3242×10^2	75	1

附表4 其他单位换算

热流通量		热导率		动力黏度	
W/m²	kcal/(m²·h)	W/(m·K)	kcal/(m²·h·℃)	Pa·s	kgf·s/m²
1	8.5985×10^{-1}	1	8.5985×10^{-1}	1	9.8067
1.163	1	1.163	1	1.0197×10^{-1}	1

续表

传热系数		比热容		运动黏度	
W/(m² · K)	kcal/(m² · h · ℃)	kJ/(kg · K)	kcal/(kg · ℃)	m²/s	m²/h
1	8.5985×10^{-1}	1	2.3885×10^{-1}	1	3600
1.163	1	4.1868	1	2.77785×10^{-4}	1

注: 1. 1J=1N·m, 1W=1J/s, 1kgf=9.80665N。

2. 国际单位制所用的温度单位为开(尔文)(K), 在工程技术上也可用摄氏温度(℃), 摄氏温度与热力学温度之间的关系为: $T=273.15K+t$, $t=T-273.15K$。

附表 5   热风供热系统的热效率参考值   %

季节	直接加热		间接加热	
	加热器(燃烧炉)	整机(干燥机)	加热器(燃烧炉)	整机(干燥机)
夏季	85	60	60	45
秋季	70	50	50	36
冬季	50	36	35	28

附表 6   在标准大气压力时干空气的物理参数

t	y	c_g	$\lambda \times 10^2$	$\alpha \times 10^6$	$\mu \times 10^6$	$y \times 10^6$	
℃	kg/m³	kJ/(kg · K)	W/(m · K)	m²/s	kg/(m · s)	m²/s	Pr
−50	1.584	1.013	2.035	12.7	14.61	9.23	0.728
−40	1.515	1.013	2.117	13.8	15.20	10.04	0.728
−30	1.453	1.013	2.198	14.9	15.69	10.80	0.723
−20	1.395	1.009	2.279	16.2	16.18	11.79	0.716
−10	1.342	1.009	2.361	17.4	16.67	12.43	0.712
0	1.293	1.005	2.442	18.8	17.16	13.28	0.707
10	1.247	1.005	2.512	20.1	17.65	14.16	0.705
20	1.205	1.005	2.593	21.4	18.14	15.06	0.703
30	1.165	1.005	2.675	22.9	18.63	16.00	0.701
40	1.128	1.005	2.756	24.3	19.12	16.96	0.699
50	1.093	1.005	2.826	25.7	19.61	17.95	0.698
60	1.060	1.005	2.896	27.2	20.10	18.97	0.696
70	1.029	1.009	2.966	28.6	20.59	20.02	0.694
80	1.000	1.009	3.047	30.2	21.08	21.09	0.692
90	0.972	1.009	3.128	31.9	21.48	22.10	0.690
100	0.946	1.009	3.210	33.6	21.87	23.13	0.688
120	0.898	1.009	3.388	36.8	22.85	15.45	0.686
140	0.854	1.013	3.489	40.3	23.73	27.80	0.684
160	0.815	1.017	3.640	43.9	24.51	30.09	0.682
180	0.779	1.022	3.780	47.5	25.30	32.49	0.681
200	0.746	1.026	3.931	51.4	25.99	34.85	0.680
250	0.674	1.038	4.268	61.0	27.36	40.61	0.677
300	0.615	1.047	4.605	71.6	29.71	48.33	0.676
350	0.566	1.059	4.998	81.9	31.38	55.46	0.674
400	0.524	1.068	5.210	93.1	33.05	63.09	0.676
500	0.456	1.093	5.745	115.3	36.19	79.38	0.678
600	0.404	1.114	6.222	138.2	39.13	96.89	0.699
700	0.362	1.135	6.710	163.4	41.78	115.4	0.706
800	0.329	1.156	7.176	188.8	44.33	134.8	0.713
900	0.301	1.172	7.629	216.2	46.68	155.1	0.776
1000	0.277	1.185	8.071	245.9	49.03	177.1	0.719
1100	0.257	1.197	8.501	276.3	51.19	199.3	0.722
1200	0.239	1.210	9.153	316.5	53.45	223.7	0.724

附表 7　在标准大气压力时湿空气的物理性质

空气温度 /℃	1m³(干空气)			饱和湿空气的水蒸气分压力 /Pa	湿空气的水蒸气含量		
	质量 /kg	0℃与 t℃ 时的比 1+βt /m³	t℃时与 0℃时的比 1/(1+βt) /m³		1m³ (湿空气)中 /g	1kg (湿空气)中 /g	1kg(饱和 湿空气)中 /g
−20	1.396	0.927	1.079	123.590	1.10	0.80	0.64
−18	1.385	0.934	1.071	148.788	1.30	0.90	0.28
−16	1.374	0.941	1.062	174.386	1.50	1.10	0.94
−14	1.363	0.949	1.054	206.516	1.70	1.30	1.13
−12	1.353	0.956	1.046	244.113	2.00	1.50	1.35
−10	1.342	0.963	1.038	279.044	2.30	1.70	1.62
−8	1.332	0.971	1.030	193.984	2.70	2.00	1.93
−6	1.322	0.978	1.023	383.435	3.10	2.40	2.30
−4	1.312	0.985	1.015	449.030	3.60	2.80	2.73
−2	1.303	0.993	1.007	525.424	4.20	3.20	3.23
0	1.293	1.000	1.000	613.283	4.90	3.80	3.82
2	1.284	1.007	0.993	706.875	5.60	4.30	4.42
4	1.276	1.015	0.986	812.867	6.40	5.00	5.10
6	1.265	1.022	0.979	932.990	7.30	5.70	5.87
8	1.256	1.029	0.972	1068.846	8.30	6.60	6.74
10	1.248	1.037	0.965	1221.900	9.40	7.50	7.73
12	1.239	1.044	0.958	1394.152	10.60	8.60	8.84
14	1.230	1.051	0.951	1587.603	12.00	9.80	10.10
16	1.222	1.059	0.945	1804.652	13.60	11.20	11.51
18	1.213	1.066	0.938	2047.432	15.30	12.70	13.10
20	1.205	1.073	0.932	23183.610	17.20	14.40	14.88
22	1.197	1.081	0.925	2620.985	19.30	16.30	16.80
24	1.189	1.088	0.919	2957.624	21.60	18.40	19.12
26	1.181	1.095	0.913	3331.460	24.20	20.70	21.63
28	1.173	1.103	0.907	3746.493	27.00	23.40	24.42
30	1.165	1.110	0.901	4206.055	30.10	26.30	27.52
32	1.157	1.117	0.598	4714.147	33.50	29.50	31.07
34	1.150	1.125	0.889	5274.901	37.30	33.10	34.94
36	1.142	1.132	0.884	5892.983	41.40	37.00	39.28
38	1.135	1.139	0.878	6573.061	45.90	41.40	44.12
40	1.128	1.147	0.872	7320.200	50.80	46.30	49.52

续表

空气温度 /℃	1m³(干空气)			饱和湿空气的水蒸气分压力 /Pa	湿空气的水蒸气含量		
	质量 /kg	0℃与t℃时的比 1+βt /m³	t℃时与0℃时的比 1/(1+βt) /m³		1m³(湿空气)中 /g	1kg(湿空气)中 /g	1kg(饱和湿空气)中 /g
42	1.121	1.154	0.867	8139.999	56.10	51.60	55.54
44	1.114	1.161	0.861	9037.925	61.90	57.50	62.26
46	1.107	1.169	0.856	10020.245	68.20	65.00	69.76
48	1.100	1.176	0.850	11092.957	75.00	71.10	78.15
50	1.093	1.183	0.845	12263.261	82.30	79.00	87.52
52	1.086	1.191	0.840	13537.956	90.40	87.70	98.01
54	1.080	1.198	0.835	14924.776	99.10	97.20	109.81
56	1.073	1.205	0.830	16431.186	108.40	107.30	123.00
58	1.067	1.213	0.825	18065.852	118.50	119.10	137.89
60	1.060	1.220	0.820	19837.173	129.30	131.70	154.75
65	1.044	1.220	0.808	24923.956	160.00	168.90	207.44
70	1.029	1.238	0.796	31076.518	196.60	216.10	281.54
75	1.014	1.257	0.784	38482.578	239.90	276.00	390.20
80	1.000	1.293	0.773	47281.856	289.70	352.80	559.61
85	0.986	1.312	0.763	57734.065	350.00	452.10	851.90
90	0.973	1.330	0.752	70046.522	418.80	582.50	1459.00
95	0.959	1.348	0.742	84485.338	498.30	757.60	3110.00
100	0.947	1.367	0.732	101325.025	589.50	1000.00	∞

附表8 常用材料的物理性质

材料名称	密度 ρ/(kg/m³)	热导率 λ/[W/(m·K)]	比热容 c/[kJ/(kg·K)]
钢筋混凝土	2400	1.55	0.837
混凝土板	1930	0.79	—
轻混凝土	1200	0.52	0.754
土坯墙	1600	0.70	1.047
草泥	1000	0.35	1.047
普通黏土砖墙	1800	0.81	0.879
水泥砂浆	1800	0.93	0.837
石灰砂浆	1600	0.81	0.837
混合砂浆	1700	0.87	0.837
泥土(潮湿地)	—	1.26~1.65	—

续表

材料名称	密度 ρ/(kg/m³)	热导率 λ/[W/(m·K)]	比热容 c/[kJ/(kg·K)]
泥土(干燥地)	—	0.50～0.63	—
泥土(普通地)	—	0.83	—
耐火土	—	0.42～1.05	—
耐火砖	—	1.05	—
水垢	—	0.58～2.33	—
烟渣	—	0.058～0.1163	—
木锯末	250	0.093	2512
密实刨花	300	0.1163	2512
木纤维板	600	0.163	2512
木材	550～800	0.17～0.41	2512
软木板	250	0.070	2093
胶合板	600	0.17	2512
钢(含碳0.5%～1.5%)	7800	36.05～53.50	0.461
普通灰口铸铁	7200	41.87～50.25	0.461
玻璃棉	200	0.06	0.837
窗玻璃	2500	0.76	0.837
沥青或焦油纸毡	600	0.17	1.465
矿渣棉	350	0.07	0.754
石棉	200	0.07	0.754
松散珍珠岩	44～288	0.042～0.078	—
聚氯乙烯泡沫塑料	70～200	0.048	—
松散稻壳	127	0.12	0.754
软泡沫塑料板	41～62	0.043～0.056	—
硬泡沫塑料板	29.5～56.3	0.041～0.048	—

附表9 大气条件折算系数 KQ 表（间接加热）

φ_0 ＼ T_0/℃	50	55	60	65	70	75	80	85	90	95	100
2	1.225	1.227	1.229	1.233	1.236	1.239	1.242	1.244	1.248	1.251	1.254
3	1.206	1.209	1.212	1.216	1.219	1.221	0.225	1.228	1.231	1.235	1.238
4	1.189	1.192	1.195	1.199	1.201	1.205	1.208	1.212	1.214	1.219	1.221
5	1.172	1.175	1.177	1.182	1.185	1.189	1.192	1.196	1.200	1.203	1.207
6	1.155	1.158	1.161	1.165	1.169	1.173	1.176	1.179	1.183	1.187	1.191
7	1.138	1.140	1.144	1.148	1.152	1.157	1.161	1.164	1.169	1.173	1.176
8	1.121	1.124	1.129	1.132	1.136	1.141	1.145	1.149	1.153	1.158	1.162

T_0/℃ φ_0	50	55	60	65	70	75	80	85	90	95	100
T_0/φ_0	50	55	60	65	70	75	80	85	90	95	100
9	1.104	1.108	1.113	1.117	1.122	1.125	1.130	1.134	1.139	1.143	1.148
10	1.088	1.092	1.097	1.101	1.106	1.111	1.116	1.121	1.125	1.130	1.135
11	1.073	1.077	1.082	1.086	1.091	1.097	1.102	1.107	1.112	1.117	1.122
12	1.057	1.061	1.066	1.072	1.077	1.082	1.088	1.093	1.098	1.104	1.109
13	1.041	1.046	1.052	1.056	1.062	1.068	1.073	1.079	1.085	1.090	1.097
14	1.027	1.032	1.037	1.043	1.049	1.055	1.061	1.067	1.037	1.079	1.085
15	1.011	1.016	1.023	1.029	1.035	1.042	1.048	1.054	1.060	1.067	1.073
16	0.977	1.003	1.009	1.016	1.023	1.030	1.036	1.043	1.050	1.056	1.063
17	0.982	0.989	0.996	1.003	1.009	1.016	1.023	1.030	1.038	1.045	1.052
18	0.968	0.975	0.982	0.989	0.996	1.004	1.011	1.019	1.026	1.035	1.042
19	0.955	0.962	0.970	0.977	0.985	0.993	1.000	1.008	1.015	1.025	1.033
20	0.941	0.949	0.956	0.965	0.973	0.981	0.990	0.998	1.007	1.016	1.024
21	0.923	0.936	0.944	0.952	0.961	0.970	0.979	0.988	0.996	1.006	1.015
22	0.915	0.924	0.932	0.942	0.951	0.960	0.970	0.979	0.989	0.999	1.009
23	0.903	0.911	0.920	0.930	0.940	0.950	0.960	0.969	0.980	0.991	1.001
24	0.891	0.900	0.909	0.920	0.930	0.941	0.951	0.963	0.973	0.985	0.996
25	0.879	0.889	0.899	0.910	0.921	0.932	0.943	0.954	0.966	0.978	0.990
26	0.867	0.877	0.888	0.899	0.911	0.923	0.934	0.946	0.959	0.971	0.984
27	0.856	0.867	0.878	0.891	0.903	0.915	0.928	0.941	0.954	0.968	0.981
28	0.845	0.857	0.869	0.882	0.895	0.908	0.921	0.935	0.949	0.963	0.978
29	0.835	0.847	0.860	0.873	0.866	0.901	0.915	0.930	0.944	0.960	0.976
30	0.824	0.838	0.851	0.866	0.879	0.894	0.910	0.925	0.942	0.958	0.975
31	0.814	0.828	0.842	0.858	0.873	0.889	0.905	0.922	0.939	0.958	0.975
32	0.804	0.819	0.835	0.850	0.866	0.884	0.901	0.918	0.936	0.956	0.975

附表 10　大气条件折算系数 KQ（柴油直接加热）

T_0/℃ φ_0	50	55	60	65	70	75	80	85	90	95	100
2	1.261	1.263	1.260	1.270	1.272	1.275	1.278	1.281	1.285	1.288	1.291
3	1.241	1.244	1.247	1.251	1.254	1257	1.261	1.264	1.267	1.271	1.274
4	1.224	1.226	1.229	1.233	1.236	1.240	1.243	1.247	1.250	1.254	1.257

φ_0 \ $T_0/℃$	50	55	60	65	70	75	80	85	90	95	100
5	1.206	1.209	1.211	1.216	1.220	1.224	1.226	1.231	1.234	1.238	1.242
6	1.188	1.191	1.195	1.199	1.203	1.207	1.209	1.214	1.218	1.222	1.226
7	1.170	1.173	1.177	1.181	1.185	1.190	1.195	1.199	1.202	1.206	1.211
8	1.153	1.156	1.161	1.165	1.169	1.174	1.178	1.182	1.186	1.191	1.195
9	1.135	1.139	1.144	1.148	1.153	1.157	1.163	1.167	1.172	1.176	1.182
10	1.119	1.123	1.128	1.132	1.137	1.142	1.148	1.153	1.157	1.162	1.167
11	1.103	1.107	1.112	1.117	1.122	1.129	1.134	1.139	1.144	1.149	1.155
12	1.086	1.091	1.096	1.102	1.107	1.112	1.119	1.124	1.129	1.135	1.141
13	1.070	1.075	1.081	1.086	1.092	1.098	1.104	1.110	1.116	1.122	1.128
14	1.055	1.060	1.066	1.073	1.079	1.085	1.091	1.097	1.104	1.110	1.117
15	1.040	1.044	1.052	1.058	1.064	1.071	1.077	1.083	1.090	1.098	1.104
16	1.025	1.031	1.037	1.044	1.051	1.058	1.065	1.072	1.080	1.086	1.094
17	1.009	1.016	1.023	1.030	1.037	1.045	1.052	1.060	1.067	1.074	1.082
18	0.995	1.002	1.009	1.017	1.024	1.032	1.040	1.048	1.056	1.064	1.072
19	0.981	0.988	0.996	1.004	1.013	1.021	1.028	1.037	1.045	1.054	1.063
20	0.967	0.975	0.983	0.992	1.000	1.008	1.018	1.026	1.035	1.045	1.054
21	0.953	0.961	0.970	0.978	0.987	0.997	1.006	1.016	1.025	1.034	1.044
22	0.940	0.949	0.958	0.968	0.977	0.986	0.997	1.007	1.017	1.028	1.038
23	0.927	0.936	0.916	0.955	0.966	0.977	0.987	0.996	1.007	1.019	1.030
24	0.915	0.925	0.934	0.945	0.956	0.967	0.978	0.990	1.000	1.013	1.024
25	0.902	0.913	0.924	0.935	0.946	0.958	0.970	0.982	0.993	1.006	1.018
26	0.890	0.901	0.913	0.923	0.936	0.948	0.960	0.973	0.986	0.999	1.013
27	0.879	0.890	0.902	0.915	0.927	0.940	0.954	0.967	0.980	0.996	1.009
28	0.867	0.880	0.893	0.906	0.919	0.933	0.947	0.961	0.975	0.991	1.006
29	0.856	0.869	0.883	0.896	0.910	0.925	0.940	0.956	0.971	0.987	1.004
30	0.845	0.860	0.874	0.889	0.903	0.919	0.935	0.951	0.968	0.985	1.003
31	0.836	0.850	0.865	0.881	0.896	0.914	0.930	0.948	0.966	0.985	1.003
32	0.825	0.840	0.857	0.873	0.890	0.908	0.926	0.944	0.963	0.983	1.004

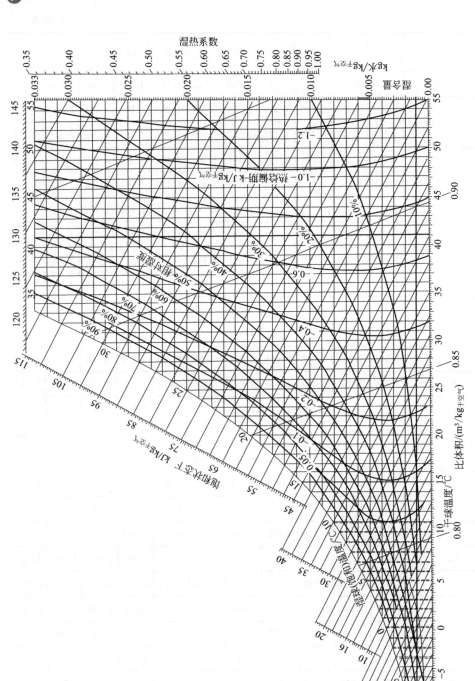

附图 1　普通温度区的湿度计算图（气压 101.325Pa）

参 考 文 献

[1] （美）R.B.基伊.干燥原理及其应用［M］.王士蕃，等译.上海：上海科技文献出版社，1987.
[2] （美）沙拉.换热器设计技术［M］.北京：机械工业出版社，2010.
[3] 李笑光.农作物干燥与通风［M］.天津：天津科学技术出版社，1989.
[4] 钱颂文.管式换热器强化传热技术［M］.北京：化学工业出版社，2003.
[5] 邵耀坚，等.谷物干燥机的原理与构造［M］.北京：机械工业出版社，1985.
[6] 中国农业机械化科学研究院.农业机械学：下册［M］.北京：机械工业出版社，1990.
[7] 杨世铭，陶文铨.传热学［M］.3版.北京：高等教育出版社，1998.
[8] 卞悦，等，空气能热泵干燥系统设计与模拟研究［J］.制冷技术，2018，46（10）：90-93.
[9] 支浩，汤慧萍，朱纪磊.换热器的研究发展现状［J］.化工进展，2009，28（S1）：338-342.
[10] 曹崇文.对我国稻谷干燥的认识和设备开发［J］.中国农机化，2000（03）：12-14.
[11] 黄文江，张剑飞，陶文铨.弓形折流板换热器中折流板对换热器性能的影响［J］.工程热物理学报，2007，28（6）：1022-1024.
[12] 崔海亭，彭培英.强化传热新技术及其应用［M］.北京：化学工业出版社，2006.
[13] 方书起，祝养进，吴勇，等.强化传热技术与新型高效换热器研究进展［J］.化工机械，2004（04）：249-253.
[14] 黄庆军，任俊超.中国换热器产业现状及发展趋势［J］.石油与化工设备，2010（13）：5-8.
[15] 陈姝，高学农.管壳式换热器壳侧在强化传热方面的进展［J］.广东化工，2006，5（33）：18-21.
[16] 曹崇文，等.水稻干燥模型与干燥机性能预测［J］.北京农业工程大学学报，1995（02）：58-65.
[17] 张璧光.太阳能-热泵联合干燥木材的实验研究［J］.太阳能学报，2007，28（8）：870-873.
[18] 张宇凯.热泵干燥机控制系统的研究［D］.南京：南京农业大学，2004.
[19] 谢继红，周红，陈东，等.热泵干燥装置中干燥介质的物性及其应用分析［J］.化工装备技术，2007，28（3）：1-5.
[20] 赵锡.谷物干燥机械化的探索［J］.广东农机，2002（04）：20-21.
[21] 王登峰，等.影响玉米薄层干燥速率的诸因素研究［J］.农业工程学报，1993（02）：102-108.
[22] 钱颂文.管壳式换热器设计原理［M］.广州：华南理工大学出版社，1990.
[23] 朱国鹏.回热式热泵干燥装置的数值模拟与性能研究［D］.武汉：华中科技大学，2012.
[24] 赵宗彬，朱斌祥，李金荣，等.空气源热泵干燥技术的研究现状与发展展望［J］.流体机械，2015（6）：76-81.
[25] 刘永，钟瑜，贾磊，等.多功能空气源热泵机组基本原理与应用［J］.流体机械，2010，38（12）：77-80.
[26] 倪超，李娟玲，丁为民，等.全封闭热泵干燥装置监控系统的设计与试验［J］.农业工程学报，2010，26（10）：134-139.
[27] 巨小平，崔晓龙.跨临界CO_2热泵空气加热系统试验研究［J］.流体机械，2012，40（10）：69-71.
[28] 宋小勇，常志娟，苏树强，等.远红外辅助热泵干燥装置性能试验［J］.农业机械学报，2012，43（5）：136-141.
[29] 张璧光，高建民，伊松林，等.太阳能与热泵联合干燥木材的优化匹配［J］.太阳能学报，2009，30（11）：1501-1505.
[30] 汲水，杜文静，程林.连续螺旋折流板换热器壳侧传热与流动特性的数值研究［J］.中国电机工程学报，2009（32）：66-70.
[31] 王志刚，俞炳丰.国内外制冷空调用换热器的研究进展［J］.制冷学报，1997（3）：16-22.
[32] 陶文铨.数值传热学［M］.西安：西安交通大学出版社，2003.

[33]　王福军. 计算流体动力学分析 [M]. 北京：清华大学出版社，2004.

[34]　王成芝，等. 谷物干燥原理与谷物干燥机设计 [M]. 哈尔滨：哈尔滨出版社，1997.

[35]　车刚，吴春升. 典型农产品干燥技术与智能化设备 [M]. 北京：化学工业出版社，2017.

[36]　李雅侠，娄岩，战洪仁，等. 梅花孔板纵向流换热器壳程流动与传热的三维数值模拟 [J]. 过程工程学报，2015，15（4）：639-645.

[37]　中国农业机械化科学研究院. 农业机械设计手册 [M]. 北京：机械工业出版社，1990.

[38]　王志杰，等. 谷物烘干机基本参数的设计计算 [J]. 黑龙江八一农垦大学学报，1992.

[39]　朱谷君. 传热传质学 [M]. 北京：航空工业出版社，1989.

[40]　车刚. 牧草保质干燥理论与配套设备的研究 [D]. 沈阳：沈阳农业大学，2006.

[41]　Baooker D B，Bakker-Arkema F W. Drying and storage of gain and oilseeds [Z]. 1992.

[42]　Yang G，Ebadian M A. Turbulent forced convection in a helicoidal pipe with substantial pitch [J]. International Journal of Heat and Mass Transfer，1996，39（10）：2015-2022.

[43]　Dzyubenko B V，Yakimenko R I. Efficiency of heat transfer surfaces using the method of effective parameters [J]. Heat Transfer Research，2001，32（7-8）：447-4541.

[44]　Dzyubenko B V. Influence of flow twisting on convective heat transfer in banks of twisted tubes [J]. Heat Transfer Research，2005，36（6）：449-4591.

[45]　Bishara F，Jog M A，Manglik R M. Computational simulation of swirl enhanced flow and heat transfer in a twisted oval tube [J]. Journal of Heat Transfer，2009，1311.

[46]　Hii C L，Law C L，Suzannah S. Drying kinetics of the in-dividual layer of cocoa beans during heat pump drying [J]. Journal of Food Engineering，2012，108（2）：276-282.

[47]　M. Raja，R. M. Arunachalam，S. Suresh. Experimental studies on heat transfer of alumina water nanofluid in a shell and Tube heat exchanger with coil insert [J]. International Journal of Mechanical and Materials Engineering. 2012，7（1）：16-23.

[48]　Swapnaneel Sarma，Das D H. CFD Analysis of Shell and Tube Heat Exchanger using triangular fins for waste heat recovery processes [J]. IRACST-Engineering Science and Technology：An International Journal，2012，2（6）：1033-1041.

[49]　Wang X，Zheng N，Liu P，et al. Numerical investigation of shell side performance of adouble shell side rod baffle heat exchanger [J]. International Journal of Heat & Mass Transfer，2017，108：2029-2039.

[50]　Shao H，Zhao Q，Liang Z，et al. Numerical investigation on a separated structure shell-and-tube waste heat boiler based on experiment [J]. International Journal of Heat and Mass Transfer，2018.

[51]　Wang S，Xiao J，Wang J，et al. Application of Response Surface Method and Multi-objective Genetic Algorithm to Configuration Optimization of Shell-and-tube Heat Exchanger with Fold Helical Baffles [J]. Applied Thermal Engineering，2017，129：512-510.

[52]　Maakoul A E，Laknizi A，Saadeddine S，et al. Numerical comparison of shell-side performance for shell and tube heat exchangers with trefoil-hole，helical and segmentalbaffles [J]. Applied Thermal Engineering，2016，109：175-185.

[53]　Wang Q，Zeng M，Ma T，et al. Recent development and application of several high-efficiency surface heat exchangers for energy conversion and utilization [J]. Applied Energy，2014，135：748-777.

[54]　Bhutta M M A，Hayat N，Bashir M H，et al. CFD applications in various heat exchangers design：A review [J]. Applied Thermal Engineering，2012，32（2）：1-12.

[55]　曲宁. 板式换热器传热与流动分析 [D]. 济南：山东大学，2005.

[56]　张平亮. 新型换热器及其技术进展 [J]. 炼油技术与工程，2007，37（1）：25-29.

[57]　郭春生，程林，杜文静. 换热器新评价标准：耗散均匀性系数 [J]. 哈尔滨工业大学学报，2012，44

(3)：144-148.

[58] 过增元，魏澍，程新广．换热器强化的场协同原则 [J]．科学通报，2003，48（22）：2324-2327.

[59] 蔡丽萍，郭国义，陈定岳，等．板壳式换热器的应用和进展 [J]．化工装备技术，2011，32（2）：27-31.

[60] 汪波，茅靳丰，耿世彬，等．国内换热器的研究现状与展望 [J]．制冷与空调，2010，24（5）：61-65.

[61] 柳雄斌，过增元．换热器性能分析新方法 [J]．物理学报，2009，58（7）：4766-4771.

[62] 许光第，周帼彦，朱冬生，等．管壳式换热器设计及软件开发 [J]．流体机械，2013，41（4）：38-42.

[63] 王斯民，明玉生，陈亢，等．螺旋折流板换热器三角区漏流阻塞的实验研究 [J]．化工学报，2014（9）：3389-3394.

[64] 许伟峰，王珂，靳遵龙，等．螺旋折流板换热器局部流场和温度场的数值研究 [J]．机械工程学报，2015，51（10）：152-159.

[65] 甘树坤，崔丽．管壳式换热器布管对换热效率的影响 [J]．吉林化工学院学报，2011，3（29）：36-38.

[66] 陈永东，陈学东．我国大型换热器的技术进展 [J]．机械工程学报，2013，49（10）：134-143.

[67] 刘登瀛．干燥系统用换热器的热工设计计算方法与算例 [J]．干燥技术与设备，2010，2（8）：43-55.

[68] 王永红．列管式换热器强化传热研究及发展 [J]．低温与超导，2012（5）：53-57.

[69] 齐洪洋，高磊，张莹莹，等．管壳式换热器强化传热技术概述 [J]．压力容器，2012，29（7）：73-78.

[70] 李伟钊，盛伟，张振涛，等．热管联合多级串联热泵玉米干燥系统性能试验 [J]．农业工程学报，2018，34（4）：278-284.

[71] 万霖，车刚．气相旋转换热器：中国 ZL201610064071.7 [P]．2018.

[72] 万霖，车刚，刁显琪．与粮食干燥相配套的气相旋转换热器：中国 ZL201610064029.5 [P]．2019.

后　　记

　　近几年来，黑龙江八一农垦大学典型农产品干燥技术研究团队在农产品初加工工艺与设备研究方面取得了阶段性成果。独立解析"双向通风干燥理论""交叉混流换热理论""气相旋转换热理论"等，基于上述理论研制的 5GSH 系列谷物干燥机和 WRFL 系列卧式热风炉处于国内同类产品领先水平，在全国范围内广泛推广应用。研究团队从 1990 年开始进行谷物干燥机和热风炉的研制与推广，在供热方面重点进行列管式换热器、卷板式换热器、秸秆燃烧炉及余热回收装置的设计和研究，成功推广鉴定 12 种以上机型并应用于黑龙江农垦农场。在"十一五"至"十三五"期间依托国家科技攻关项目以及省科技厅、教育厅和农垦总局科研项目进行了大量系统而充分的研究工作，在三壳程箱式换热器流场分布、传热系数测定、秸秆热风炉配风系统与气相旋转换热器结构参数优化等方面具有创造性，在国家级学术刊物上发表多篇论文。2008~2010 年依托农业农村部典型农产品干燥研究中心设施设备建设项目，研发干燥供热设备 17 台（套），在电磁加热、热泵与太阳能干燥等组合应用方面取得了突破性进展。近年来，研究团队与建三江地区各农场联合实施了全国基层农技推广体系改革与建设项目"优质水稻智能调控保质烘干与生物质供热技术的示范与推广"工作，建立了多个优质水稻保质干燥示范基地。处理优质水稻达 170 万吨/年，节本增效 9500 万元以上。

　　本书是在著者多年教学和科研基础之上完成的。在这里，要感谢农业工程学科科研项目的支持和对著者的学术锻炼与培养。在理论与实践课题的研究过程中，得到了华南农业大学李长友教授、吉林大学吴文福教授、黑龙江八一农垦大学衣淑娟教授和黑龙江省农业机械化研究院佳木斯分院温海江研究员等多位科研人员的支持和鼓励，在计算机制图与编程方面得到了团队研究生们的大力支持和帮助，著者在此一并向他们致以诚挚的谢意。尤其是干燥领域科研工作者们兢兢业业的敬业精神和严谨的治学态度、一丝不苟的工作作风使著者受益终身，著者在此表示衷心感谢！还要深深感谢家人在完成项目研究和书稿写作过程中给予的鼓励与支持。

车刚　万霖

2020 年 3 月